WUSHUI CHULI GONGCHENG DANYUAN SHEJI

污水处理工程单元设计

王有志　编著
管　满　主审

化学工业出版社
·北京·

内容提要

本书对污水预处理单元、生物处理单元、深度处理单元及污泥处理单元的设计要点、设计要求和设计计算方法进行了详细归纳和阐述。本书共分9章，内容包括污水处理工程单元技术概述、污水预处理单元设计、活性污泥法工艺单元设计、生物膜法工艺单元设计、污水自然生物处理单元设计、村镇污水处理单元设计、污泥处理单元设计、污水再生利用工程单元设计和污水处理工程总体设计。

本书可作为市政设计院、水处理公司污水处理工程设计、技术和管理人员学习和培训用书，也可供高等学校环境工程及相关专业师生学习参考。

图书在版编目（CIP）数据

污水处理工程单元设计/王有志编著.—北京：化学工业出版社，2020.8（2021.2重印）

ISBN 978-7-122-36882-9

Ⅰ.①污… Ⅱ.①王… Ⅲ.①污水处理工程-工程设计 Ⅳ.①X703

中国版本图书馆CIP数据核字（2020）第083824号

责任编辑：董　琳　　　文字编辑：丁海蓉

责任校对：刘　颖　　　装帧设计：韩　飞

出版发行：化学工业出版社（北京市东城区青年湖南街13号　邮政编码100011）

印　　装：涿州市般润文化传播有限公司

787mm×1092mm　1/16　印张15　字数350千字　2021年2月北京第1版第2次印刷

购书咨询：010-64518888　　　售后服务：010-64518899

网　　址：http://www.cip.com.cn

凡购买本书，如有缺损质量问题，本社销售中心负责调换。

定　　价：78.00元

前言

随着《水污染防治行动计划》的深入实施，我国水环境质量总体呈现稳步改善态势，但水污染防治形势依然严峻，在经济稳步发展的过程中，新建、扩建和改建的污水处理工程项目逐年增加，投身于水环境污染防治的工程技术人员及管理人员也随之增加。这些设计新手和初步入门者迫切需要提升自身的污水处理工艺水平及专业设计能力，使污水处理工程的设计和管理更加科学化、规范化，从而提高工程质量和投产运行后的达标率。

本书紧密结合污水处理工程实际情况，按照污水处理工艺流程的先后顺序，对污水预处理、生物处理和深度处理等技术单元的设计要点、设计要求和设计计算方法进行了详细归纳和阐述，由浅入深，实用价值高，针对性强，文字简练，图文并茂，帮助设计新手更好地掌握污水处理工程设计技能，提高设计能力，快速适应职业岗位从业需求。

本书共分9章，内容包括污水处理工程单元技术概述、污水预处理单元设计、活性污泥法工艺单元设计、生物膜法工艺单元设计、污水自然生物处理单元设计、村镇污水处理单元设计、污泥处理单元设计、污水再生利用工程单元设计和污水处理工程总体设计。本书选取典型工艺单元，通过设计实例深入分析、总结设计方法和设计计算过程，力求使编写内容与国家现行污水处理技术标准和设计规范相适应，突出工程实用性和实践性。

本书由王有志编著，在编著过程中参阅了相关文献资料和工程案例，在此谨对原作者表示衷心的感谢。同时感谢单德臣、李佳迪、崔玉迁、胡耀鹏、王兴煜、耿长城、王里根、王天宇等对本书编著提供的帮助。

本书由太原市市政工程设计研究院副总工程师、教授级高级工程师管满主审，在百忙之中细致审阅、精心指正；太原市市政工程设计研究院环境所石虹高级工程师予以大力支持和帮助，在此深表谢意。

由于编著者水平有限，书中难免存在疏漏或不妥之处，敬请广大同行和读者给予批评、指正。

王有志

2020年2月

目录

第1章 污水处理工程单元技术概述

第2章 污水预处理单元设计

第3章 活性污泥法工艺单元设计

第5章 污水自然生物处理单元设计

第6章 村镇污水处理单元设计

第7章 污泥处理单元设计

第8章 污水再生利用工程单元设计

第9章 污水处理工程总体设计

第1章 污水处理工程单元技术概述

1.1 污水的来源和组成

人类在生活和生产活动中要使用大量的水，这些水通常会受到不同程度的污染，而不能继续保持原来的使用功能。污水根据其来源一般可分为综合生活污水、工业废水、初期雨水和城镇污水。

（1）综合生活污水

综合生活污水由生活污水和公共服务产生的污水组成。生活污水是居民日常生活产生的污水，主要包括厕所冲洗水、厨房洗涤水、洗衣和沐浴等生活设施排水；公共服务产生的污水主要包括行政、教育、医疗、文化、体育、社区、商业等公共服务场所排出的污水。这类污水中的主要污染物有蛋白质、动植物脂肪和碳水化合物、尿素和氨氮、洗涤剂以及在粪便中出现的病原微生物等，需要经过处理后才能排入水体或再生利用。

（2）工业废水

工业废水是工业企业产生的废水，主要来自生产工艺过程排水、原料或产品洗涤水、设备场地冲洗水、冷却水和跑冒滴漏废水等。工业废水中的污染物有生产原料、中间产物、产品及杂质等。由于使用的原材料和生产工艺不同，工业废水的水质繁杂多样，如冷却系统的排污水只受到轻度污染，稍做处理即可回用或循环利用。在生产过程中受到严重污染的水大多具有危害性，有的含有大量有机物，有的含有有毒有害物质，需要进行处理，才能排放或再利用。

（3）初期雨水

初期雨水是雨雪降至地面形成的地表径流。由于冲刷了地表的各种污染物，污染程度较高，在合流制排水系统中，经雨水截流井进入污水处理厂，其流量取决于截流倍数。

（4）城镇污水

城镇污水是指由城镇排水系统收集的综合生活污水、工业废水（已经必要的预处理并去除重金属等）和通过管渠及附属构筑物渗入排水管渠的地下水，是一种综合污水。城镇污水的成分和性质比较复杂，不仅各城镇间可能不同，同一城市中的不同区域也可能有差异。

1.2 污水的水质

污水的水质是污水处理工艺及单元设计的基本参数。城镇污水主要受综合生活污水与工业废水的水质成分及其所占比例、居民生活习惯、季节与气候条件、城市规模以及排水体制等因素影响。工业废水种类繁多、水质波动大，含有随水流失的工业生产原料、中间产物、副产品以及生产过程中产生的污染物，组成成分复杂且污染严重。污水中的污染物多种多样，按其物理形态可分为悬浮固体、胶体和溶解性污染物质，按化学性质可分为无机污染物和有机污染物两大类。

1.2.1 生活污水水质

生活污水的成分及其变化取决于居民的生活状况和生活习惯。生活污水的污染物浓度与用水量有关。生活污水中所含的污染物主要是有机物和氮、磷等营养物质，呈微碱性，一般不含有毒物质，含有大量细菌、病毒和寄生虫卵。存在于生活污水中的有机物极不稳定，容易腐化而产生恶臭。

典型的生活污水水质如表1-1所示。

表1-1 典型的生活污水水质

序号	水质指标	浓度/(mg/L)		
		高	中	低
1	总固体(TS)	1200	720	350
2	溶解性总固体	850	500	250
3	非挥发性	525	300	145
4	挥发性	325	200	105
5	悬浮物(SS)	350	220	100
6	非挥发性	75	55	20
7	挥发性	275	165	80
8	生化需氧量(BOD_5)	400	200	100
9	溶解性	200	100	50
10	悬浮性	200	100	50
11	化学需氧量(COD)	1000	400	250
12	溶解性	400	150	100
13	悬浮性	600	250	150
14	可生物降解部分	750	300	200
15	溶解性	375	150	100
16	悬浮性	375	150	100
17	总氮(TN)	85	40	20
18	有机氮	35	15	8
19	游离氨	50	25	12
20	亚硝酸盐	0	0	0
21	硝酸盐	0	0	0

续表

序号	水质指标	浓度/(mg/L)		
		高	中	低
22	总磷(TP)	15	8	4
23	有机磷	5	3	1
24	无机磷	10	5	3
25	氯化物(Cl^-)	200	100	60
26	碱度($CaCO_3$)	200	100	50
27	油脂	150	100	50

1.2.2　工业废水水质

工业废水的水质情况，因工业门类和生产工艺的不同而有很大差异。一般来说，工业废水的排放量大、污染物浓度高且组成复杂、处理难度大，对环境的危害也较大。

表1-2列出了几种主要工业废水的污染物及水质特点。

表1-2　几种主要工业废水的污染物及水质特点

工业部门	工厂性质	主要污染物	废水特点
动力	火力发电、核电站	冷却水热污染、火电厂冲灰、水中粉煤灰、酸性废水、放射性污染物	温度高,悬浮物多,酸性,放射性,水量大
冶金	选矿、采矿、烧结、炼焦、金属冶炼、电解、精炼、淬火	酚、氰化物、硫化物、氟化物、多环芳烃、吡啶、焦油、煤粉、砷、铅、镉、硼、锰、铜、锌、锗、铬、酸性洗涤水、冷却水热污染、放射性废水	COD较高,含重金属毒性较大,有时含放射性废物,废水偏酸性,水量较大
化工	肥料、纤维、橡胶、染料、塑料、农药、涂料、洗涤剂、树脂	酸、碱、盐类、氰化物、酚、苯、醇、醛、酮、氯仿、氯苯、氯乙烯、有机氯农药、有机磷农药、洗涤剂、多氯联苯、汞、镉、铬、砷、铅、硝基化合物、氨基化合物	BOD、COD高,pH值变化大,难降解
石油化工	炼油、蒸馏、催化、裂解、合成	油、氰化物、酚、硫、砷、吡啶、芳烃、酮类	COD高,成分复杂,毒性较强,水量大
纺织	棉毛加工、纺织印染、漂洗	染料、酸碱、纤维悬浮物、洗涤剂、硫化物、砷、硝基化合物	色度大,毒性强,pH值变化大,难降解
制革	脱毛、鞣制、人造革	硫酸、碱、盐类、硫化物、洗涤剂、蛋白酶、甲酸、醛类、砷、铬	BOD、COD高,含盐量高,恶臭,水量大
造纸	制浆、造纸	黑液、碱、木质素、悬浮物、硫化物、砷	污染物浓度高,碱性大,恶臭,水量大
食品	屠宰、肉类加工、油品加工、乳制品加工、水果加工、蔬菜加工	病原微生物、有机物、油脂	BOD浓度高,致病菌含量高,恶臭,水量大
机械制造	铸、锻、机械加工、热处理、电镀、喷漆	酸、氰化物、油类、苯、镉、铬、镍、铜、锌、铅	重金属浓度高,酸性强

续表

工业部门	工厂性质	主要污染物	废水特点
电子仪表	电子器件原料、电信器材、仪器仪表	酸、氰化物、汞、镉、铬、镍、铜	重金属浓度高，酸性强，水量小
建筑材料	石棉、玻璃、耐火材料、化学建材、窑业	无机悬浮物、锰、镉、铜、油类、酚	悬浮物浓度高，水量小
医药	药物合成、精制	汞、铬、砷、苯、硝基物	污染物浓度高，难降解，水量小
采矿	煤矿、磷矿、金属矿、油井、天然气井	酚、硫、煤粉、酸、氟、磷、重金属、放射性物质、石油类	悬浮物高，含油量高，成分复杂，有的含有放射性物质

1.2.3 污水排放标准

(1) 水环境质量标准

水环境质量标准也称水质标准，是为保护人体健康和水的正常使用而对水体中污染物或其他物质的最高容许浓度所做的规定。水环境质量直接关系着人类生存和发展的基本条件，水环境质量标准是制定污染物排放标准的依据，同时也是确定排污行为是否造成水体污染及是否应当承担法律责任的依据。国家目前已颁布的水环境质量标准主要有《地表水环境质量标准》(GB 3838—2002)、《海水水质标准》(GB 3097—1997)、《地下水质量标准》(GB/T 14848—2017)。

依据地表水水域环境功能和保护目标，《地表水环境质量标准》(GB 3838—2002) 按功能高低依次将水体划分为五类：Ⅰ类主要适用于源头水、国家自然保护区；Ⅱ类主要适用于集中式生活饮用水地表水源地一级保护区、珍稀水生生物栖息地、鱼虾类产卵场、幼鱼的索饵场等；Ⅲ类主要适用于集中式生活饮用水地表水源地二级保护区、鱼虾类越冬场、洄游通道、水产养殖区等渔业水域及游泳区；Ⅳ类主要适用于一般工业用水区及人体非直接接触的娱乐用水区；Ⅴ类主要适用于农业用水区及一般景观要求水域。对应地表水上述五类水域功能，将地表水环境质量标准基本项目标准值分为五类，不同功能类别分别执行相应类别的标准值。

《海水水质标准》(GB 3097—1997) 按照海域的不同使用功能和保护目标，将海水水质分为四类：第一类适用于海洋渔业水域、海上自然保护区和珍稀濒危海洋生物保护区；第二类适用于水产养殖区、海水浴场、人体直接接触海水的海上运动或娱乐区，以及与人类食用直接有关的工业用水区；第三类适用于一般工业用水区、滨海风景旅游区；第四类适用于海洋港口水域、海洋开发作业区。

国家《污水综合排放标准》(GB 8978—1996) 规定地表水Ⅰ、Ⅱ、Ⅲ类水域中划定的保护区和海洋水体中第一类海域，禁止新建排污口，现有排污口应按水体功能要求，实行污染物总量控制，以保证受纳水体水质符合规定用途的水质标准。

(2) 污水排放标准

污水排放标准是根据受纳水体的水质要求，结合环境特点和社会、经济、技术条件，对排入环境的污水中的水污染物所作的控制标准。污水排放标准可分为国家排放标准、行业排放标准和地方排放标准。

① 国家排放标准 国家排放标准是在全国范围内或特定区域内适用的标准。按照污水排放去向，规定了水污染物最高允许排放浓度，用于排污单位水污染物的排放管理，以及建设项目的环境影响评价、建设项目环境保护设施设计、竣工验收及投产后的排放管理。现行国家排放标准主要有《污水综合排放标准》（GB 8978—1996）、《城镇污水处理厂污染物排放标准》（GB 18918—2002）、《污水排入城镇下水道水质标准》（GB/T 31962—2015）等。

② 行业排放标准 根据部分行业排放废水的特点和治理技术的发展水平，国家对部分行业制定了行业排放标准，如《肉类加工工业水污染物排放标准》（GB 13457—1992）、《畜禽养殖业污染物排放标准》（GB 18596—2001）、《味精工业污染物排放标准》（GB 19431—2004）、《啤酒工业污染物排放标准》（GB 19821—2005）、《医疗机构水污染物排放标准》（GB 18466—2005）、《电镀污染物排放标准》（GB 21900—2008）、《生物工程类制药工业水污染物排放标准》（GB 21907—2008）、《中药类制药工业水污染物排放标准》（GB 21906—2008）、《提取类制药工业水污染物排放标准》（GB 21905—2008）、《制浆造纸工业水污染物排放标准》（GB 3544—2008）、《淀粉工业水污染物排放标准》（GB 25461—2010）、《制革及毛皮加工工业水污染物排放标准》（GB 30486—2013）、《合成氨工业水污染物排放标准》（GB 13458—2013）、《煤炭工业污染物排放标准》（GB 20426—2006）、《钢铁工业水污染物排放标准》（GB 13456—2012）、《纺织染整工业水污染物排放标准》（GB 4287—2012）、《电池工业污染物排放标准》（GB 30484—2013）等。

③ 地方排放标准 由省、自治区、直辖市根据经济发展水平和管辖地水体污染控制需要制定的地方污水排放标准。地方污水排放标准可以增加污染物控制指标数，但不能减少；可以提高污染物排放标准的要求，但不能降低标准。

1.3 污水处理工程单元技术分类与分级

污水处理工程单元技术就是采用各种技术措施，将污水中含有的处于各种形态的污染物质分离出来加以回收利用，或将其分解、转化为无害的稳定的物质，从而使污水得到净化的各种方法。

1.3.1 单元技术分类

污水处理工程单元技术按其作用原理可分为物理处理法、化学处理法、物理化学处理法和生物化学处理法四种类型。

（1）物理处理法

通过物理作用，分离、回收污水中不溶解的呈悬浮状态的污染物质（包括油膜和油珠）。主要方法有筛滤、沉淀、上浮、离心分离、过滤等。

（2）化学处理法

通过化学反应，分离去除污水中处于溶解、悬浮和胶体状态的污染物质，主要方法有中和、氧化还原、化学沉淀、电解等。

(3) 物理化学处理法

通过物理化学作用去除污水中的污染物质。主要有混凝、气浮、吸附、离子交换、膜分离等。

(4) 生物化学处理法

利用微生物的代谢作用，使污水中呈溶解、胶体状态的有机污染物转化为稳定的无害物质。主要方法可分为两大类，即：利用好氧微生物作用的好氧法和利用厌氧微生物作用的厌氧法。好氧法广泛应用于城市污水及有机工业废水处理，其中主要有活性污泥法和生物膜法两种。厌氧法多用于处理高浓度有机工业废水与污水处理过程中产生的污泥，目前也用于处理城市污水和低浓度有机工业废水。

城镇污水与工业废水中含有形态多种多样和性质完全不同的污染物，需要几种技术的组合，才能够分离、转化污染物，使污水达到净化的目的、要求与排放标准。

1.3.2 单元技术分级

按处理程度划分，污水处理技术可分为一级处理、二级处理和三级处理。

(1) 一级处理

主要去除污水中呈悬浮状态的固体污染物质，物理处理法大部分只能完成一级处理的要求。经过一级处理后的污水，BOD一般可去除20%左右，但达不到排放标准。

(2) 二级处理

主要去除污水中呈溶解和胶体状态的有机污染物（即BOD与COD），去除率可达90%以上，有机污染物的去除达到排放标准。

(3) 三级处理

在一级处理、二级处理后，进一步去除难降解的有机物、氮和磷等能够导致水体富营养化的可溶性无机物等。主要方法有生物脱氮、除磷处理法、混凝沉淀法、过滤法、活性炭吸附法、离子交换法和膜分离法等。三级处理又称深度处理，但两者又不完全相同。深度处理是以污水的再生、回用为目的，在一级或二级处理后增加的处理工艺。污水再生回用的范围很广，包括工业上的重复利用、水体的补给水源和成为生活杂用水等。

对于某种污水，采用哪几种污水处理单元技术组合成处理系统，要根据污水的水质、水量，以及回收其中有用物质的可能性、经济性，受纳水体的具体条件，并结合调查研究与经济技术比较后决定，必要时还需进行试验。图1-1所示为典型的城镇污水处理工艺流程。

污水处理的工艺流程通常由若干功能不同的单元处理设施和输配水管渠所组成。在城市污水三级处理体制中，一级是二级的预处理，二级是处理工艺的主体，而三级则是深加工，使处理水再生以满足不同的回用要求。

随着污水处理技术的发展，同一功能处理单元的类型不断增多，而同一单元的处理功能也在扩展。在污水处理的工艺流程和处理单元构筑物类型确定后，通过单元设计确定构筑物的几何尺寸和数量，以及附属设备的规格和数量，从而为污水处理厂站的布置及整体设计提供依据。

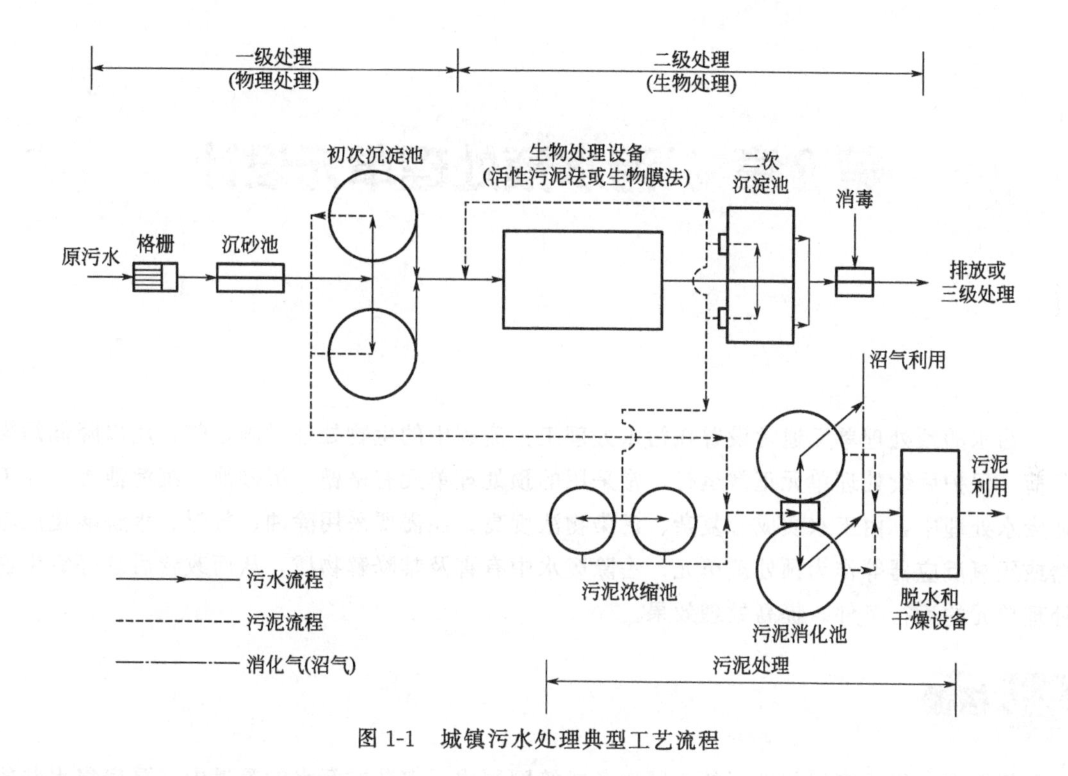

图 1-1　城镇污水处理典型工艺流程

1.4 污泥处理与处置

污泥是污水处理过程中的副产物。污泥中含有大量有机物，富有肥分，可以作为农肥使用，但又含有大量细菌、寄生虫卵以及从工业废水中挟带来的重金属离子等，在利用前应对其进行一定的预处理与稳定、无害处理。

污泥处理的主要方法有：

① 减量处理，如浓缩、脱水等；

② 稳定处理，如厌氧消化法、好氧消化法等；

③ 综合利用，如对消化气的利用及污泥农业利用等；

④ 最终处置，如干燥焚烧、填地和制造建筑材料等。

第2章 污水预处理单元设计

污水的预处理单元通常设置在污水处理工艺流程中的生物处理设施之前，用以降低污染负荷，保护后续处理单元正常运行，常采用的预处理单元有格栅、沉砂池、沉淀池等。在工业废水处理中，由于水质成分复杂、污染物浓度高，还需要采用除油、气浮、水解酸化反应器或厌氧反应器等作为预处理单元，去除废水中有害及难降解物质，从而改善后续好氧生物处理单元的运行条件，提高处理效果。

2.1 格栅

格栅由一组或多组相平行的金属栅条或筛网制成，安装在污水的渠道内、泵房集水井的进口处或污水处理厂的前端，用以截留较粗大的悬浮物、漂浮物、纤维物质和固体颗粒物质等，以免其对后续处理单元的水泵或工艺管线造成损害。常规的设置方法是一粗一中设两道格栅，也有的设置方法是一粗一中一细设三道格栅。

2.1.1 格栅除污机的选用

常见的格栅除污机有钢丝绳牵引式、回转式、高链式、阶梯式、转鼓式等格栅除污机。《给水排水用格栅除污机通用技术条件》（GB/T 37565—2019）明确规定了格栅除污机的具体技术条件，产品的标准化程度将得到进一步提高。设备制造厂商提供格栅宽度、栅条间隙、安装尺寸等技术性能参数，一般可根据设计水量进行设备选型。常见格栅除污机的特点及适用条件比较如表 2-1 所示。

表 2-1 常见格栅除污机的特点及适用条件比较

设备名称	特点	适用条件
钢丝绳牵引式格栅除污机	①捞渣量大，卸渣彻底，效率高； ②易损件少，水下无运行部件，维护检修方便，运行安全可靠； ③宽度可达 4m，最大深度可达 30m	主要用于雨水泵站或合流制泵站，拦截粗大的漂浮物或较重的沉积物，一般作粗、中格栅使用
回转式链条传动格栅除污机	①结构紧凑，缓冲卸渣； ②耐磨损，运行可靠，可全自动运行	捞取各种原水中漂浮物，一般设在粗格栅之后，用作中格栅
回转式耙齿链条格栅除污机	①无栅条，诸多小耙齿相互连接组成一个较大的旋转面，捞渣彻底； ②卸渣效果好； ③有过载保护措施，运行可靠	主要用于城镇污水和工业废水处理中，截取并自动清除污水中漂浮物和悬浮物，一般设在粗格栅之后，是典型的细格栅

续表

设备名称	特点	适用条件
高链式格栅除污机	①水下无转动部件,使用寿命长,维护检修方便; ②结构简单,运行可靠,适用于水深不大于2m的场合	用于泵站进水渠(井),拦截捞取水中漂浮物,以保护水泵正常运行,一般作中、粗格栅使用
阶梯式格栅除污机	①水下无转动部件,结构合理,使用寿命长,维护检修方便; ②采用独特的阶梯式清污原理,可避免杂物卡阻和缠绕	是一种典型的细格栅,适用于井深较浅,宽度不大于2m的场合
转鼓式格栅除污机	①集多功能于一体,结构紧凑; ②过滤面积大,水头损失小; ③清渣彻底,分离效率高	主要用于去除城镇污水和工业废水处理中的漂浮物,集截污、齿耙除渣、螺旋提升、压榨脱水四种功能于一体

2.1.2 格栅设计参数

(1) 格栅栅条间隙宽度

应符合下列要求：①粗格栅在机械清除时宜为16～25mm，人工清除时宜为25～40mm，特殊情况下，最大间隙可为100mm；②细格栅宜为1.5～10mm；③在水泵前时应根据水泵要求确定。

(2) 栅前流速

污水在栅前渠道内的流速一般控制在0.4～0.9m/s，可保证污水中粒径较大的颗粒不会在栅前渠道内沉淀。

(3) 过栅流速

污水过栅流速宜为0.6～1.0m/s。

(4) 安装角度

除转鼓式格栅除污机外，机械清除格栅的安装角度宜为60°～90°。人工清除格栅的安装角度宜为30°～60°。

(5) 过栅水头损失

污水的过栅水头损失与过栅流速有关，一般在0.2～0.5m之间。

(6) 栅渣量

栅渣量以每单位水量的产渣量计算，产渣量取0.01～0.1$m^3/10^3m^3$污水，粗格栅用小值，细格栅用大值。也可根据实际情况调整该数值。当每日栅渣量大于0.2$m^3/10^3m^3$污水时，应采用机械清渣格栅。

(7) 格栅工作台

格栅上部必须设置工作平台，其高度应高出格栅前最高设计水位0.5m，工作平台上应有安全和冲洗设施。格栅工作台两侧过道宽度宜采用0.7～1.0m；正面过道宽度，采用机械清除时不应小于1.5m，采用人工清除时不应小于1.2m。

(8) 栅渣输送机

粗格栅栅渣宜采用带式输送机输送；细格栅栅渣宜采用螺旋输送机输送。

（9）其他事项

格栅除污机、输送机和压榨脱水机的进出料口宜采用密封形式，根据周围环境情况，可设置除臭处理装置。

2.1.3 格栅设计计算

格栅设计计算包括尺寸计算、水力计算和栅渣量计算。格栅设计计算图如图 2-1 所示。计算公式如下。

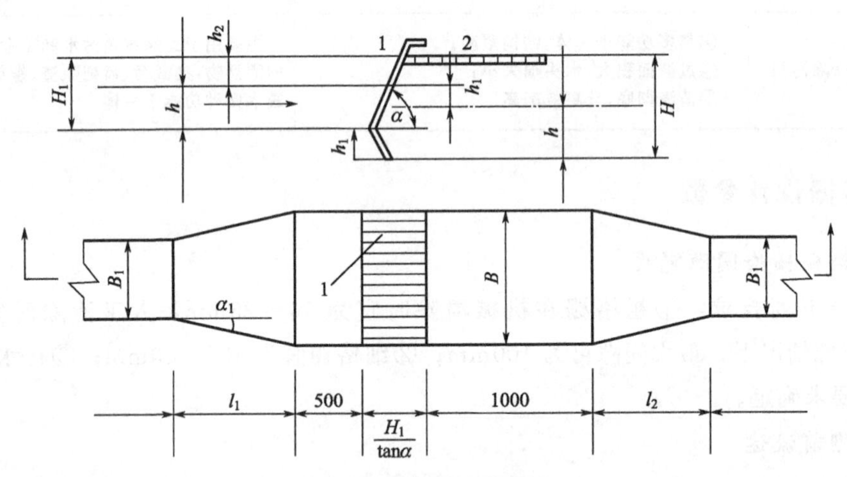

图 2-1 格栅设计计算图

1—栅条；2—工作平台

（1）格栅的间隙数 n（个）

$$n=\frac{Q_{max}\sqrt{\sin\alpha}}{bhv} \tag{2-1}$$

式中 Q_{max}——最大设计流量，m^3/s；

α——格栅安置的倾角，（°），一般为 60°～70°；

h——栅前水深，m；

v——过栅流速，m/s，最大设计流量时为 0.8～1.0m/s，平均设计流量时为 0.3m/s；

b——栅条间隙，m。

当栅条的间隙数为 n 时，栅条的数目应为 $n-1$。

（2）格栅的宽度 B(m)

$$B=S(n-1)+bn \tag{2-2}$$

式中 S——栅条宽度，m。

（3）通过格栅的水头损失 h_1(m)

$$h_1=kh_0 \tag{2-3}$$

$$h_0=\xi\frac{v^2}{2g}\sin\alpha$$

$$\xi=\beta\left(\frac{S}{b}\right)^{\frac{4}{3}}$$

式中　h_1——设计水头损失，m；

h_0——计算水头损失，m；

g——重力加速度，m/s^2；

k——考虑到由于格栅受筛余物堵塞后，格栅阻力增大的系数，一般采用 $k=3$；

ξ——阻力系数，其值与格栅栅条的端面形状有关；

β——栅条形状系数，一般圆形截面栅条为 1.79，迎水面为半圆的矩形的栅条为 1.83，矩形截面栅条为 2.42。

（4）栅后槽的总高度 H(m)

$$H=h+h_1+h_2 \tag{2-4}$$

式中　h_2——栅前渠道超高，m，一般取 0.3m。

（5）栅槽总长度 L(m)

$$L=l_1+l_2+1.0+0.5+\frac{H_1}{\tan\alpha} \tag{2-5}$$

$$l_1=\frac{B-B_1}{2\tan\alpha_1}=1.37(B-B_1)$$

$$l_2=l_1/2$$

$$H_1=h+h_2$$

式中　l_1——进水渠道渐宽部分长度，m；

l_2——栅槽与出水渠连接渠的渐缩长度，m；

H_1——栅前槽高，m；

B_1——进水渠道宽度，m；

α_1——进水渠展开角，一般用 20°。

（6）每日栅渣量 $W(m^3/d)$

$$W=\frac{Q_{max}W_1\times 86400}{K_z\times 1000} \tag{2-6}$$

式中　W_1——栅渣量，$m^3/10^3m^3$ 污水，取 0.01～0.1，粗格栅用小值，细格栅用大值，中格栅用中值；

K_z——污水流量总变化系数。

2.1.4　格栅设计计算实例

［例 2-1］　格栅设计计算和设备选用

（1）已知条件

某城镇污水处理厂的最大设计流量 $Q_{max}=0.4m^3/s$，总变化系数 $K_z=1.43$，设计计算格栅各部分尺寸，并确定清渣方式，选用格栅设备。

(2) 设计计算

设置两组格栅，并按两组同时工作设计计算，格栅计算图见图 2-1。

① 格栅的间隙数　格栅倾角 $\alpha=60°$，栅条间隙 $b=0.02\text{m}$，栅前水深 $h=0.4\text{m}$，过栅流速 $v=0.9\text{m/s}$，格栅的间隙数为：

$$n=\frac{Q_{\max}\sqrt{\sin\alpha}}{bhv}=\frac{0.2\sqrt{\sin60°}}{0.02\times0.4\times0.9}\approx26(\text{个})$$

② 栅槽宽度　栅槽宽度一般比格栅宽 0.2～0.3m，取 0.2m，栅条宽度 $S=0.01\text{m}$，栅槽宽度为：

$$B=S(n-1)+bn+0.2=0.01\times(26-1)+0.02\times26+0.2=0.97(\text{m})$$

③ 通过格栅的水头损失　$k=3$，设栅条迎水面为半圆的矩形，$\beta=1.83$，通过格栅的水头损失为：

$$h_1=kh_0=k\xi\frac{v^2}{2g}\sin\alpha=k\beta\left(\frac{S}{b}\right)^{\frac{4}{3}}\frac{v^2}{2g}\sin\alpha$$

$$=3\times1.83\times\left(\frac{0.01}{0.02}\right)^{\frac{4}{3}}\times\frac{0.9^2}{2\times9.8}\sin60°=0.08(\text{m})$$

④ 栅后槽的总高度　设栅前渠道超高 $h_2=0.3\text{m}$，则：

$$H=h+h_1+h_2=0.4+0.08+0.3=0.78(\text{m})$$

⑤ 栅槽总长度　设栅前进水渠道宽 $B_1=0.65\text{m}$，则：

$$l_1=\frac{B-B_1}{2\tan\alpha_1}=1.37\times(B-B_1)=1.37\times(0.97-0.65)=0.44(\text{m})$$

$$l_2=l_1/2=0.44/2=0.22(\text{m})$$

$$L=l_1+l_2+1.0+0.5+\frac{H_1}{\tan\alpha}=0.44+0.22+1.0+0.5+\frac{0.3+0.4}{\tan60°}=2.57(\text{m})$$

⑥ 每日栅渣量　栅渣量 $W_1=0.06\text{m}^3/10^3\text{m}^3$ 污水，每日栅渣量为：

$$W=\frac{Q_{\max}W_1\times86400}{H_z\times1000}=\frac{0.4\times0.06\times86400}{1.43\times1000}=1.46(\text{m}^3/\text{d})$$

每日栅渣量大于 $0.2\text{m}^3/\text{d}$，故采用机械清渣。

(3) 选用格栅设备

① 设计计算　经计算该污水厂栅渣量为 $1.46\text{m}^3/\text{d}>0.2\text{m}^3/\text{d}$，需采用机械清渣。

② 格栅除污机选用　选用 2 台回转式耙齿链条格栅除污机，每台过水流量为 $0.4/2=0.2(\text{m}^3/\text{s})=17280(\text{m}^3/\text{d})$。

根据设备厂商提供的回转式耙齿链条格栅除污机的有关技术资料，所选设备的技术参数为：a. 安装角度为 70°；b. 电机功率为 1.5kW；c. 设备宽度为 800mm；d. 沟宽为 900mm；

e. 栅前水深为 1.0m；f. 过栅流速为 0.5～1.0m/s；g. 耙齿间隙为 20mm；h. 过水流量为 17000～34000m^3/d。

2.2 沉砂池

沉砂池的作用是从污水中分离密度较大的无机颗粒污染物，如泥砂、煤渣等，它们的相对密度约为 2.65。沉砂池一般设在泵站、倒虹管前，以减轻机械、管道的磨损；也可设在初次沉淀池前，以减轻沉淀池负荷及改善污泥处理构筑物的处理条件。

沉砂池按流态分为平流沉砂池、曝气沉砂池、旋流沉砂池等。

2.2.1 沉砂池的一般规定

① 城镇污水处理厂一般均应设置沉砂池，按去除相对密度 2.65、粒径 0.2mm 以上的砂粒设计。

② 沉砂池的格数不应少于 2 个，并宜按并联系列设计。当污水量较小时，可考虑一格工作，一格备用。

③ 污水的沉砂量可按每立方米污水 0.03L 计算，其含水率为 60%，密度为 1500kg/m^3。合流制污水的沉砂量应根据实际情况确定。

④ 砂斗容积不应大于 2d 的沉砂量，采用重力排砂时，砂斗斗壁与水平面的倾角不应小于 55°，沉砂池超高不宜小于 0.3m。

⑤ 沉砂池除砂宜采用机械方法，并经砂水分离后贮存或外运。采用人工排砂时，排砂管直径不应小于 200mm。沉砂池应设置贮砂池和晒砂场。

2.2.2 平流沉砂池

平流沉砂池由入流渠、出流渠、闸板水流部分及沉砂斗等组成，如图 2-2 所示。污水在池内沿水平方向流动，具有截留无机颗粒效果好、工作稳定、构造简单和排砂方便等优点。

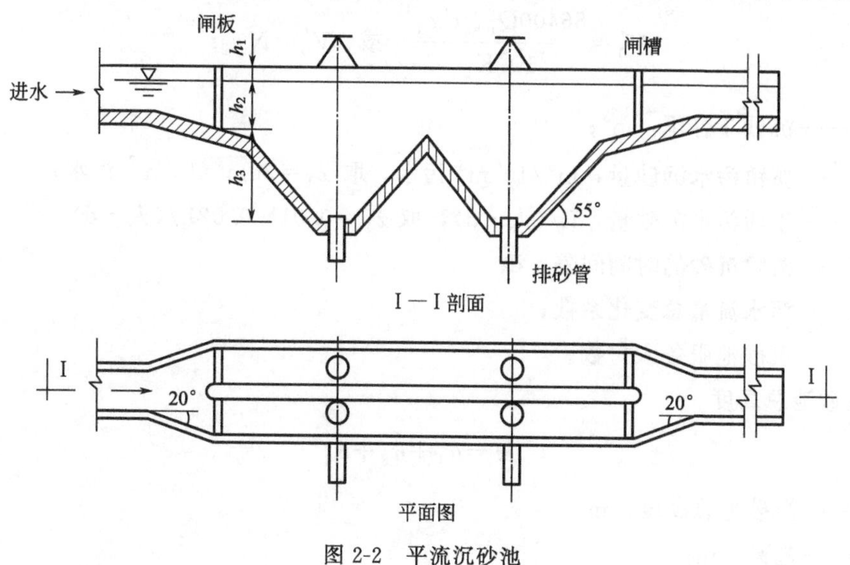

图 2-2　平流沉砂池

(1) 设计参数

① 最大流速为 0.3m/s，最小流速为 0.15m/s。

② 最大设计流量时，污水在池内的停留时间不少于 30s，一般为 30～60s。

③ 设计有效水深不应大于 1.2m，一般为 0.25～1.0m，每格池宽不宜小于 0.6m。

④ 池底坡度一般为 0.01～0.02，当设置除砂设备时，可根据设备要求考虑池底形状。

(2) 设计计算

① 沉砂池水流部分的长度　沉砂池两闸板之间的长度为水流部分的长度：

$$L=vt \tag{2-7}$$

式中　L——水流部分长度，m；

v——最大流速，m/s；

t——最大设计流量时的停留时间，s。

② 水流断面积

$$A=\frac{Q_{max}}{v} \tag{2-8}$$

式中　A——水流断面积，m^2；

Q_{max}——最大设计流量，m^3/s；

v——最大流速，m/s。

③ 池总宽度

$$B=\frac{A}{h_2} \tag{2-9}$$

式中　B——池总宽度，m；

h_2——设计有效水深，m。

④ 沉砂斗容积

$$V_0'=\frac{86400Q_{max}t'x_1}{10^6K_z} \quad 或 \quad V_0'=Nx_2t' \tag{2-10}$$

式中　V_0'——沉砂斗容积，m^3；

x_1——城镇污水沉砂量，$m^3/10^6m^3$ 污水，取 $x_1=30m^3/10^6m^3$ 污水；

x_2——生活污水沉砂量，L/(人·d)，取 $x_2=0.01$～0.02L/(人·d)；

t'——清除沉砂的时间间隔，d；

K_z——污水流量总变化系数；

N——沉砂池服务人口数。

⑤ 沉砂池总高度

$$H=h_1+h_2+h_3 \tag{2-11}$$

式中　H——沉砂池总高度，m；

h_1——超高，m；

h_3——贮砂斗高度，m。

⑥ 验算　按最小流量时，池内最小流速 $v_{min} \geqslant 0.15$m/s 进行验算：

$$v_{min}=\frac{Q_{min}}{n\omega} \tag{2-12}$$

式中　v_{min}——最小流速，m/s；

Q_{min}——最小流量，m^3/s；

n——最小流量时，工作的沉砂池数量，个；

ω——工作沉砂池的水流断面面积，m^2。

2.2.3　曝气沉砂池

平流沉砂池的沉砂中约夹杂着 15%的有机物，使沉砂的后续处理难度增加。曝气沉砂池可以克服这一缺点。

曝气沉砂池呈矩形，池底一侧设有集砂槽。曝气装置设在集砂槽一侧，使池内水流产生与主流垂直的横向旋流，相对密度较大的无机颗粒被甩向外层并下沉于集砂槽。集砂槽中的砂可采用机械刮砂设备、空气提升器或泵吸式排砂机排除。曝气沉砂池的优点是可以通过调节曝气量，控制污水的旋流速度，使除砂效率较稳定，受流量变化影响较小，同时，还对污水起预曝气作用。曝气沉砂池断面如图 2-3 所示。

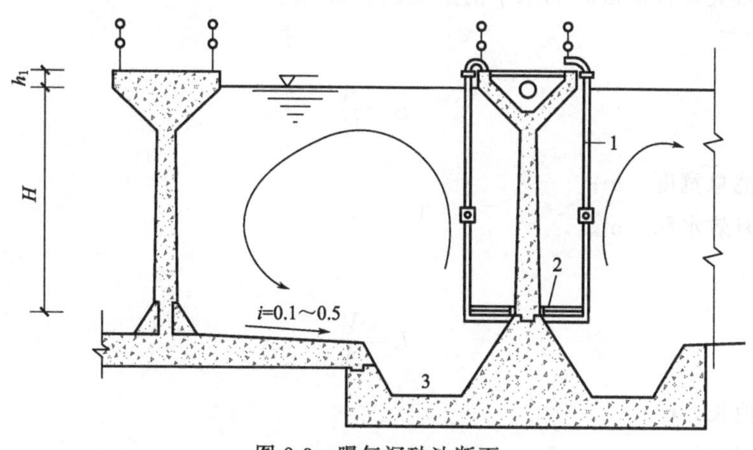

图 2-3　曝气沉砂池断面

1—压缩空气管；2—空气扩散板；3—集砂槽

（1）设计参数

① 旋流速度应保持 0.25～0.3m/s。

② 水平流速为 0.06～0.12m/s。

③ 最大流量时停留时间不宜小于 5min。

④ 池深一般采用 2.0～5.0m，有效水深宜为 2.0～3.0m，宽深比一般采用 1∶1～5∶1，典型值为 1.5∶1。

⑤ 池长度为 7.5～20.0m，宽度为 2.5～7.0m，长宽比一般采用 3∶1～5∶1，典型值为 4∶1。

⑥ 处理每立方米污水的曝气量宜为0.1～0.2m^3空气，或3.0～5.0$m^3/(m^2 \cdot h)$。

⑦ 空气扩散装置设在池的一侧，距池底约0.6～0.9m，送气管应设置调节气量的阀门。

⑧ 池子的形状应尽可能不产生偏流或死角，在集砂槽附近可安装纵向挡板。

⑨ 池子的进口和出口布置，应防止发生短路，进水方向应与池中旋流方向一致，出水方向应与进水方向垂直，并宜设置挡板。

⑩ 应根据环境条件要求采取封闭、除臭措施，池内应考虑设置冲洗及泡沫消除装置。

(2) 设计计算

① 总有效容积

$$V=60Q_{max}t \tag{2-13}$$

式中 V——总有效容积，m^3；

Q_{max}——最大设计流量，m^3/s；

t——最大设计流量时的停留时间，s。

② 水流断面面积

$$A=\frac{Q_{max}}{v_1} \tag{2-14}$$

式中 A——水流断面面积，m^2；

v_1——最大设计流量时的水平前进流速，m/s。

③ 池总宽度

$$B=\frac{A}{H} \tag{2-15}$$

式中 B——池总宽度，m；

H——有效水深，m。

④ 池长

$$L=\frac{V}{A} \tag{2-16}$$

式中 L——池长，m。

⑤ 所需曝气量

$$q=3600DQ_{max} \tag{2-17}$$

式中 q——所需曝气量，m^3/h；

D——每立方米污水所需曝气量，m^3/m^3污水。

2.2.4 旋流沉砂池

旋流沉砂池是利用机械力控制水流流态与流速，加速砂粒的沉淀并使有机物随水流带走的沉砂装置。沉砂池由流入口、流出口、沉砂区、砂斗、砂提升管、排砂管、压缩空气输送管、电动机及变速箱等组成。污水沿流入口切线方向流入沉砂区，电动机及传动装置带动转盘和斜坡式叶片运转，在离心力的作用下，污水中密度较大的砂粒被甩向池壁，掉入砂斗，有机物则留在污水中。沉砂用压缩空气经砂提升管、排砂管清洗后排出，清洗水回流至沉砂池，如图 2-4 所示。

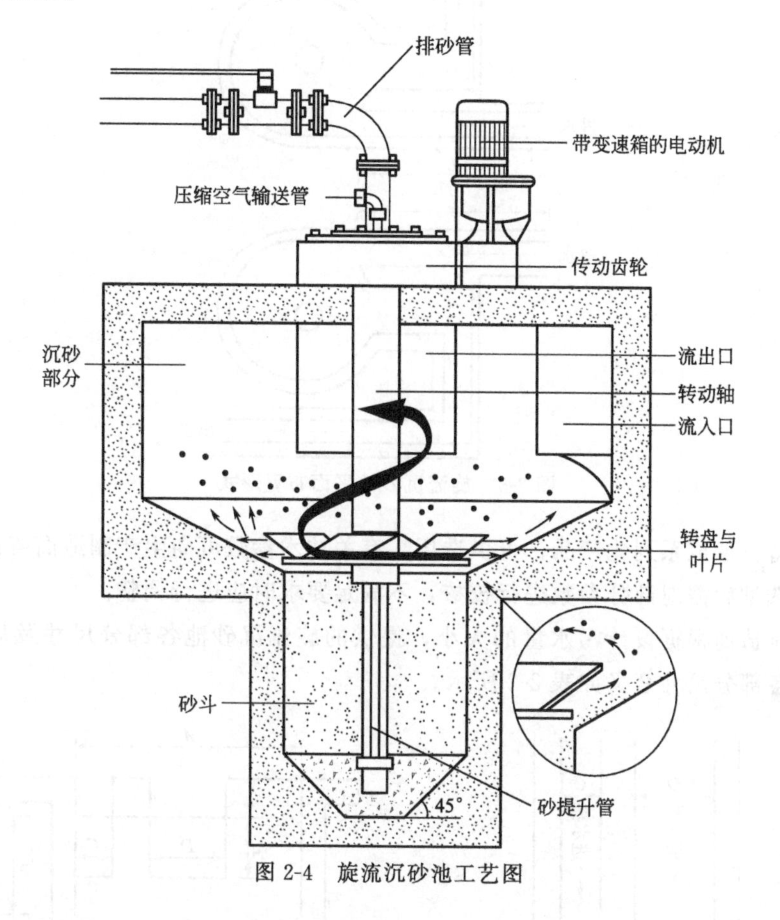

图 2-4　旋流沉砂池工艺图

(1) 设计参数

① 沉砂池表面水力负荷宜为不大于 $200m^3/(m^2 \cdot h)$，流量最高时的停留时间一般不小于 30s，有效水深宜为 1.0～2.0m，池径与池深比宜为 2.0～2.5。

② 进水渠道直段长度一般为渠道宽的 7 倍，且不小于 4.5m，以保证平稳的进水条件。

③ 在最大流量 40%～80%条件下，进水渠道的流速一般控制在 0.6～0.9m/s；在最小流量时，其流速应大于 0.15m/s；但最大流量不大于 1.2m/s。

④ 出水渠道与进水渠道的夹角大于 270°，以最大限度地延长污水在池内的停留时间，达到有效除砂目的。进、出水渠道均设于沉砂池上部，出水渠道宽度为进水渠道的 2 倍，直线段不小于出水渠道宽度。

⑤ 沉砂区与贮砂区的过渡段应有不小于 25°的坡度，以利于沉砂滑入贮砂区。贮砂区底部锥斗坡度不小于 45°。

⑥ 沉砂池前应设格栅。沉砂池下游设堰板，以保持沉砂池所需的水位。

旋流沉砂池的平面布置形式如图 2-5 所示。

(2) 规格尺寸

旋流沉砂池的设计除与表面负荷、停留时间有关外，还与专用设备有关。目前旋流沉砂

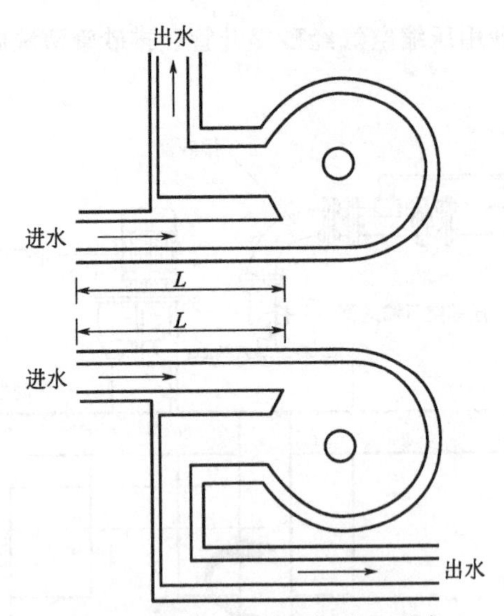

图 2-5 旋流沉砂池平面布置形式

池及配套设备已形成系列化产品，可供选用，有关技术参数可向生产制造商咨询索取。应该注意的是在选型后需对部分参数进行校核，不满足要求时应进行调整。

国内某制造商根据设计污水量的大小，提供的旋流沉砂池各部分尺寸及规格（图 2-6）可供参考，各部分尺寸意义如表 2-2 所示。

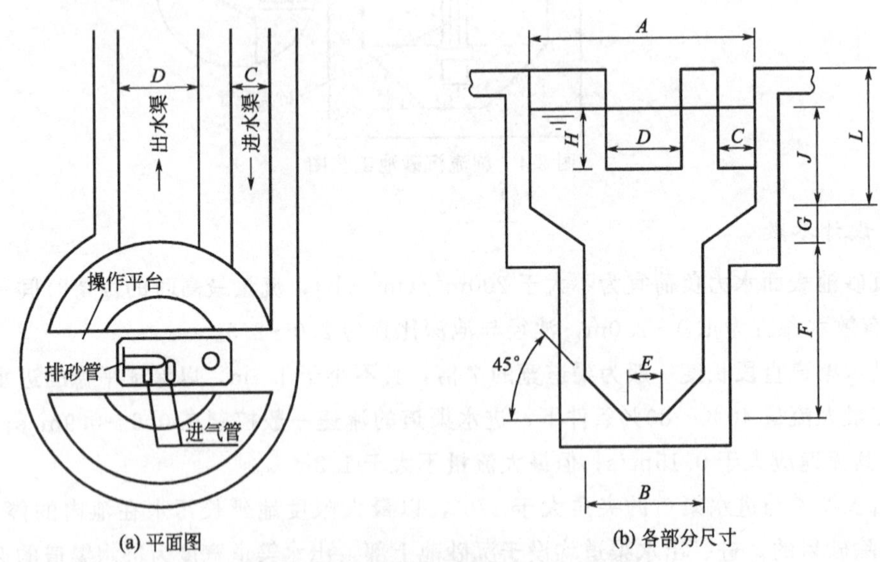

图 2-6 旋流沉砂池各部分尺寸及规格图

表 2-2 旋流沉砂池各部分尺寸及规格

设计水量/(m^3/h)	180	360	720	1080	1980	3170	4750	6300	7200
沉砂区直径 A/m	1.83	2.13	2.43	3.05	3.65	4.87	5.48	5.80	6.11
贮砂区直径 B/m	0.91	0.91	0.91	1.52	1.52	1.52	1.52	1.52	1.83
进水渠宽度 C/m	0.31	0.38	0.46	0.61	0.72	1.07	1.22	1.37	1.68
出水渠宽度 D/m	0.61	0.76	0.91	1.22	1.52	2.13	2.44	2.74	3.35

续表

设计水量/(m^3/h)	180	360	720	1080	1980	3170	4750	6300	7200
锥斗底径 E/m	0.31	0.31	0.31	0.46	0.46	0.46	0.55	0.55	0.55
贮砂区深度 F/m	1.52	1.52	1.52	1.68	2.03	2.08	2.13	1.44	2.44
沉砂区底坡降 G/m	0.30	0.30	0.40	0.45	0.60	1.00	1.00	1.30	1.30
进水渠水深 H/m	0.20	0.25	0.38	0.45	0.65	0.75	0.95	1.10	1.10
沉砂区水深 J/m	0.80	0.80	0.80	1.00	1.10	1.45	1.45	1.50	1.50
超高 K/m	0.30	0.30	0.35	0.35	0.35	0.40	0.40	0.45	0.45
沉砂区深度 L/m	1.10	1.10	1.15	1.35	1.45	1.85	1.85	1.95	1.95
驱动机构功率/W	0.56	0.86	0.86	0.75	0.75	1.50	1.50	1.50	1.50
桨板转速/(N/min)	20	20	20	14	14	13	13	13	13

2.2.5　沉砂池设计计算实例

[例 2-2]　曝气沉砂池设计计算

(1) 已知条件

某城镇污水处理厂的最大设计流量为 1.2m^3/s，总变化系数为 1.3，求曝气沉砂池的各部分尺寸及每小时所需空气量。

(2) 设计计算

① 曝气沉砂池总有效容积　设 t=5min，则：

$$V=Q_{max}t\times60=1.2\times5\times60=360(m^3)$$

② 水流断面面积　设 v_1=0.06m/s，则：

$$A=Q_{max}/v_1=1.2/0.06=20(m^2)$$

曝气沉砂池设 2 格，每格池宽 4m，池底坡度 0.27，超高 0.6m，全池总高度 4.0m。单格断面尺寸如图 2-7 所示。

每格沉砂池实际水流断面面积为：

$$A'=4.0\times2.0+[(4.0+1.0)\times0.8/2]=10.0(m)$$

③ 池长

$$L=V/A=360/20=18(m)$$

④ 每格沉砂池砂斗容积

$$V_0=0.6\times1.0\times18=10.8(m^3)$$

⑤ 每格沉砂池实际沉砂量　设进厂污水含砂量为 30m^3/10^6m^3 污水，每两天排砂一次，则实际沉砂量为：

$$V'_0=\frac{86400Q_{max}t'x_1}{10^6K_z}=\frac{86400\times0.6\times2\times30}{10^6\times1.3}=2.39(m^3)<10.8(m^3)$$

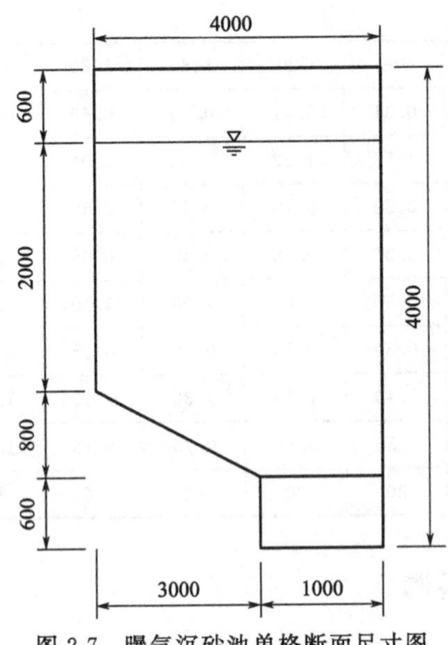

图 2-7 曝气沉砂池单格断面尺寸图

⑥ 每小时所需空气量 每立方米污水所需曝气量 $D=0.2m^3$，则：

$$q=3600DQ_{max}=3600\times0.2\times1.2=864(m^3/h)$$

⑦ 设计参数复核 长宽比：$L:B=18/4=4.5$，满足要求；长深比：$L:H=4/2=2$，满足要求。

2.3 沉淀池

按工艺布置的不同，沉淀池主要分为初次沉淀池和二次沉淀池。初次沉淀池是污水一级处理的主体处理构筑物，或作为污水二级处理的预处理构筑物，设在生物处理构筑物的前面，处理对象是悬浮物质（约去除 40%～55%），同时去除部分 BOD_5（约去除 20%～30%），可以改善生物处理的运行条件并降低 BOD_5 负荷；二次沉淀池设在生物处理构筑物的后面，用于沉淀去除活性污泥或腐殖污泥。

沉淀池按池内水流方向的不同，可分为平流式、辐流式、竖流式 3 种类型。各类沉淀池的特点和适用条件如表 2-3 所示。

表 2-3 各类沉淀池的特点和适用条件

类型	特点	适用条件
平流式沉淀池	沉淀效果好，对冲击负荷和温度变化的适应能力较强，施工简易，造价较低。但占地面积大，配水不易均匀，多斗排泥操作量大，链带式刮泥机易锈蚀	地下水位高及地质条件差的地区，大、中、小型污水处理厂
竖流式沉淀池	占地面积小，管理简单，排泥方便。但池深大，施工难，对冲击负荷和温度变化的适应能力较差，池径不宜过大，否则布水不均匀	水量不大的小型污水处理厂(站)
辐流式沉淀池	采用机械排泥，运行效果较好，管理较简单；排泥设计已趋定型。但机械排泥设备复杂，对施工质量要求高	地下水位较高地区，大、中型污水处理厂

沉淀池设计时一般应遵循以下规定。

(1) 设计流量

当污水为自流时，应按每期的最大设计流量计算；当污水为提升进入时，应按工作水泵的最大组合流量计算；在合流制处理系统中，应按降雨时的设计流量计算。

(2) 沉淀池的设计数据

当无实测资料时，城市污水沉淀池的设计数据可参考表2-4选用。

表2-4 城市污水沉淀池设计数据

类型	沉淀池位置	沉淀时间/h	表面负荷/[$m^3/(m^2 \cdot h)$]	污泥量/[g/(人·d)]	固体负荷/[$kg/(m^2 \cdot d)$]	污泥含水率/%	堰口负荷/[L/(s·m)]
初次沉淀池		0.5～2.0	1.5～4.5	16～36	—	95～97	≤2.9
二次沉淀池	活性污泥法后	1.5～4.0	0.6～1.5	12～32	≤150	99.2～99.6	≤1.7
	生物膜法后	1.5～4.0	1.0～2.0	10～26	≤150	96～98	≤1.7

注：工业废水沉淀池的设计数据应按实际水质试验确定，或参照类似工业废水的运转或试验资料采用。

(3) 沉淀池的一般规定

① 沉淀池的座数或分格数不小于2个，宜按并联系列设计；池子超高至少采用0.3m；缓冲层高度一般采用0.3～0.5m；有效水深宜采用2.0～4.0m。

② 当采用泥斗排泥时，每个泥斗均应设单独的闸阀和排泥管。污泥斗的斜壁与水平面的倾角，方斗宜为60°，圆斗宜为55°。排泥管的直径不应小于200mm。

③ 初次沉淀池的污泥区容积，除机械排泥的宜按4h的污泥量计算外，一般按不大于2天的污泥量计算。活性污泥法处理后的二次沉淀池污泥区容积，一般按不大于2h的污泥量计算，并应有连续排泥措施；生物膜法处理后的二次沉淀池污泥区容积，一般按4h的污泥量计算。

④ 采用静压排泥时，初次沉淀池的静水头不应小于1.5m；二次沉淀池的静水头，生物膜法后不应小于1.2m，活性污泥法后不应小于0.9m。此外，应每日排泥。

⑤ 当采用2个以上沉淀池时，应在每个沉淀池的入流口设置调节阀门，调节流量，使每池的入流量均等。

⑥ 进水管有压力时，应设配水井，进水管应由池壁接入，不宜由井底接入，且应将进水管的进口弯头朝向井底。

⑦ 沉淀池应设置浮渣的撇除、输送和处置设施。

2.3.1 平流式沉淀池

平流式沉淀池由流入装置、流出装置、沉淀区、缓冲层、污泥区和排泥装置等组成，如图2-8所示。

流入装置设有侧向或槽底潜孔的配水槽、挡流板；流出装置由流出槽和挡板组成。流出槽设自由溢流堰、锯齿三角式出水堰，如需阻挡浮渣随水流走，流出堰也可用潜孔出流，如图2-9(a)所示。为了减轻溢流堰负荷，改善出水水质，可采用多槽沿程布置，以增加出水堰长度，如图2-9(b)所示。

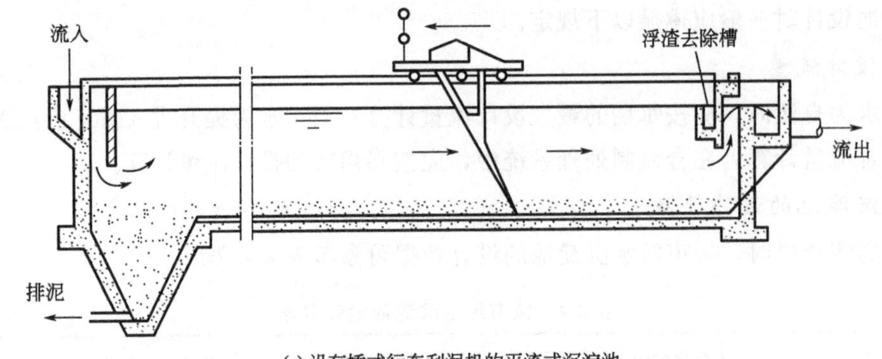

(a) 设有桥式行车刮泥机的平流式沉淀池

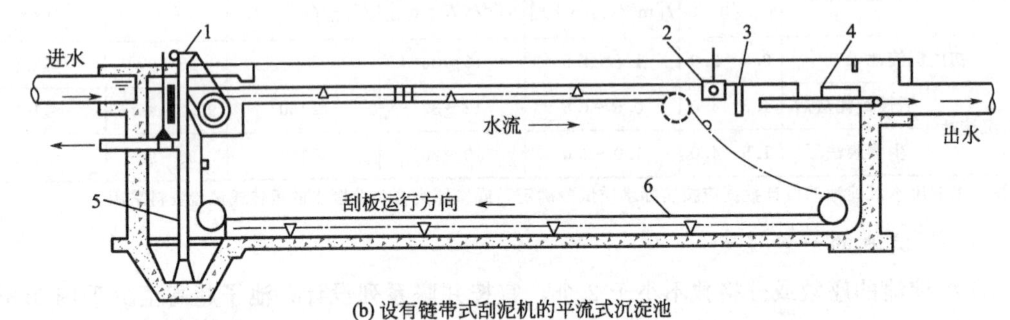

(b) 设有链带式刮泥机的平流式沉淀池

1—集渣器驱动装置；2—浮渣槽；3—挡板；4—可调节的出水槽；5—排泥管；6—刮板

图 2-8 平流式沉淀池

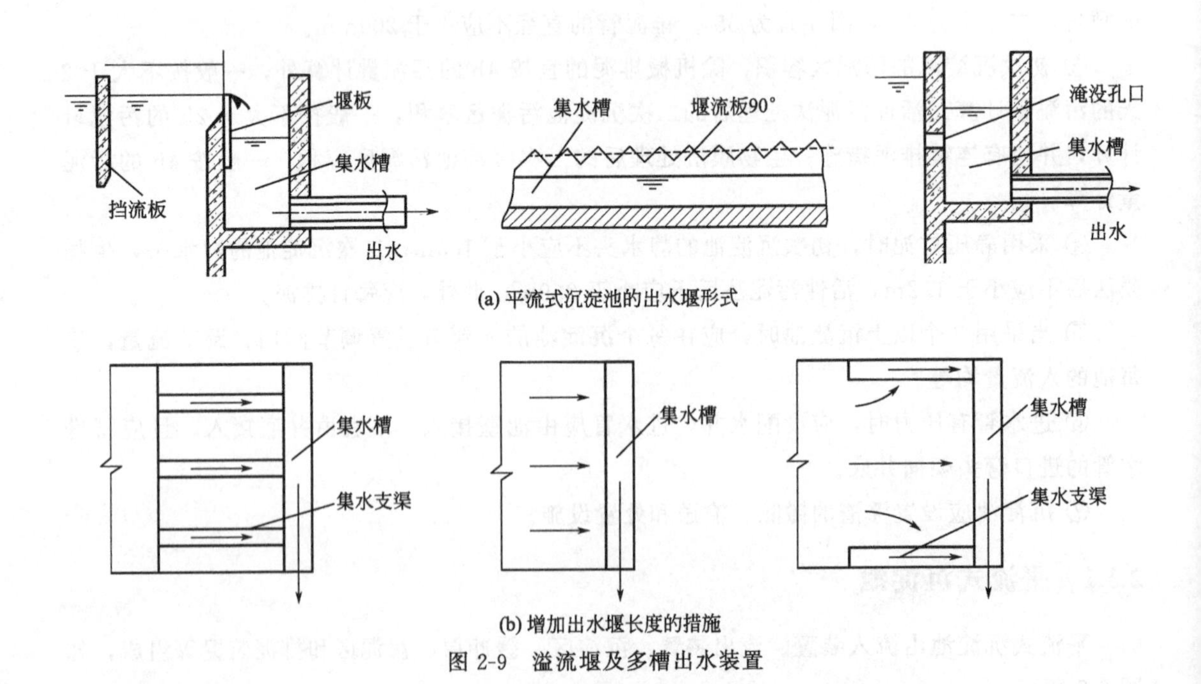

(a) 平流式沉淀池的出水堰形式

(b) 增加出水堰长度的措施

图 2-9 溢流堰及多槽出水装置

利用池内的静水位，将泥排出池外，即静水压力排泥，如图 2-10 所示，也可采用多斗式平流沉淀池，如图 2-11 所示。机械排泥常采用的设备除桥式行车刮泥机［见图 2-8(a)］外，还有链带式刮泥机［见图 2-8(b)］。被刮入污泥斗的污泥，可利用静水压力或螺旋泵排出池外。

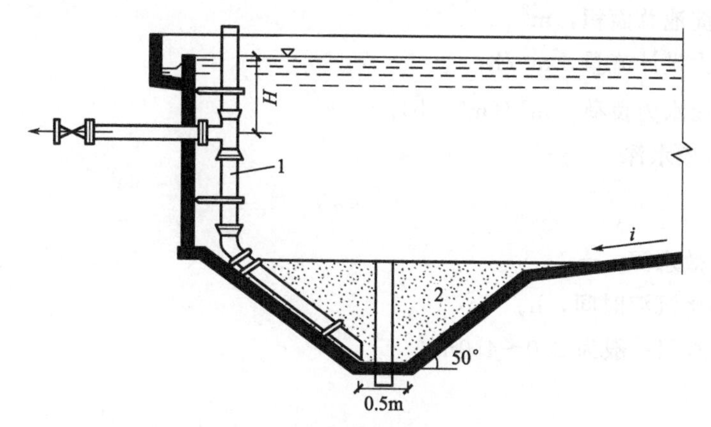

图 2-10　沉淀池静水压力排泥

1—排泥管；2—集泥斗

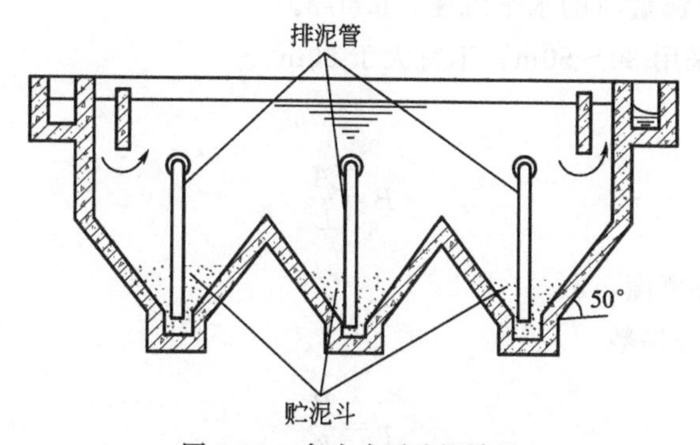

图 2-11　多斗式平流沉淀池

(1) 设计参数和要求

① 一般按表面负荷计算，按水平流速校核。最大水平流速：初沉池为 7mm/s；二沉池为 5mm/s。

② 池子的长宽比≥4，长深比≥8，池底坡度≥0.01。

③ 进出口处应设置挡板，且高出池内水面 0.1～0.15m。挡板淹没深度：进口处视沉淀池深度而定，不小于 0.25m，一般为 1.0m；出口处一般为 0.3～0.4m。挡板位置：距进水口为 0.5～1.0m；距出水口为 0.25～0.5m。

④ 采用机械排泥时，池子的宽度根据排泥设备确定。排泥设备行进速度一般采用 0.6～0.9m/min。

⑤ 出水堰前应设置收集和排除浮渣的设施，如可转动的排渣管、浮渣槽等。当采用机械排泥时，可以一并结合考虑。

⑥ 当沉淀池采用多斗排泥时，其排数一般不宜多于 2 排。

(2) 设计计算公式。

① 沉淀池总面积

$$A=\frac{Q_{\max}}{q'} \tag{2-18}$$

式中 A——沉淀池总面积，m^2；

Q_{max}——最大设计流量，m^3/h；

q'——表面水力负荷，$m^3/(m^2 \cdot h)$。

② 沉淀池有效水深

$$h_2 = q't \tag{2-19}$$

式中 h_2——有效水深，m；

t——污水沉淀时间，h。

沉淀池有效水深一般为2.0～4.0m。

③ 沉淀池长度

$$L = 3.6vt \tag{2-20}$$

式中 L——沉淀池长度，m；

v——最大设计流量时的水平流速，mm/s。

沉淀池长度一般采用30～50m，不宜大于60m。

④ 沉淀区总宽度

$$B = \frac{A}{L} \tag{2-21}$$

式中 B——沉淀区总宽度，m。

⑤ 沉淀池座数或分格数

$$n = \frac{B}{b} \tag{2-22}$$

式中 n——沉淀池座数或分格数；

b——每座或每格宽度，与刮泥机有关，一般采用5～10m。

⑥ 污泥区所需总容积

$$V = \frac{SNt}{1000} \tag{2-23}$$

式中 V——污泥区所需总容积，m^3；

S——每日每人产生的污泥量，L/(人·d)；

N——设计人口数；

t——两次排泥的时间间隔，d。

如已知污水悬浮物浓度与去除率，污泥区所需总容积可按下式计算：

$$V = \frac{24Q_{max}(c_0 - c_1)100}{\gamma(100 - \rho_0)} t \tag{2-24}$$

式中 c_0,c_1——分别为沉淀池进水与出水的悬浮物浓度，kg/m^3；如有浓缩池、消化池和污泥脱水机的上清液回流至初次沉淀池，则式中 c_0 应取 $1.3c_0$，c_1 应取 $1.3c_1$ 的50%～60%；

ρ_0——污泥含水率，%，一般为95%～97%；

γ——污泥容量，kg/m^3，因污泥的主要成分是有机物，含水率在95%以上，故γ可取$1000kg/m^3$；

t——两次排泥时间间隔，d。

⑦ 污泥斗容积

$$V_2=\frac{1}{3}h_4''(f_1+f_2+\sqrt{f_1f_2}) \tag{2-25}$$

式中 V_2——污泥斗容积，m^3；

f_1——污泥斗上口面积，m^2；

f_2——污泥斗下口面积，m^2；

h_4''——污泥斗高度，m。

⑧ 污泥斗以上梯形部分容积

$$V_2'=\left(\frac{l_1+l_2}{2}\right)h_4'b \tag{2-26}$$

式中 V_2'——污泥斗以上梯形部分容积，m^3；

l_1,l_2——梯形上下底边长，m；

h_4'——梯形的高度，m。

⑨ 沉淀池的总高度

$$H=h_1+h_2+h_3+h_4 \tag{2-27}$$

式中 H——总高度，m；

h_1——超高，m，一般采用0.3m；

h_2——沉淀区高度，m；

h_3——缓冲层高度，m，当无刮泥机时取0.5m，有刮泥机时，缓冲层的上缘应高出刮板0.3m；

h_4——污泥区高度，$h_4=h_4'+h_4''$，m。

2.3.2 竖流式沉淀池

竖流式沉淀池可为圆形或正方形，污泥斗为截头倒锥体，常用于处理量小于$2000m^3/d$的工业废水处理站。如图2-12所示为圆形竖流式沉淀池。

污水从中心管自上而下，通过反射板折向上流，沉淀后的出水通过设于池周的锯齿溢流堰溢入出水槽。

(1) 设计参数和要求

① 水池直径（或正方形的一边）与有效水深之比值不大于3.0。池子直径不宜大于8.0m，一般采用4.0～7.0m。

② 中心管内流速不宜大于30mm/s。

③ 中心管下口应设有喇叭口和反射板，中心管和反射板的结构尺寸见图2-13，板底面距泥面不宜小于0.3m。

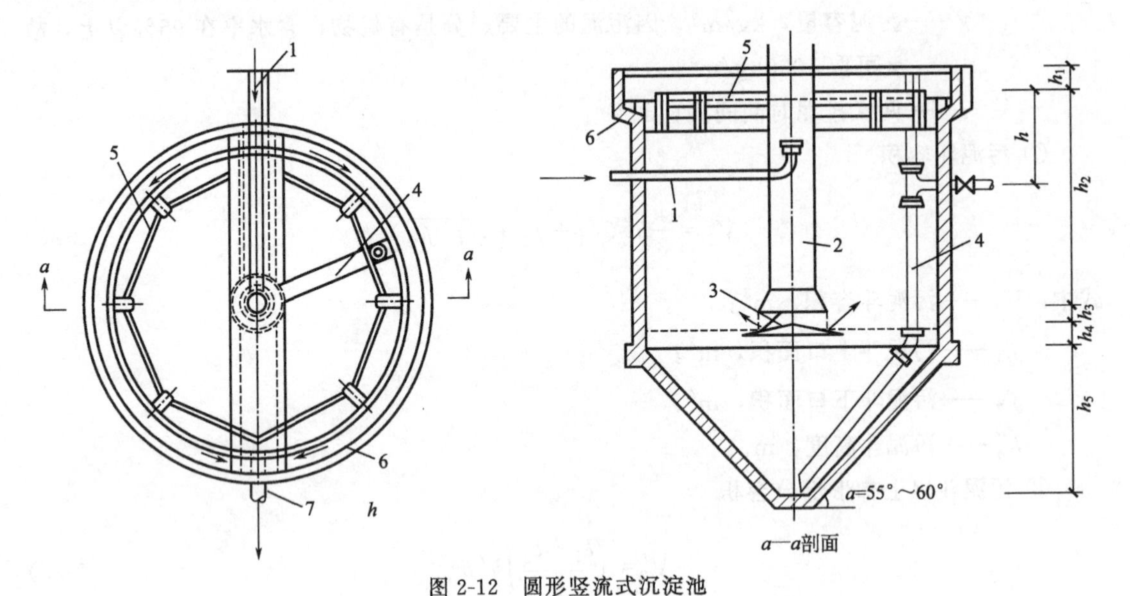

图 2-12　圆形竖流式沉淀池

1—进水管；2—中心管；3—反射板；4—排泥管；5—挡渣板；6—流出槽；7—出水管

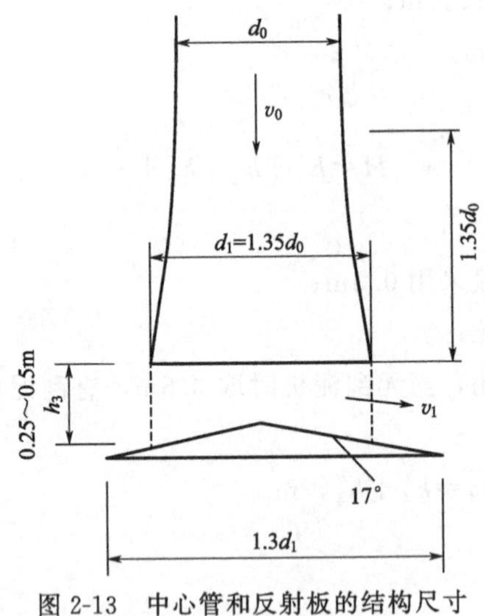

图 2-13　中心管和反射板的结构尺寸

④ 中心管下端至反射板表面之间的缝隙为 0.25～0.50m，缝隙中污水流速在初次沉淀池中不大于 30mm/s，在二次沉淀池中不大于 20mm/s。

⑤ 当池子直径（或正方形的一边）小于 7.0m 时，处理出水沿周边流出；当直径≥7.0m 时，应增设辐射式集水支渠。

⑥ 排泥管下端距池底不大于 0.20m，管上端超出水面不小于 0.40m。

（2）设计计算公式

① 中心进水管面积与直径

$$f=\frac{q_{\max}}{v_0} \tag{2-28}$$

$$d_0=\sqrt{\frac{4f}{\pi}} \tag{2-29}$$

式中　q_{max}——每池最大设计流量，m^3/s；

f——中心进水管面积，m^2；

v_0——中心进水管内流速，m/s；

d_0——中心进水管直径，m。

② 沉淀区有效水深，即中心管高度

$$h_2=3600vt \tag{2-30}$$

式中　h_2——沉淀区有效水深，m；

v——污水在沉淀池中流速，mm/s，如有沉淀试验资料，v 等于拟去除的最小颗粒沉速 u_0，如无则 v 采用 0.5～1.0mm/s，即 0.0005～0.001m/s；

t——沉淀时间，h。

③ 中心进水管喇叭口距反射板之间的间隙高度

$$h_3=\frac{q_{max}}{v_1\pi d_1} \tag{2-31}$$

式中　h_3——间隙高度，m；

v_1——间隙流出速度，mm/s；

d_1——喇叭口直径，m。

④ 沉淀区有效断面面积和沉淀池直径

$$F=\frac{q_{max}}{v} \tag{2-32}$$

$$D=\sqrt{\frac{4(F+f)}{\pi}} \tag{2-33}$$

式中　F——沉淀区有效断面面积，m^2；

D——沉淀池直径，m。

⑤ 污泥斗容积。圆截锥部分的容积即为污泥斗容积

$$V_1=\frac{\pi h_5}{3}(R^2+Rr+r^2) \tag{2-34}$$

式中　V_1——污泥斗容积，m^3；

h_5——污泥斗圆截锥部分的高度，m；

R——圆截锥上部半径，m；

r——圆截锥上部半径，m。

污泥斗部分所需总容积可根据式(2-23)、式(2-24) 计算。

⑥ 沉淀池总高度

$$H=h_1+h_2+h_3+h_4+h_5 \tag{2-35}$$

式中　H——沉淀池总高度，m；

h_1——超高，m，采用 0.3m；

h_2——沉淀区有效水深，m；

h_3——中心进水管下端至反射板底面垂直高度，m；

h_4——缓冲层高度，采用 0.3m；

h_5——污泥斗圆截锥部分的高度，m。

h_1、h_2、h_3、h_4、h_5 见图 2-12。

2.3.3 辐流式沉淀池

辐流式沉淀池呈圆形或正方形，可用作初次沉淀池或二次沉淀池。如图 2-14 所示为中心进水，周边出水，中心转动排泥的辐流式沉淀池。在池中心处设中心管，污水从池底的进水管进入中心管，在中心管周围设穿孔挡板，使污水在沉淀池内得以均匀流动。出水堰亦采用锯齿堰，堰前设挡板，拦截浮渣。

辐流式沉淀池均采用机械刮泥，同时可附有空气提升或静水头排泥设施。

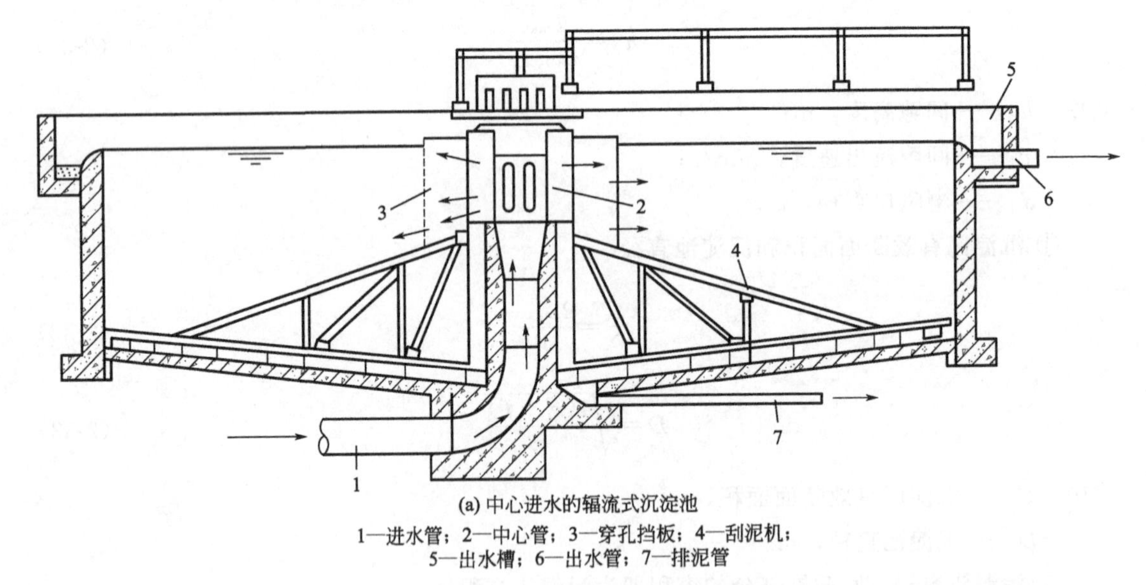

(a) 中心进水的辐流式沉淀池

1—进水管；2—中心管；3—穿孔挡板；4—刮泥机；
5—出水槽；6—出水管；7—排泥管

(b) 普通辐流式沉淀池

1—进水管；2—挡板；3—出水堰；4—刮板；5—吸泥管；6—冲洗管的空气升液器；
7—压缩空气入口；8—排泥虹吸管；9—污泥出口；10—放空管

图 2-14　辐流式沉淀池

(1) 设计参数和要求

① 水池直径（或正方形的一边）与有效水深之比一般为6～12。池径一般不小于16m，不宜大于50m。坡向泥斗的底坡不小于0.05。

② 缓冲层高度，非机械排泥时宜为0.5m；机械排泥时，应根据刮泥板高度确定，且缓冲层上缘宜高出刮泥板0.3m。

③ 当池径小于20m时，一般采用中心转动刮泥机；池径大于20m时，采用周边转动刮泥机，刮泥机旋转速度宜为1～3r/h，刮泥板的外缘线速度不宜大于3m/min。

(2) 设计计算公式

① 沉淀区水面面积和沉淀池直径

$$F=\frac{Q_{\max}}{nq'} \tag{2-36}$$

$$D=\sqrt{\frac{4F}{\pi}} \tag{2-37}$$

式中　F——每池沉淀区水面面积，m^2；

D——每池直径，m；

n——池数，个；

q'——表面水力负荷，$m^3/(m^2 \cdot h)$。

② 沉淀区有效水深

$$h_2=q't \tag{2-38}$$

式中　h_2——沉淀区有效水深，m；

t——沉淀时间，h。

③ 污泥区所需容积V　计算公式与平流式沉淀池相同。

④ 污泥斗容积V_1

$$V_1=\frac{\pi h_5}{3}(r_1^2+r_1r_2+r_2^2) \tag{2-39}$$

式中　h_5——污泥斗高度，m；

r_1——污泥斗上部半径，m；

r_2——污泥斗下部半径，m。

⑤ 污泥斗以上锥体部分容积V_2

$$V_2=\frac{\pi h_4}{3}(R^2+Rr_1+R^2) \tag{2-40}$$

式中　h_4——圆锥体高度，m；

R——池子半径，m。

⑥ 沉淀池总高度

$$H=h_1+h_2+h_3+h_4+h_5 \tag{2-41}$$

式中 H——总高度，m；

h_1——超高，m；

h_3——缓冲层高度，m。

其余符号意义同前。

2.3.4 斜板(管)式沉淀池

斜板（管）式沉淀池是在沉淀池中加设斜板或蜂窝斜管，以提高沉淀效率、缩短水力停留时间和减少占地面积。按水流与污泥的相对方向，斜板（管）式沉淀池可分为异向流、同向流和侧向流三种形式。在城市污水处理中主要采用升流式异向流斜板（管）式沉淀池，如图 2-15 所示。

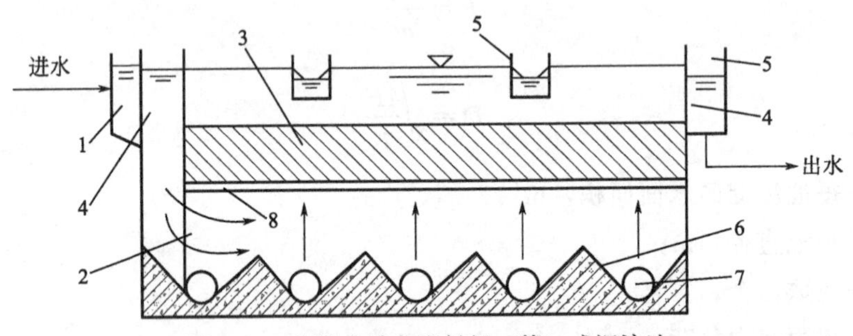

图 2-15 升流式异向流斜板（管）式沉淀池

1—配水槽；2—穿孔墙；3—斜板或斜管；4—淹没孔口；5—集水槽；6—集泥斗；7—排泥管；8—阻流板

斜板（管）式沉淀池的进水方式一般采用穿孔墙整流布水，在池壁与斜板（管）的间隙处装有阻流板，以防止水流短路。斜板（管）上缘一般向池子进水端倾斜安装。出水方式一般采用多槽出水，在池面上增设几条平行的出水堰和集水槽，以改善出水水质和加大出水量。

(1) 斜板（管）式沉淀池的适用条件

① 受占地限制的小型污水处理站，作为初沉池使用。

② 不宜作二次沉淀池使用，因为活性污泥黏度大，易黏附在斜板（管）上，影响沉淀效果，甚至发生堵塞斜板（管）的现象。黏附在斜板（管）上的污泥会发生厌氧反应，产生的气体上升，会干扰或破坏污泥的沉淀。

③ 当需要挖掘原有沉淀池潜力或建造沉淀池面积受限制时，通过技术经济比较后采用。

(2) 设计参数和设计要求

① 升流式异向流斜板（管）式沉淀池的设计表面水力负荷，一般可按普通沉淀池的设计表面水力负荷的 2 倍计。

② 斜板净距（或斜管孔径）宜为 80～100mm。

③ 斜板（管）斜长宜为 1.0～1.2m。

④ 斜板（管）水平倾角宜为 60°。

⑤ 斜板（管）区上部水深宜为 0.7～1.0m。

⑥ 斜板（管）区底部缓冲层高度宜为 1.0m。

⑦ 用作初沉池时池内水力停留时间不大于30min。

⑧ 斜板（管）式沉淀池一般采用重力排泥，每日至少排泥1～2次，或连续排泥。

⑨ 一般设有斜板（管）冲洗设施。

2.3.5 沉淀池设计计算实例

［例2-3］ 平流式初次沉淀池设计计算

(1) 已知条件

某城镇污水处理厂最大设计流量为 $Q=43200\text{m}^3/\text{d}$，设计人口 $N=250000$ 人，沉淀时间 $t=1.5\text{h}$，采用链带式刮泥机，求平流式初次沉淀池各部分尺寸（无污水悬浮物沉降资料）。

(2) 设计计算

按沉淀时间和水平流速及表面负荷计算法计算，计算图如图2-16所示。

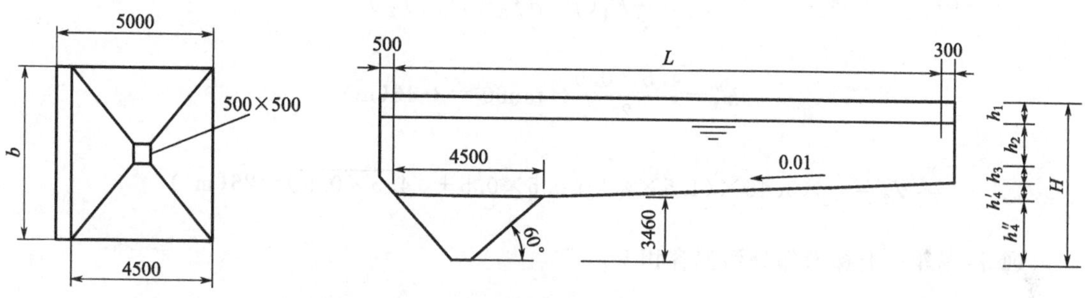

图2-16 平流式沉淀池计算图（单位：mm）

① 沉淀池总面积 根据表2-4，设表面负荷 $q'=2.0\text{m}^3/(\text{m}^2\cdot\text{h})$，则沉淀池的总面积为：

$$A=\frac{Q_{\max}}{q'}=\frac{43200}{2.0\times24}=900(\text{m}^2)$$

② 沉淀区有效水深

$$h_2=q't=2.0\times1.5=3.0(\text{m})$$

③ 沉淀池长度 v 取3.70mm/s，则：

$$L=3.6vt=3.6\times3.70\times1.5=19.98(\text{m})\approx20(\text{m})$$

④ 沉淀池总宽度

$$B=\frac{A}{L}=\frac{900}{20}=45(\text{m})$$

⑤ 沉淀池个数（格数） 取每个池宽4.5m，则：

$$n=\frac{B}{b}=\frac{45}{4.5}=10(\text{座})$$

⑥ 校核长宽比

$$\frac{L}{b}=\frac{20}{4.5}=4.4>4.0(\text{符合要求})$$

⑦ 污泥区需要的总容积　取污泥量为25g/(人·d)，污泥含水率为95%，排泥间隔取2d，则：

$$S=\frac{25}{(1-0.95)\times1000}=0.50[\text{L}/(\text{人}\cdot\text{d})]$$

$$V=\frac{SNt}{1000}=\frac{0.50\times250000\times2}{1000}=250(\text{m}^3)$$

⑧ 每个沉淀池所需容积

$$V''=\frac{V}{n}=\frac{250}{10}=25(\text{m}^3)$$

⑨ 污泥斗容积　采用污泥斗见图2-16，则：

$$V_2=\frac{1}{3}h_4''(f_1+f_2+\sqrt{f_1f_2})$$

$$h_4''=\frac{4.5-0.5}{2}\times\tan60°=3.46(\text{m})$$

$$V_2=\frac{1}{3}\times3.46\times(4.5\times4.5+0.5\times0.5+\sqrt{4.5\times0.5})=26(\text{m}^3)$$

⑩ 污泥斗以上梯形部分污泥容积V_2'

$$V_2'=\left(\frac{l_1+l_2}{2}\right)h_4'b$$

$$h_4'=(20+0.3-4.5)\times0.01=0.158(\text{m})$$

$$l_1=20+0.3+0.5=20.8(\text{m})$$

$$l_2=4.5(\text{m})$$

$$V_2'=\left(\frac{20.8+4.5}{2}\right)\times0.158\times4.5=9.0(\text{m}^3)$$

⑪ 污泥斗和梯形部分污泥容积

$$V_2+V_2'=26+9=35(\text{m}^3)>25(\text{m}^3)$$

⑫ 沉淀池总高度（见图2-16）　设缓冲层高度$h_3=0.5\text{m}$，则：

$$H=h_1+h_2+h_3+h_4$$

$$h_4=h_4'+h_4''=0.158+3.46=3.62(\text{m})$$

$$H=0.3+3.0+0.5+3.62=7.42(\text{m})$$

[例2-4]　普通辐流式初次沉淀池设计计算

(1) 已知条件

某城镇污水处理厂最大设计流量为43200m³/d，设计人口25万人，采用机械刮泥，设计采用普通辐流式初次沉淀池，求沉淀池各部分尺寸。

（2）设计计算

辐流式沉淀池计算图如图 2-17 所示。

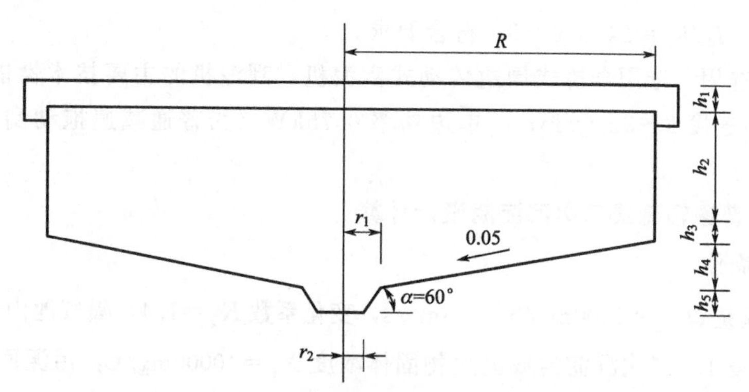

图 2-17　普通辐流式初沉池计算图

① 沉淀区水面面积　设沉淀池表面负荷 $q'=2.0\text{m}^3/(\text{m}^2\cdot\text{h})$，$n=2$，则：

$$F=\frac{Q_{\max}}{nq'}=\frac{43200}{24\times2\times2}=450(\text{m}^2)$$

② 沉淀区单池直径

$$D=\sqrt{\frac{4F}{\pi}}=\sqrt{\frac{4\times450}{3.14}}=23.9(\text{m})\text{，取 }D=24\text{m}$$

③ 沉淀区有效水深　设沉淀时间 $t=1.5\text{h}$，则：

$$h_2=q't=2\times1.5=3.0(\text{m})$$

④ 污泥区所需的容积　设每人每日污泥量 $S=0.5\text{L}/(\text{人}\cdot\text{d})$，采用机械刮泥，两次清除污泥间隔时间 $T=4\text{h}$，则：

$$V=\frac{SNT}{1000n}=\frac{0.5\times250000\times4}{1000\times2\times24}=10.4(\text{m}^3)$$

⑤ 污泥斗容积　设污泥斗上部半径 $r_1=1.8\text{m}$，下部半径 $r_1=0.8\text{m}$，$\alpha=60°$，则：

$$h_5=(r_1-r_2)\tan\alpha=(1.8-0.8)\tan60°=1.73(\text{m})$$

$$V_1=\frac{\pi h_5}{3}(r_1^2+r_1r_2+r_2^2)=\frac{3.14\times1.73}{3}(1.8^2+1.8\times0.8+0.8^2)=9.6(\text{m}^3)$$

⑥ 污泥斗以上圆锥体部分容积　设池底径向坡度为 0.05，则：

$$h_4=(R-r_1)\times0.05=(12-1.8)\times0.05=0.51(\text{m})$$

$$V_2=\frac{\pi h_4}{3}(R^2+Rr_1+R^2)=\frac{3.14\times0.51}{3}(12^2+12\times1.8+1.8^2)=90.1(\text{m}^3)$$

⑦ 沉淀池污泥区总容积

$$V_1+V_2=9.6+90.1=99.7(\text{m}^3)>10.4(\text{m}^3)$$

⑧ 沉淀池总高度

$$H=h_1+h_2+h_3+h_4+h_5=0.3+3.0+0.5+0.51+1.73=6.04(\text{m})$$

⑨ 径深比 $D/h_2=24/3.0=8$，符合要求。

⑩ 刮泥机选用 选用全桥式周边传动式刮泥机，刮泥机的主要技术性能参数：a. 池径24m；b. 周边线速度2～3m/min；c. 单边功率0.75kW（为普通减速拖动刮泥机）；d. 周边单个轮压35kN。

［例2-5］ 普通辐流式二次沉淀池设计计算

(1) 已知条件

最大设计流量$Q_{max}=1800\text{m}^3/\text{h}=0.5\text{m}^3/\text{s}$，变化系数$K_z=1.4$，曝气池内混合液悬浮固体浓度$X=3500\text{mg/L}$，二次沉淀池底流生物固体浓度$X_r=10000\text{mg/L}$，污泥回流比$R=50\%$。采用普通辐流式二次沉淀池，求二次沉淀池各部分尺寸。

(2) 设计计算

普通辐流式二沉池计算图如图2-18所示。

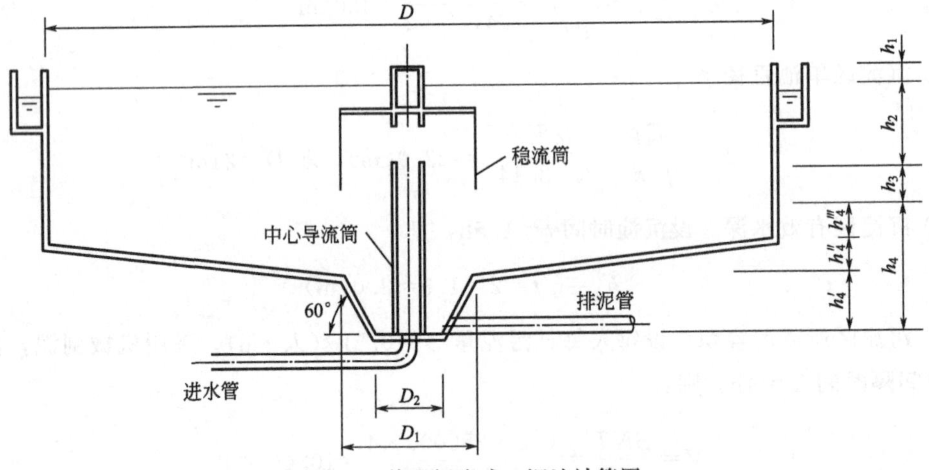

图2-18 普通辐流式二沉池计算图

① 沉淀区水面面积 根据二沉池分离的生物固体特性，选取二沉池表面负荷$q=0.9\text{m}^3/(\text{m}^2\cdot\text{h})$，设二沉池个数$n=2$，则：

$$F=\frac{Q_{max}}{nq}=\frac{1800}{2\times0.9}=1000(\text{m}^2)$$

② 沉淀池单池直径

$$D=\sqrt{\frac{4F}{\pi}}=\sqrt{\frac{4\times1000}{3.14}}=35.7(\text{m})，取D=36\text{m}$$

③ 校核固体负荷

$$G=\frac{24(1+R)Q_0X}{F}=\frac{24\times(1+0.5)\times900\times3.5}{1000}=113.4[\text{kg}/(\text{m}^2\cdot\text{d})](符合要求)$$

式中　Q_0——单池设计流量，m^3/h。

④ 沉淀区有效水深　设沉淀时间 $t=2.5h$，则：

$$h_2=qt=0.9\times2.5=2.25(m)$$

⑤ 污泥区所需的容积　设计采用周边转动的刮吸泥机排泥，污泥区容积按2h贮泥时间确定，则：

$$V=\frac{2T(1+R)QX}{24(X+X_r)}=\frac{2\times2\times(1+0.5)\times30857\times3500}{24\times(3500+10000)}=2000.0(m^3)$$

式中　T——贮泥时间，h；

Q——平均日污水量，m^3/d。

单个沉淀池污泥区所需容积为：

$$V'=2000/2=1000(m^3)$$

⑥ 污泥区高度

a. 污泥斗高度。设池底的径向坡度为0.05，污泥斗上部直径 $D_1=3.0m$，底部直径 $D_2=1.5m$，倾角 $\alpha=60°$，则：

$$h_4'=\frac{D_1-D_2}{2}\tan\alpha=\frac{3.0-1.5}{2}\times\tan60°=1.3(m)$$

污泥斗的容积为：

$$V_1=\frac{\pi h_4'}{12}(D_1^2+D_1D_2+D_2^2)=\frac{3.14\times1.3}{12}(3.0^2+3.0\times1.5+1.5^2)=5.36(m^3)$$

b. 圆锥体高度：

$$h_4''=\frac{D-D_1}{2}\times0.05=\frac{36-3}{2}\times0.05=0.8(m)$$

圆锥体的容积为：

$$V_2=\frac{\pi h_4''}{12}\ (D^2+DD_1+D^2)=\frac{3.14\times0.8}{12}\ (36^2+36\times3+3^2)=295.3(m^3)$$

c. 竖直段污泥区的高度：

$$h_4'''=\frac{V'-V_1-V_2}{F}=\frac{1000-5.36-295.3}{1000}=0.70(m)$$

污泥区的高度为：

$$h_4=h_4'+h_4''+h_4'''=1.3+0.8+0.70=2.8(m)$$

⑦ 沉淀池总高度　设超高 $h_1=0.3m$，缓冲层高度 $h_3=0.5m$，则：

$$H=h_1+h_2+h_3+h_4=0.3+2.25+0.5+2.8=5.85(m)$$

⑧ 中心进水导流筒和稳流筒

a. 中心进水导流筒。沉淀池进水管直径 $D_0=700mm$，进水管流速为：

$$v_0=\frac{4(1+R)Q_{\max}}{n\pi D_0^2}=\frac{4\times(1+0.5)\times0.5}{2\times3.14\times0.7^2}=0.97(\mathrm{m/s})$$

设中心进水导流筒内流速 $v_1=0.6\mathrm{m/s}$，则导流筒直径为：

$$D_3=\sqrt{\frac{4(1+R)Q_{\max}}{n\pi v_1}}=\sqrt{\frac{4\times(1+0.5)\times0.5}{2\times3.14\times0.6}}=0.89(\mathrm{m})\approx0.9(\mathrm{m})$$

中心进水导流筒设 4 个出水孔，出水孔尺寸 $B\times H=0.35\mathrm{m}\times1.35\mathrm{m}$，出水孔流速为：

$$v_2=\frac{(1+R)Q_{\max}}{4nBH}=\frac{(1+0.5)\times0.5}{4\times2\times0.35\times1.35}=0.198(\mathrm{m/s})\leqslant0.2(\mathrm{m/s})$$

b. 稳流筒。一般稳流筒下缘淹没深度为水深的 30%～70%，且低于中心导流筒出水孔下缘 0.3m 以上。稳流筒内下降流速 v_3 按最高流量设计时一般控制在 0.02～0.03 之间，本实例 v_3 取 0.03m/s，则稳流筒内水流面积为：

$$f=\frac{(1+R)Q_{\max}}{nv_3}=\frac{(1+0.5)\times0.5}{2\times0.03}=12.5(\mathrm{m^2})$$

稳流筒直径为：

$$D_4=\sqrt{\frac{4f}{\pi}+D_3^2}=\sqrt{\frac{4\times12.5}{3.14}+0.9^2}=4.09(\mathrm{m})\approx4.0(\mathrm{m})$$

⑨ 验算二沉池表面负荷　二沉池有效沉淀区面积为：

$$A=\frac{\pi(D^2-D_4^2)}{4}=\frac{3.14\times(36^2-4^2)}{4}=1004.8(\mathrm{m^2})$$

二沉池实际表面负荷为：

$$q'=\frac{3600Q_{\max}}{nA}=\frac{3600\times0.5}{2\times1004.8}=0.896[\mathrm{m^3/(m^2\cdot h)}]$$

⑩ 验算二沉池固体负荷

$$G'=\frac{86400\times(1+0.5)XQ_{\max}}{1000nA}=\frac{86400\times(1+0.5)\times3500\times0.5}{1000\times2\times1004.8}=112.86[\mathrm{kg/(m^2\cdot d)}]$$

2.4 隔油池

含油污水除了源于石油、石油化工、钢铁、焦化、煤气发生站、机械加工等工业企业外，油脂、肉类等食品加工中也排放含油废水。含油污水的含油量及其特征因工业种类不同而异，同一种工业也因生产工艺、设备和操作条件不同而相差较大。

油类在水中的存在形式分为可浮油、分散油、乳化油和溶解油 4 类。

(1) 可浮油

油珠粒径较大，一般大于 100μm，易浮于水面，形成油膜或油层。

（2）分散油

油珠粒径一般为 10～100μm，以微小油珠悬浮于水中，不稳定，静置一定时间后可形成浮油。

（3）乳化油

油珠粒径小于 10μm，一般为 0.1～2μm。常因水中含有表面活性剂，使油珠成为稳定的乳化液。

（4）溶解油

油珠粒径比乳化油还小，有的可小到几纳米，是溶于水的油微粒。

工业生产过程中排放的含油废水，应分隔收集处理，宜采用重力分离法去除可浮油和分散油，采用气浮法、混凝法等去除乳化油，降低污染负荷，为后续处理单元顺利运行创造有利条件。

常用隔油池主要有平流隔油池和斜板隔油池两种形式。

2.4.1　平流隔油池

平流隔油池平面呈长方形，污水从池一端流入另一端流出。在池中由于流速降低，相对密度小于 1.0 而粒径较大的油珠上浮到水面，相对密度大于 1.0 的杂质沉于池底。在出水一侧的水面上设有集油管，用于将浮油排至池外。大型隔油池内设有刮油刮泥机，用以推动水面浮油和刮集池底沉渣。刮集到池前部泥斗中的沉渣通过排泥管适时排出。平流隔油池如图 2-19 所示。平流隔油池可能去除的最小油珠粒径，一般不低于 100～150μm，除油率一般为 60%～80%，粒径 150μm 以上的油珠均可除去。

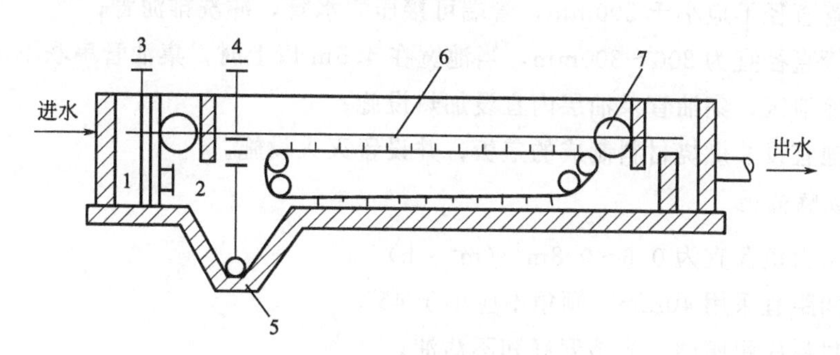

图 2-19　平流隔油池

1—配水槽；2—进水孔；3—进水间；4—排渣间；5—排渣管；6—刮油刮泥机；7—集油管

平流隔油池的优点是构造简单，运行管理方便，除油效果稳定。缺点是体积大，占地面积大，处理能力低，排泥难，出水中仍含有乳化油和吸附在悬浮物上的油分，一般很难达到排放要求。

2.4.2　斜板隔油池

斜板隔油池如图 2-20 所示。在池内设置波纹形斜板，污水沿板面向下流动，从出水堰排出。污水中油珠沿板的下表面向上流动，经集油管收集排出。水中悬浮物沉降到斜板上表面，滑入池底部，经排泥管排出。斜板隔油池油水分离效率高，可去除粒径不小于 80μm 的油珠。

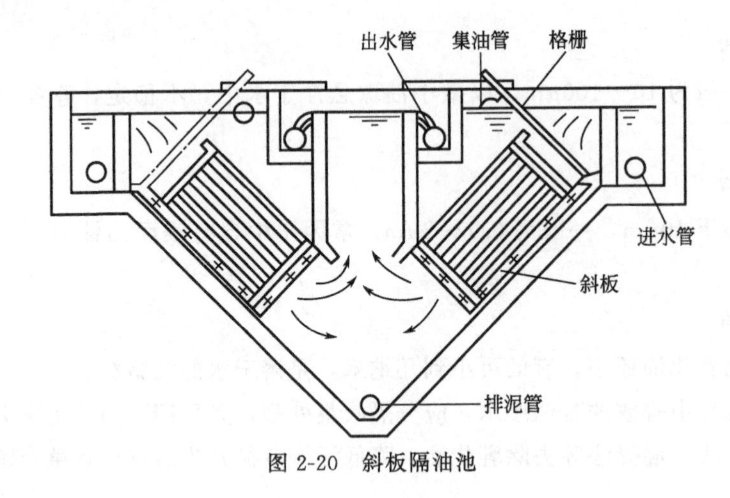

图 2-20　斜板隔油池

2.4.3　隔油池设计

隔油池的设计参数与设计要求如下。

(1) 平流隔油池

① 污水在池内的停留时间一般为 1.5～2.0h；

② 池内水平流速为 2～5mm/s；

③ 有效水深不大于 2m，超高不小于 0.4m；

④ 单格池宽不大于 6m，长宽比不小于 4；

⑤ 刮油刮泥机，刮板移动速度不大于 2m/min；

⑥ 排泥管直径不应小于 200mm，管端可接压力水管，冲洗排泥管；

⑦ 集油管直径宜为 200～300mm，当池宽在 4.5m 以上时，集油管串联不应超过 4 条；

⑧ 在寒冷地区，集油管及油层内宜设加热设施；

⑨ 隔油池宜设非燃烧材料制成的盖板，并设置灭火设施。

(2) 斜板隔油池

① 表面水力负荷宜为 0.6～0.8$m^3/(m^2 \cdot h)$；

② 斜板间距宜采用 40mm，倾角不应小于 45°；

③ 斜板材料应耐腐蚀、光洁度好和不沾油；

④ 池内应设置集油、清洗斜板和排泥等设施；

⑤ 污水在池内的停留时间，约为平流隔油池的 1/4～1/2，一般不超过 30min。

2.5 气浮池

气浮法是通过某种方法产生大量的微细气泡，使其与污水中密度接近于水的固体或液体污染物颗粒黏附，形成密度小于水的浮体，上浮至水面形成浮渣，进行固液分离的一种方法。常用于颗粒密度接近或小于水的细小悬浮颗粒、油类、纤维类、微生物等的分离。

气浮法的适用范围如下：

① 可分离含油污水中的悬浮油和乳化油。

② 可代替活性污泥法的二沉池，对曝气池的混合液进行固液分离，或者取代已建二沉池的活性污泥工艺中的污泥浓缩池。

③ 可回收工业废水中的资源物质，如造纸废水中的纸浆等。

④ 可分离以分子或离子状态存在的物质，如金属离子、表面活性物质等。

⑤ 可用于含悬浮固体的相对密度接近于 1 的工业废水的预处理。

2.5.1 投加化学药剂提高气浮效果

(1) 混凝剂

气浮法的处理对象是疏水性悬浮颗粒和脱稳胶体颗粒。对于本身就是疏水性的颗粒，可直接用气浮法去除；而对于亲水性颗粒及胶体颗粒，就需要采取措施改变其表面特性，变成疏水性颗粒和脱稳胶体颗粒，才可用气浮法去除。各种无机或有机高分子混凝剂，不仅可以改变悬浮颗粒的亲水性，使污水中的胶体颗粒脱稳，而且还能使这些细小颗粒凝聚成较大的絮凝体，以吸附、截获气泡，加速上浮。

(2) 助凝剂

常见的助凝剂有聚丙烯酰胺等。助凝剂可以提高颗粒表面的水密性，以提高颗粒的可浮性。

(3) 调节剂

主要是各种酸、碱，用于调节污水的 pH，改进和提高气泡在水中的分散度，提高悬浮颗粒与气泡的黏附能力。

2.5.2 加压溶气气浮法基本流程和系统设备

(1) 基本流程

加压溶气气浮工艺由溶气系统、空气释放装置和气浮池组成。根据加压空气与水的混合方式不同，可分为以下三种基本流程。

① 全溶气流程　如图 2-21 所示，该流程是将全部待处理污水进行加压溶气，然后再经减压释放装置进入气浮池进行固液分离。

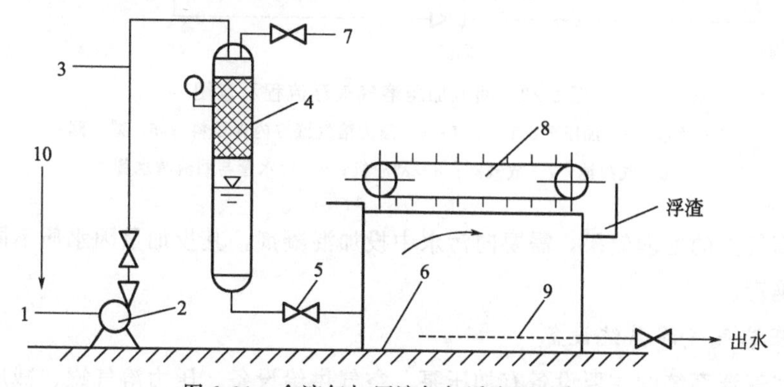

图 2-21　全溶气加压溶气气浮流程示意图

1—原水；2—加压泵；3—空气；4—压力溶气罐（内含填料）；5—减压阀；6—气浮池；7—放气阀；8—刮渣机；9—集水系统；10—化学药剂

② 部分溶气流程　如图2-22所示，该流程是将部分待处理污水进行加压溶气，其余污水直接送入气浮池。因为只有部分污水加压溶气，故所需溶气罐的容积较小。但若想提供与全溶气方式同样的空气量，就必须加大溶气罐的操作压力。

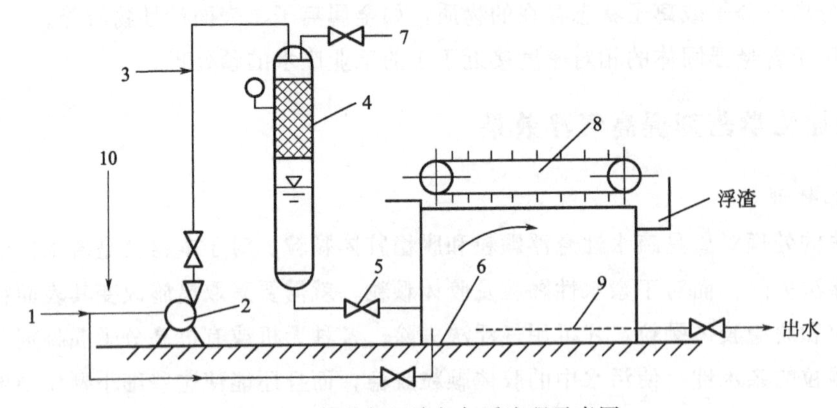

图2-22　部分加压溶气气浮流程示意图

1—原水；2—加压泵；3—空气；4—压力溶气罐（内含填料）；5—减压阀；6—气浮池；7—放气阀；8—刮渣机；9—集水系统；10—化学药剂

③ 回流加压溶气流程　该流程是将部分经气浮处理后的出水进行回流加压溶气，而待处理的全部污水直接送入气浮池，此流程气浮池的容积比前两种流程都要大，如图2-23所示。

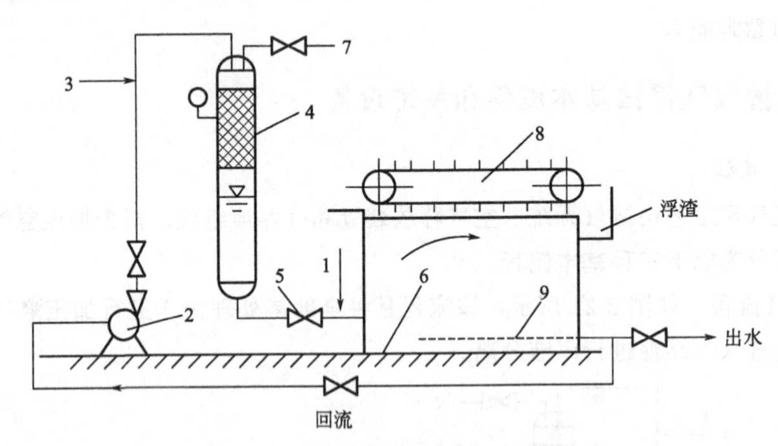

图2-23　回流加压溶气气浮流程示意图

1—原水；2—加压泵；3—空气；4—压力溶气罐（内含填料）；5—减压阀；6—气浮池；7—放气阀；8—刮渣机；9—集水管与回流清水管

为了提高气浮的处理效果，需要向污水中投加混凝剂，其投加量因水质不同而异，一般应通过实验确定。

(2) *加压溶气气浮系统设备*

加压溶气气浮系统的主要设备有加压泵、空气供给设备、压力溶气罐、减压阀、溶气释放器和气浮池等。

① 加压泵与空气供给设备　加压泵用于提升污水，并对水气混合物加压，使受压空气

溶于水中。

目前常用的水泵-空压机溶气系统，溶解的空气由空压机供给，压缩空气和压力水可以分别进入溶气罐，也有将压缩空气管接在水泵压水管上一起进入溶气罐的。为防止操作不当，使压缩空气或压力水倒流入水泵或空压机，常采用自上而下的同向流方式进入溶气罐。加压溶气系统在运行时要控制好加压泵与空压机压力，并使其达到平衡状态。

② 压力溶气罐　压力溶气罐为用钢板卷制而成的耐压钢罐，为了提高溶气效率，罐内常设若干隔板或装填填料。溶气罐的运行压力为0.2～0.4MPa，混合时间为2～5min。为保持罐内最佳液位，常采用浮球液位传感器自动控制罐内液位。

③ 减压阀和溶气释放器　减压阀的作用，在于保持溶气罐出口处的压力恒定，从而可以控制溶气水出罐后产生气泡的粒径和数量。目前多采用溶气释放器代替减压阀，溶气释放器可将溶气水骤然消能、减压，使溶入水中的气体以微气泡的形式释放出来。

④ 气浮池　加压溶气气浮池一般有平流式和竖流式两种类型。

a. 平流式气浮池。平流式气浮池是目前在净水工艺中用得最多的一种，采用反应池与气浮池合建的形式，如图2-24所示。

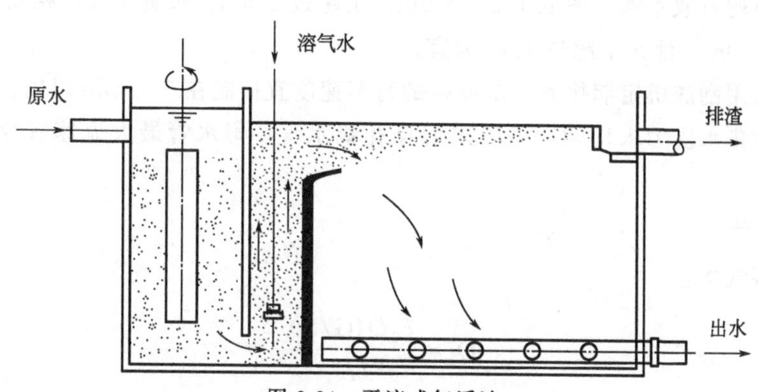

图2-24　平流式气浮池

污水进入反应池完成反应后，将水流导向底部，以便从下部进入气浮接触室，延长絮体与气泡的接触时间，池面浮渣刮入集渣槽，清水由池底部集水管集取。

这种形式的优点是池身浅、造价低、构造简单、管理方便。缺点是与后续构筑物在高程上配合较困难，分离部分的容积利用率不高。

b. 竖流式气浮池。竖流式气浮池是另一种常用的形式，如图2-25所示。其优点是接触室在池中央，水流向四周扩散，水力条件比平流式单侧出流要好。缺点是与反应池衔接较难，容积利用率低。

2.5.3 气浮池设计计算

(1) 主要设计参数

① 溶气罐的压力为0.2～0.4MPa，混合时间一般为2～5min。

② 气固比G/S（即去除单位悬浮物所需空气量）应按气浮效率要求，通过实验确定。当无实验数据时，一般可取0.005～0.060，原水悬浮物含量高时取下限，低时则取上限。

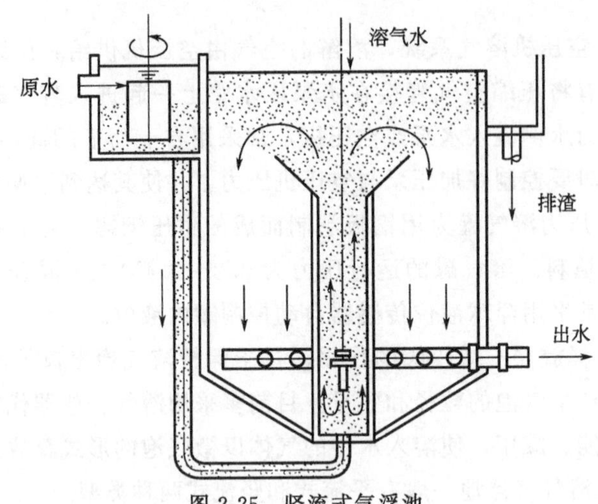

图 2-25　竖流式气浮池

③ 气浮池的表面负荷一般为 $5\sim10\mathrm{m}^3/(\mathrm{m}^2\cdot\mathrm{h})$，废水在池内停留时间一般为 10～20min。

④ 气浮池的有效水深一般取 1.5～2.0m，不超过 2.5m。长宽比无严格要求，一般以单格宽度不超过 10m，池长不超过 15m 为宜。

⑤ 一般采用刮渣机定期排渣，刮渣机的行车速度宜控制在 5m/min 以内。

⑥ 气浮池集水应力求均匀，一般采用穿孔集水管，集水管最大流速宜控制在 0.5m/h 左右。

(2) 设计计算

① 压力溶气水量

$$Q_r=\frac{c_0Q(G/S)}{a_0(fp-1)} \tag{2-42}$$

$$p=\frac{p_{表}+101.3}{101.3} \tag{2-43}$$

式中　Q_r——压力溶气水量，m^3/h；

c_0——污水中悬浮物浓度，mg/L；

Q——污水流量，m^3/h；

G/S——气固比；

a_0——101.3kPa 下空气在水中的饱和度，mg/L，其数值与温度有关；

f——溶气效率，取值与溶气罐结构、溶气压力和时间有关，一般为 0.5～0.8；

p——溶气绝对压力，kPa；

$p_{表}$——表压，kPa。

空气在水中的饱和溶解度见表 2-5。

表 2-5　空气在水中的饱和溶解度（101.3kPa）

温度/℃	0	10	20	30	40
溶解度 a_0/(mg/L)	36.06	27.26	21.77	18.14	15.51

② 所需提供空气量

$$Q_a = \frac{Q_r K_T p}{f} \tag{2-44}$$

式中 Q_a——所需提供空气量，m^3/h；

K_T——溶解常数，随温度而变化，$L/(m^3 \cdot kPa)$，不同温度下的 K_T 值见表 2-6。

表 2-6 不同温度下的 K_T 值

温度/℃	0	10	20	30	40	50
K_T/[$L/(m^3 \cdot kPa)$]	0.285	0.218	0.180	0.158	0.135	0.120

设计空气量应按所提供空气量的 1.25 倍供给，以留有余地。通常空气的实际用量为处理水量的 1%～5%（体积分数）。

③ 气浮池面积

$$A = \frac{Q_r + Q}{v_s} \tag{2-45}$$

式中 A——气浮池面积，m^2；

v_s——气浮池内水流下降的平均速度，其数值等于气浮池的表面负荷，m/h。

气浮池的池体可以采用钢混或碳钢结构，具体尺寸参照前面的主要参数确定。

污水处理工程常用的气浮工艺类型除了压力容器气浮法外，还有叶轮气浮法、浅层气浮法等。由于气浮设备已经系列化、产品化，可以根据水质、水量及后续处理设施的水质要求选用成套设备，并对制造商提供的设备技术参数进行校核，以满足设计要求。

2.6 水解酸化反应器

水解酸化反应器是指将厌氧生物反应控制在水解和酸化阶段，利用厌氧和兼性厌氧菌在水解和酸化阶段的作用，将污水中悬浮性有机固体和难降解的大分子物质，包括碳水化合物、脂类等降解成溶解性有机物或易生物降解的小分子物质，小分子有机物再在酸化菌作用下转化成挥发性脂肪酸的污水处理装置。

水解酸化过程是完全厌氧生物处理的一部分，水解酸化过程的结束点通常控制在厌氧消化过程的第一阶段末或第二阶段的起始。因此，水解酸化是一种不彻底的有机物厌氧转化过程。由于水解酸化将结构复杂的不溶性或溶解性的大分子有机物转化为简单的小分子有机物，有利于后续采用好氧生物处理工艺单元。后续的好氧工艺单元可采用各种类型的好氧生物系统，如生物接触氧化池、曝气生物滤池、SBR（序批式活性污泥法）系统等。根据水解酸化过程的特点，通常将水解酸化作为污水好氧生物处理的预处理过程。

2.6.1 水解酸化反应器类型

水解酸化反应器的类型主要包括升流式水解酸化反应器、复合式水解酸化反应器和完全混合式水解酸化反应器。

① 升流式水解酸化反应器　在单一反应器中，在污水自反应器底部的布水装置自下而上地通过污泥层（平均污泥浓度为15～25g/L）上升至反应器顶部的过程中实现水解酸化、去除悬浮物等功能。

② 复合式水解酸化反应器　在升流式水解酸化反应器的污泥床内增设填料层，悬浮生长的微生物与固着生长的微生物共同作用，使反应器兼有二者的优点，而避免二者的不足。固着生长在填料上的生物膜，增加了反应器内的生物总量，既可提高水解酸化效率，又可增强对水质的适应性，对于可生化性差和特殊难降解工业废水的处理更为有利。

③ 完全混合式水解酸化反应器　在反应器内设搅拌装置使污水与污泥完全混合的反应器，一般后接沉淀池分离污水、污泥，并回流污泥至水解酸化反应器。

处理城镇污水宜采用水解酸化反应器，处理工业废水时，可根据废水水质、水量选用适宜的水解酸化反应器，如反应器中污泥增长缓慢可采用复合式水解酸化反应器。

2.6.2　水解酸化过程技术特征与性能

（1）技术特征

① 污水经水解酸化过程处理后，BOD_5/COD_{Cr} 的值有时会有所提高，特别是污水中含有大量难降解有机物时。由于污水可生化性提高，使得后续好氧生物处理的难度减小，好氧的水力停留时间可以缩短。

② 水解酸化池中的污泥浓度高，耐进水冲击负荷能力强。水解酸化池对进水负荷的变化的缓冲作用，为后续的好氧处理创造了较为稳定的进水条件。

③ 对于城市污水，水解酸化过程可大幅度地去除废水中的悬浮物或有机物，减轻后续好氧处理工艺负担。

④ 水解酸化后续的好氧工艺所产生的剩余污泥，必要时可回流至水解酸化段，一方面可以增加水解酸化段的污泥浓度，另一方面可以降低整个工艺的产泥量，并提高剩余污泥的稳定性。

⑤ 水解酸化设施在处理城市污水时，常用作初沉池，可一池多用。

⑥ 水解酸化阶段的微生物多为兼性菌，种类多，生长快，对环境适应性强，要求的环境条件宽松，易于管理和控制。

由于水解酸化工艺具有以上特点，所以不仅适用于易生物降解的城市污水处理，同时也适用于含有难生物降解有机物的工业废水的城市污水的处理，以及一些有机工业废水的处理。

（2）水解酸化与完全厌氧的比较

水解酸化与完全厌氧消化工艺的环境要求和其主要性能的比较如表2-7所示。

表2-7　水解酸化与完全厌氧工艺的比较

项目	水解酸化	完全厌氧
氧化还原电位/mV	＜50	＜－300
pH值	5.5～6.5	6.8～7.2

续表

项目	水解酸化	完全厌氧
温度	范围宽	控制严格
优势菌种	兼性菌及部分厌氧菌	厌氧菌
最终产物	溶解性易降解有机物	CH_4、CO_2

2.6.3　升流式水解酸化反应器结构要求

升流式水解酸化反应器主要由池体、布水装置、出水收集装置、排泥装置组成。反应器结构示意图如图 2-26 所示。

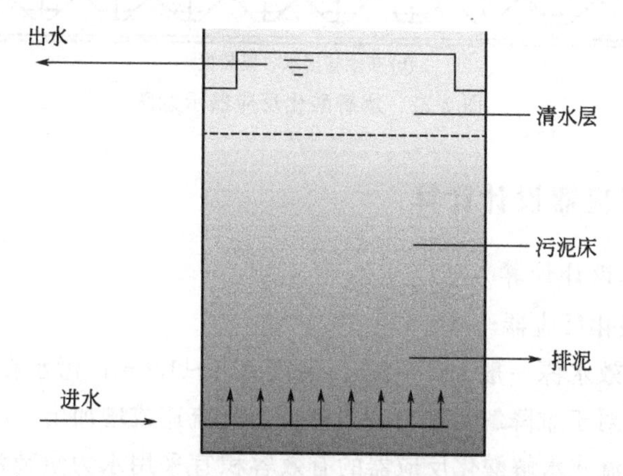

图 2-26　升流式水解酸化反应器结构示意图

① 池体　升流式水解酸化反应器在整体结构上类似于不安装三相分离器的 UASB（升流式厌氧污泥床）反应器，可采用钢筋混凝土结构或不锈钢、碳钢加防腐涂料层材料制作，一般为圆形或矩形，矩形反应器的长宽比宜为 1∶1～5∶1。有时在反应器内设置填料，以起到固定生物膜和提高生物量的作用。另外，可以对水解酸化池进行分格，分格后，每一单元尺寸减小，可提高配水的均匀性，同时有利于维护和检修。

② 布水装置　布水系统兼有布水和水力搅拌作用，应尽可能做到布水均匀，每个配水口的服务面积应结合水力停留时间等确定。布水装置一般采用多点式布水装置，每个点布水面积不宜大于 $2m^2$。根据需要可选择一管一孔式布水、一管多孔式布水、枝状布水和脉冲式布水等。

③ 出水收集装置　采用与 UASB 反应器相同的三角出水堰进行出水收集，出水堰设于池水表面，出水堰口负荷宜不大于 2.9L/(s·m)，布置方式与 UASB 反应器类似。

④ 排泥装置　反应器内污泥达到一定高度后应进行排泥，排泥高度的设定应考虑排出低活性的污泥，保留高活性的污泥，通常污泥的排放点设在污泥区的中下部，可采用定时排泥方式，每日排泥 1～2 次。由于反应器底部可能积累无机颗粒，故应设置池底部排泥口。

水解酸化反应器示意图如图 2-27 所示。

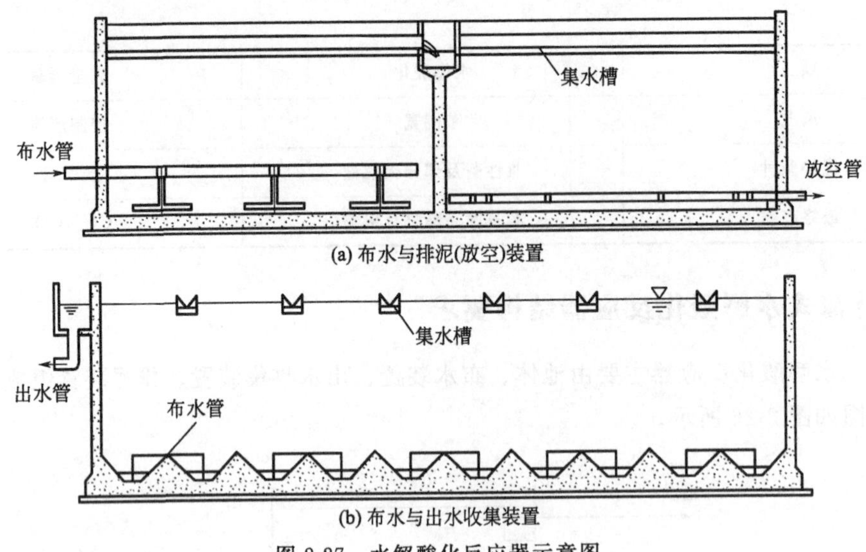

图 2-27 水解酸化反应器示意图

2.6.4 水解酸化反应器设计计算

(1) 池容及池体设计计算

① 升流式水解酸化反应器

a. 设计要点。有效水深一般为 4～8m，超高 0.5～1.0m；污水在反应器内的上升流速宜为 0.5～2.0m/h，对于难降解污水可适当降低上升流速或增加出水回流。

b. 设计计算。升流式水解酸化反应器的有效容积宜采用水力负荷法或水力停留时间法，按式(2-46) 进行计算：

$$V=Q\times \mathrm{HRT} \tag{2-46}$$

式中 V——水解酸化反应器有效容积，m^3；

Q——设计流量，m^3/h；

HRT——水力停留时间，h。

升流式水解酸化反应器的水力停留时间应通过试验或参照类似工程确定，在缺少相关资料时可参考表 2-8 取值。

表 2-8 升流式水解酸化反应器的水力停留时间参考取值表

污(废)水类型	进水水质要求	水力停留时间/h
城镇污水	可生化性较好或一般	2～4
啤酒废水、屠宰废水、食品废水、制糖废水	可生化性好，非溶解性 COD 比例＞60%	2～6
造纸废水、焦化废水、煤化工废水、石化废水、制革废水、含油废水、纺织染整废水等(包括工业园区废水)	可生化性一般，非溶解性 COD 比例＞30%～60%	4～12
其他难降解废水	可生化性较差，非溶解性 COD 比例＜30%	10 以上

② 复合式水解酸化反应器 复合式水解酸化反应器的池容、池体、布水装置及出水收集装置、排泥装置可参照升流式水解酸化反应器设计，填料的装填方式可采用悬挂式和固定式等。

③ 完全混合式水解酸化反应器

a. 设计要点。完全混合式水解酸化反应器宜设机械搅拌器，搅拌功率不低于 $6W/m^3$，不应采用曝气方式搅拌；在反应器后设置沉淀池，污泥回流，回流比不宜小于 100%，污泥回流设备宜有流量调节措施。反应器内污泥浓度不宜低于 4g/L。

b. 设计计算。反应器容积可参照式(2-46) 确定。水力停留时间应通过试验或参照类似工程确定，在缺少相关资料时可按式(2-47) 确定。

$$HRT=\frac{C}{X} \tag{2-47}$$

式中　X——水解酸化反应器中平均污泥浓度，一般取 4～8g/L；

C——常数，h·g/L，取值可参考表 2-9。

表 2-9　完全混合式水解酸化反应器的水力停留时间参考取值表

污(废)水类型	进水水质要求	常数 C 取值/(h·g/L)
啤酒废水、屠宰废水、食品废水、制糖废水	可生化性好，非溶解性 COD 比例＞60%	30～80
造纸废水、焦化废水、煤化工废水、石化废水、制革废水、含油废水、纺织染整废水等(包括工业园区废水)	可生化性一般，非溶解性 COD 比例＞30%～60%	60～150
其他难降解废水	可生化性较差，非溶解性 COD 比例＜30%	120 以上

(2) 水解酸化反应器污泥产生量计算

水解酸化反应器污泥产生量可按式(2-48) 计算：

$$\Delta X=Q\times SS\times f\times(1-f_a)/1000 \tag{2-48}$$

式中　ΔX——污泥产生量，kg/d；

Q——设计流量，m^3/d；

SS——固体悬浮物浓度，kg/m^3；

f——悬浮固体去除率，参见表 2-10；

f_a——污泥水解率，应通过试验或参照类似工程确定，城镇污水一般取 30%。

表 2-10　升流式水解酸化反应器的污染物去除率

污(废)水类型	进水水质要求	污染物去除率/%		
		SS	COD_{Cr}	BOD_5
城镇污水	可生化性较好或一般	50～80	30～50	20～40
啤酒废水、屠宰废水、食品废水、制糖废水	可生化性好，非溶解性 COD 比例＞60%	50～80	30～50	20～40
造纸废水、焦化废水、煤化工废水、石化废水、制革废水、含油废水、纺织染整废水等(包括工业园区废水)	可生化性一般，非溶解性 COD 比例＞30%～60%	30～50	10～30	10～20
其他难降解废水	可生化性较差，非溶解性 COD 比例＜30%	30～50	10 以下	10 以下

2.6.5 水解酸化反应器设计计算实例

［例 2-6］ 水解酸化反应器计算

(1) 已知条件

污水量 Q=8000m^3/d，总变化系数 K_z=2.0。设计进水水质：BOD_5=200mg/L，SS=300mg/L，pH=6～8。水解酸化出水水质预计为 BOD_5=120mg/L，去除率 40%；SS=60mg/L，去除率 80%。求水解酸化反应器容积和尺寸。

(2) 设计计算

① 水解酸化反应器容积 V　采用升流式水解酸化反应器，取 HRT=3h，其容积为：

$$V=K_zQ\times \mathrm{HRT}=2.0\times 8000\times 3/24=2000(\mathrm{m}^3)$$

设计一组反应器，分为 2 格，设每格池宽为 10m，水深为 5m，按池长宽比 2∶1 设计，则水解酸化反应器池长为 2×10=20(m)，水解反应池的容积为 2×20×10×5=2000(m^3)。

② 反应器上升流速核算　反应器高度确定后，反应器高度与上升流速之间的关系为：

$$v=\frac{Q}{A}=\frac{V}{\mathrm{HRT}\times A}=\frac{H}{\mathrm{HRT}}$$

式中　v——上升流速，m/h；

H——反应器高度，m。

$$v=5/3=1.67(\mathrm{m/h})(符合要求)$$

③ 布水方式　采用枝状布水，布水支管出水口距池底 200mm，位于服务面积中心；出水管孔径为 20mm（一般在 15～25mm 之间）。

④ 出水收集　出水采用钢板矩形堰收集。

⑤ 排泥装置设计　采用静水压力排泥装置，沿矩形池纵向多点排泥，排放点设在污泥区的中下部。

采用定时排泥方式，每日排泥 1～2 次。另外，由于反应器底部可能积累无机颗粒，需在池底部设置排泥管。

2.7 升流式厌氧污泥床反应器

升流式厌氧污泥床反应器是技术成熟、应用最广泛的厌氧反应器，特别适合于处理高、中浓度的有机工业废水，作为前处理单元，可降低后续好氧生物处理难度，从而提高废水的处理效果。

升流式厌氧污泥床反应器（UASB 反应器）与其他厌氧生物处理装置的不同之处在于：污水由下向上流过反应器；污泥无需特殊的搅拌设备；反应器顶部有特殊的三相分离器。其突出的优点是处理能力大、处理效率高、运行性能稳定。

2.7.1 UASB 反应器的特点与预处理工艺

（1）特点

① 污泥的颗粒化使反应器内维持较高的污泥质量浓度，混合液挥发性悬浮固体浓度（MLVSS）可达 50g/L 以上；

② 容积负荷高，水力停留时间相应较短，使得反应器容积小；

③ 水力停留时间与污泥龄分离，污泥龄一般可达 30d 以上；

④ 特别适合于处理高、中质量浓度的有机工业废水；

⑤ UASB 反应器集生物反应和沉淀分离于一体，结构紧凑，构造简单，运行操作方便；

⑥ 进水悬浮物质量浓度宜小于 1500mg/L。

（2）预处理工艺

UASB 反应器应该符合一定的进水条件，才能保证反应器的正常运行，如果不能满足进水要求，宜采用相应的预处理措施。《升流式厌氧污泥床反应器污水处理工程技术规范》（HJ 2013—2012）中推荐的预处理工艺如图 2-28 所示。

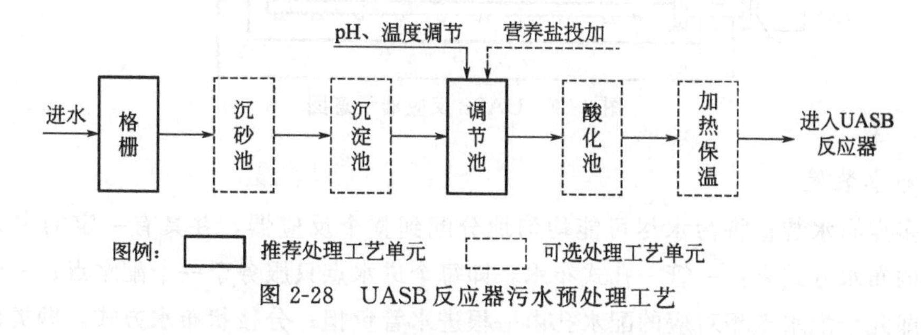

图 2-28 UASB 反应器污水预处理工艺

污水中含有的悬浮固体浓度过高，容易堵塞 UASB 反应器的布水管，特别是不可生物降解固体在反应器内积累会占据大量的池容，反应器池容不断减少最终将导致系统运行失败。因此，对于悬浮物浓度高的废水，应设置沉淀池和（或）气浮池进行预处理。

由于反应器对水质、水量和冲击负荷较为敏感，对于工业废水应设置调节池，调节水质、水量和降低冲击负荷。调节池的容量应满足生产排水周期中水质、水量均化的要求，停留时间一般为 6～12h。

根据需要可在调节池内投加酸、碱和营养源（氮、磷等）等药品，改善厌氧反应器进水水质；当进水可生化性较差时，可设置水解酸化池，初步分解部分大分子难降解物质，改变对厌氧过程有抑制作用的物质的结构，提高废水可生化性。这些改善厌氧生物反应条件的预处理措施都有利于 UASB 反应器的正常稳定运行。

UASB 反应器一般采用保温设施，使反应器内的温度保持在适宜范围内。如果进水温度低，或者需要中温、高温消化，不能满足温度要求时，应设置加热装置，同时对池顶加盖。如进水温度高于厌氧要求时，则应考虑设置冷却装置。

2.7.2 UASB 反应器结构要求

UASB 反应器一般采用钢筋混凝土、不锈钢、碳钢等材料制作，平面形状一般采用圆形或矩形，主要由布水装置、三相分离器、出水收集装置和排泥装置等组成，其构造如图 2-29 所示。

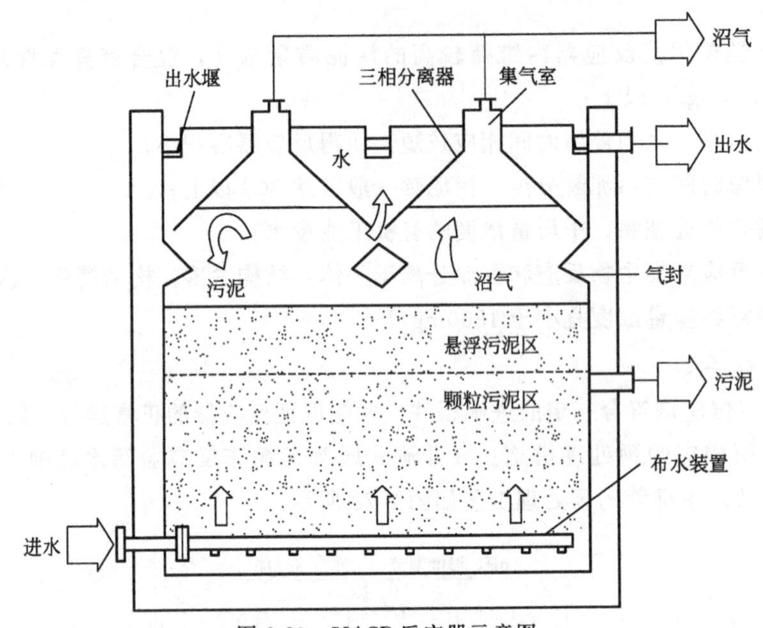

图 2-29　UASB 反应器示意图

(1) 布水装置

采用多点布水装置将污水尽可能均匀地分配到整个反应器，并具有一定的水力搅拌功能。常用的布水方式有：一管一孔式布水，即每个进水点只服务于一个配水点；一管多孔布水方式，即几个配水点相对应的配水孔由一根进水管负担；分枝状布水方式，即类似于滤池中采用的大阻力配水系统。布水装置进水管负荷可参考数据如表 2-11 所示。

表 2-11　布水装置进水管负荷

污泥类型	每个进水口负责的布水面积/m^2	负荷/[kg COD_{Cr}/(m^3·d)]
颗粒污泥	0.5～2	2～4
	>2	>4
絮状污泥	1～2	<1～2
	2～5	>2

布水装置进水点距反应器池底的距离宜保持为 150～250mm。采用一管多孔式布水时，孔口流速应大于 2m/s，穿孔管直径应大于 100mm。采用枝状布水时，支管出水孔向下距池底宜为 200mm，位于所服务的面积中心，出水管孔径应在 15～25mm 之间，出水孔处宜设 45°斜向下导流板，使出水散布池底，出水孔应正对池底。采用一管一孔布水时，应使进水等量分布在池底，每根布水管只服务一个配水点，并且保证每一个进水点达到应得的进水流量，一般可采用高于反应器的水箱式或渠道式进水分配装置。

(2) 三相分离器

一般采用高密度聚乙烯（HDPE）、碳钢、不锈钢等材料制作，分为整体式和组合式两类，其功能是把沼气、污泥和液体分开。污泥经沉淀区沉淀后由回流缝回流到反应区，沼气分离后进入气室。单元三相分离器的基本构造如图 2-30 所示。其中，沉淀区的表面负荷宜小于 $0.8m^3/(m^2 \cdot h)$，沉淀区总水深应大于 1.0m；出气管的直径应保证从集气室引出沼气，并在集气室上部设置消泡喷嘴。

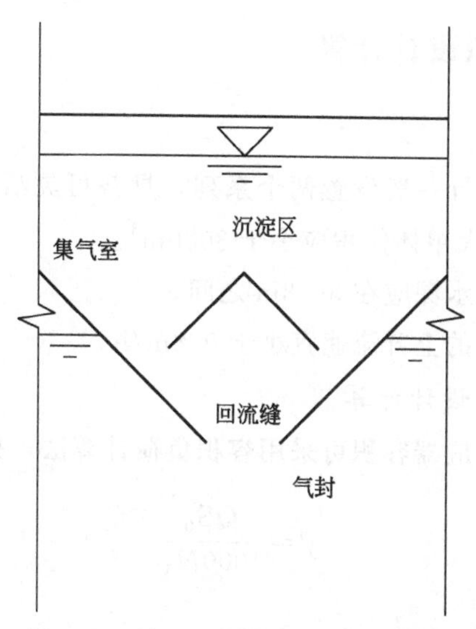

图 2-30　单元三相分离器基本构造图

(3) 出水收集装置

设在 UASB 反应器顶部，断面为矩形的反应器一般采用几组平行出水堰的出水方式，断面为圆形的反应器采用放射状的多槽或多边形槽出水方式，集水槽上加设三角堰，堰上水头一般大于 25mm，水位宜在三角堰齿 1/2 处，出水堰口负荷宜小于 $1.7L/(s \cdot m)$。

当处理废水中含有蛋白质或脂肪、大量悬浮固体时，宜在出水收集装置前设置挡渣板。图 2-31 为两种常用的出水布置形式，出水槽宽 200mm，水深及槽高宜计算确定。图 2-31(b) 的出水槽与集气罩为一整体，有利于装配化和整体安装，简化施工过程。

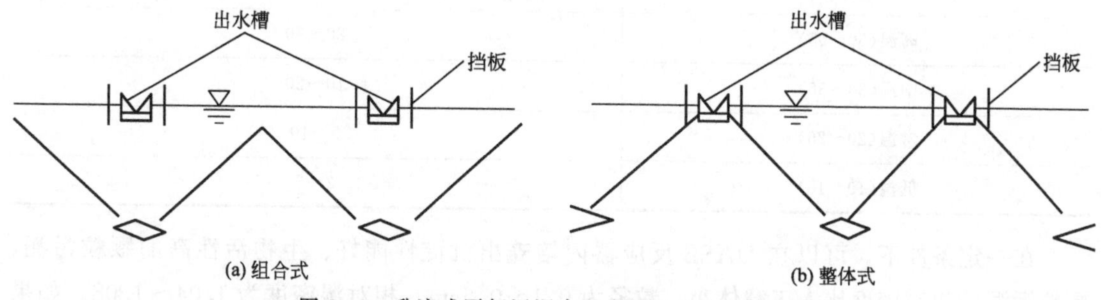

图 2-31　升流式厌氧污泥床反应器出水装置示意图

UASB 反应器进出水管道一般采用聚氯乙烯（PVC）、聚乙烯（PE）、聚丙烯（PP）等材料。

(4) 排泥装置

UASB 反应器的污泥产率为 0.05～0.10kg VSS/kg COD_{Cr}，排泥频率宜根据污泥浓度分布曲线确定。应在不同高度设置取样口，根据监测污泥浓度绘制污泥分布曲线。UASB反应器宜采用重力多点排泥方式，排泥点一般设在污泥区中上部和底部。中上部排泥点宜设在三相分离器下0.5～1.5m处，排泥管管径应大于150mm；底部排泥管可兼作放空管。

2.7.3 UASB反应器容积设计计算

（1）设计要点

① UASB反应器工艺设计一般设置两个系列，具备可灵活调节的运行方式，且便于污泥培养和启动。反应器的最大单体体积应小于3000m^3。

② UASB反应器的有效水深应在5～8m之间。

③ UASB反应器内废水的上升流速宜小于0.8m/h。

（2）UASB反应器池容设计计算

① 计算公式　UASB反应器容积可采用容积负荷计算法，按式(2-49）计算：

$$V=\frac{QS_0}{1000N_V} \tag{2-49}$$

式中　V——反应器有效容积，m^3；

Q——UASB反应器设计流量，m^3/d；

S_0——UASB反应器进水有机物质量浓度，mg COD_{Cr}/L；

N_V——容积负荷，kg $COD_{Cr}/(m^3 \cdot d)$。

② 容积负荷　UASB反应器的容积负荷与反应温度、污水性质、浓度以及是否能够在反应器内形成颗粒污泥等多种因素有关。对于处理可生化性较好的污水时，不同温度条件下的进水容积负荷见表2-12，COD_{Cr}的去除率一般可达80%～90%。

表2-12　不同温度条件下的升流式厌氧污泥床反应器容积负荷

温度/℃	容积负荷/[kg $COD_{Cr}/(m^3 \cdot d)$]
高温(50～55)	20～30
中温(30～35)	10～20
常温(20～25)	5～10
低温(10～15)	2～5

在一定条件下，可以在UASB反应器内培养出沉淀性能好、生物活性高的颗粒污泥，颗粒污泥的相对密度比人工载体小，粒径为0.1～0.5cm，相对湿密度为1.04～1.08。如果反应器内不能形成颗粒污泥，而主要是絮状污泥，这时反应器的容积负荷不可能太高，因为过高的容积负荷将会使沉淀性能不好的絮状污泥大量流失，通常进水容积负荷一般不超过5.0kg $COD_{Cr}/(m^3 \cdot d)$。

UASB反应器的容积负荷应通过试验或参照类似工程确定，在缺少相关资料时可参考表2-13中的有关内容确定。

表 2-13　国内外实际工程 UASB 反应器的设计负荷统计表

序号	废水类型	国外				国内			
		负荷/[kg COD_{Cr}/(m^3 · d)]			统计厂家数	负荷/[kg COD_{Cr}/(m^3 · d)]			统计厂家数
		平均	最高	最低		平均	最高	最低	
1	酒精生产废水	11.6	15.7	7.1	7	6.5	20.0	2.0	15
2	啤酒厂废水	9.8	18.8	5.6	80	5.3	8.0	5.0	10
3	造酒厂废水	13.9	18.5	9.9	36	6.4	10.0	4.0	8
4	葡萄酒厂废水	10.2	12.0	8.0	4				
5	清凉饮料生产废水	6.8	12.0	1.8	8	5.0	5.0	5.0	12
6	小麦淀粉生产废水	8.6	10.7	6.6	6	6.5	7.0	6.0	2
7	淀粉生产废水	9.2	11.4	6.4	6	5.4	8.0	2.7	2
8	土豆加工等废水	9.5	16.8	4.0	24	6.8	10.0	6.0	5
9	酵母业废水	9.8	12.4	6.0	16	6.0	6.0	6.0	1
10	柠檬酸生产废水	8.4	14.3	1.0	3	14.8	20.0	6.5	3
11	味精生产废水					3.2	4.0	2.3	2
12	制糖废水	15.2	22.5	8.2	12				
13	食品加工废水	9.1	13.3	0.8	10	3.5	4.0	3.0	2
14	大豆加工废水	11.7	15.4	9.4	4	6.7	8.0	5.0	5
15	鱼类加工废水	9.9	10.8	9.0	2				
16	再生纸、纸浆生产废水	12.3	20.0	7.9	15				
17	造纸废水	12.7	38.9	6.0	39				
18	制药厂废水	10.9	33.2	6.3	11	5.0	8.0	0.8	5
19	家畜饲料厂废水	10.5	10.5	10.5	1				
20	屠宰场废水	6.2	6.2	6.2	1	3.1	4.0	2.3	4
21	垃圾滤液	9.9	12.0	7.9	7				

处理中、高浓度复杂废水的 UASB 反应器设计负荷可参考表 2-14。

表 2-14　不同条件下絮状污泥和颗粒污泥 UASB 反应器采用的容积负荷

废水 COD_{Cr} 浓度/(mg/L)	在 35℃采用的负荷/[kg COD_{Cr}/(m^3 · d)]	
	颗粒污泥	絮状污泥
2000～6000	4～6	3～5
6000～9000	5～8	4～6
＞9000	6～10	5～8

注：高温厌氧情况下反应器负荷宜在本表的基础上适当提高。

③ 水力停留时间（HRT）　UASB 反应器有效容积也采用水力停留时间进行计算，计算公式如式(2-50) 所示：

$$V=AH=Qt \tag{2-50}$$

式中 V——反应器有效容积，m^3；

A——反应器横截面积，m^2；

H——反应器有效高度，m；

t——允许的最大水力停留时间，h或d；

Q——废水流量，m^3/d。

由 $V=Qt$ 可知，在低浓度废水处理时，反应器的容积主要取决于水力停留时间，而与其负荷大小无关。其中 t 的大小与反应器内污泥类型（是否形成颗粒污泥）和三相分离器的效果有关。

水力停留时间应根据工程经验或试验数据确定。表2-15列出的是不同温度下UASB反应器处理低浓度污水时的水力停留时间。

表2-15　不同温度下UASB反应器处理低浓度污水时的水力停留时间

温度/℃	HRT/h	
	4～6m高反应器	
	日平均	峰值(2～6h)
16～19	4～6	3～4
22～26	3～4	2～3
>26	2～3	1.5～2

表2-16是处理低浓度城市污水和屠宰废水时采用的UASB反应器系统的设计参数（温度>20℃）。

表2-16　低浓度城市污水和屠宰废水采用的UASB反应器系统的设计参数（温度>20℃）

系统	上升流速/(m/h)	COD去除率/%	水力停留时间/h
絮状污泥UASB反应器	<1.0	60～80	6～8
颗粒污泥UASB反应器	<1.0	60～80	4～6

2.7.4　三相分离器的设计

在UASB反应器中，三相分离器是UASB反应器最有特点和最重要的装置。三相分离器横断面几何关系见图2-32。它同时具有以下两个功能：①能收集从分离器下的反应室产生的沼气；②使得在分离器之上的悬浮物沉淀下来。

上述两种功能均要求三相分离器的设计避免沼气气泡上升到沉淀区，如其上升到表面将引起出水浑浊，降低沉淀效率，并且损失了所产生的沼气。

三相分离器的设计可分为三个内容：沉淀区设计、回流缝设计和气液分离设计。在实际的工程应用中，图2-32所示的分离器形式较为常用，在此以其为例来进行三相分离器断面的几何设计计算。

(1) 沉淀区设计

三相分离器沉淀区的设计方法与普通二次沉淀池的设计相似，主要考虑两个因素，即沉淀

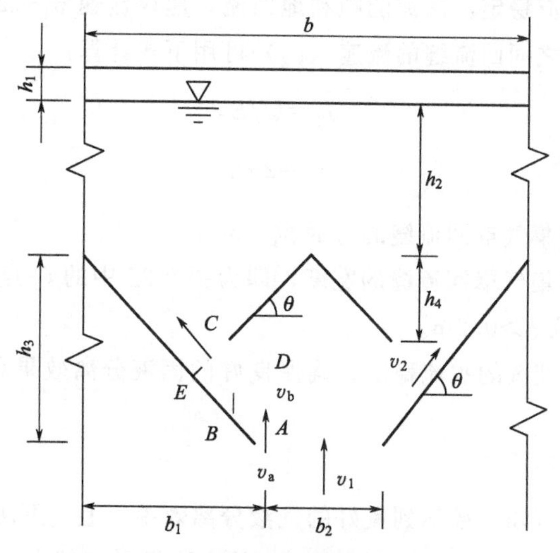

图 2-32 三相分离器横断面几何关系

面积和水深。沉淀区的面积根据废水量和沉淀区的表面负荷确定，由于在沉淀区的厌氧污泥与水中残余的有机物尚能发生生化反应，有少量的沼气产生，对固液分离有一定的干扰，这种情况在处理高浓度有机废水时可能更为明显，所以建议表面负荷一般应小于 $1.0m^3/(m^2 \cdot d)$。三相分离器集气罩（气室）顶以上的覆盖水深可采用 0.5～1.0m，集气罩斜面的坡度应采用 55°～60°，沉淀区斜面（或斗）的高度建议采用 0.5～1.0m。不论何种形式的三相分离器，其沉淀区的总水深应不小于 1.5m，并保证在沉淀区的停留时间为 1.5～2.0h。满足上述条件，可取得良好的固液分离效果。

（2）回流缝设计

由图 2-32 可知，三相分离器由上、下两组重叠的三角形集气罩组成，根据几何关系可得：

$$b_1 = h_3/\tan\theta \tag{2-51}$$

式中 b_1——下三角形集气罩底的 1/2 宽度，m；

h_3——下三角形集气罩的垂直高度，m；

θ——下三角形集气罩斜面的水平夹角，一般采用 55°～60°。

下三角形集气罩之间的污泥回流缝中混合液的上升流速（v_1）可用下式计算：

$$v_1 = Q/S_1 \tag{2-52}$$

$$S_1 = b_2 ln \tag{2-53}$$

式中 v_1——回流缝中混合液的上升流速，m/h；

Q——反应器设计废水流量，m^3/h；

S_1——下三角形集气罩回流缝的总面积，m^2；

b_2——相邻两个下三角形集气罩之间的水平距离，即污泥回流缝之一，m；

l——反应器的宽度，即三相分离器的长度，m；

n——反应器的三相分离器单元数。

为了使回流缝的水流稳定，污泥能顺利地回流，建议流速 $v_1<2m/h$。上三角形集气罩与下三角形集气罩斜面之间回流缝的流速（v_2）可用下式计算：

$$v_2=Q/S_2 \tag{2-54}$$

$$S_2=2ncl \tag{2-55}$$

式中 S_2——上三角形集气罩回流缝的总面积，m^2；

c——上三角形集气罩回流缝的宽度，即为图 2-32 中的 C 点至 AB 斜面的垂直距离 CE，建议 $c>0.2m$。

为了使回流缝和沉淀区的水流稳定，确保良好的固液分离效果和污泥回流，要求满足：$v_2<v_1<2.0m/h$。

(3) 气液分离设计

由三相分离器构造可知，欲达到良好的气液分离效果，上、下两组三角形集气罩的斜边下端必须有一定的重叠。重叠的水平距离（AB 的水平投影）越大，气体分离效果越好，去除气泡的直径越小，对沉淀区固液分离效果的影响越小。所以，重叠量的大小是决定气液分离效果好坏的关键，重叠量一般应达 10～20cm 或由计算确定。

2.7.5 反应器高度和面积及长宽设计

(1) 反应器高度

选择适当的反应器高度，应从设备运行和经济两方面综合考虑。

从运行方面考虑，影响因素如下：

① 高度会影响上升流速。高流速增加反应器系统的扰动和污泥与进水有机物之间的接触，但流速过高会引起污泥流失。为保持反应器内有足够多的污泥，上升流速不能超过一定的限值，因而反应器的高度也就会受到限制。在采用传统的 UASB 系统的情况下，上升流速的平均值一般不超过 0.5m/h。

② 高度对于厌氧消化效率的影响与 CO_2 的溶解度有关。反应器越高，溶解的 CO_2 浓度越高，因此，pH 值越低。如果 pH 值低于最优值，会降低系统厌氧消化的效率。

从经济方面考虑，影响因素如下：

① 土方工程随反应器池深的增加而增加，但占地面积则相反；

② 考虑当地的气候和地形条件，一般将反应器建造在半地下，以减少建筑和保温费用；

③ 高程选择应该使得污水（或出水）不用或少用提升。

综上所述，最经济的反应器高度（有效水深）一般是在 5～8m 之间，并且在大多数情况下这也是系统最优化的运行范围。

(2) 反应器的面积及长、宽

在反应器高度已知的情况下，反应器截面积的关系式如式(2-56) 所示：

$$A=V/H \tag{2-56}$$

式中 A——反应器截面积，m^2；

H——反应器高度，m。

在确定反应器的容积和高度后，对矩形厌氧反应器还需确定长和宽。从布水的均匀性考虑，矩形的长宽比较大较为合适。单池从布水的均匀性和经济性方面综合考虑，矩形厌氧反应器的长宽比以不大于 2∶1 较为适宜。

2.7.6　沼气产量计算与净化系统

（1）沼气产量计算

UASB 反应器的沼气产率为 0.45～0.50$m^3/kg\ COD_{Cr}$，沼气产量按式(2-57) 计算：

$$Q_a=\frac{Q(S_0-S_e)\eta}{1000} \tag{2-57}$$

式中　Q_a——沼气产量，m^3(标)/d；

Q——设计流量，m^3/d；

S_0——进水有机物质量浓度，mg COD_{Cr}/L；

S_e——出水有机物质量浓度，mg COD_{Cr}/L；

η——沼气产率，$m^3/kg\ COD_{Cr}$。

（2）沼气净化系统

沼气净化系统主要包括脱水、脱硫及沼气储存等，如图 2-33 所示。沼气应经过脱水和脱硫等净化处理后方可进入后续利用装置。

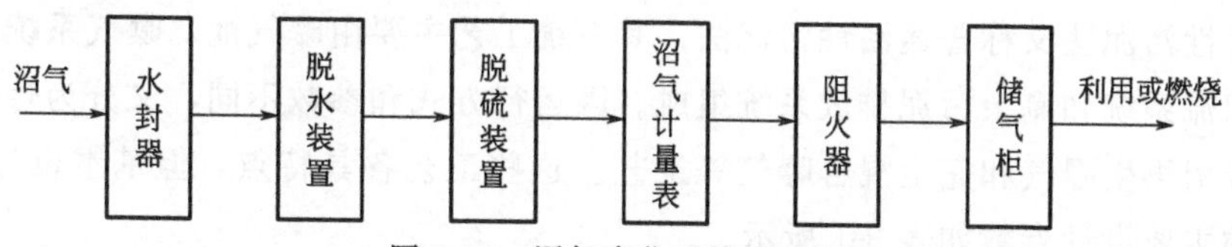

图 2-33　沼气净化系统示意图

沼气储存可采用低压湿式储气柜、低压干式储气柜和高压储气柜。储气柜与周围建筑物应有一定的安全防火距离。储气柜容积应根据不同用途确定：①沼气用于民用炊事时，储气柜的容积按日产气量的 50%～60%计算；②沼气用于锅炉、发电时，储气柜的容积应不低于日产气量的 10%。

沼气储气柜输出管道上宜设置安全水封或阻火器。沼气利用工程应设置燃烧器，严禁随意排放沼气，应采用内燃式燃烧器。

第3章 活性污泥法工艺单元设计

活性污泥法中起主要作用的是生物反应池内呈悬浮生长状态的活性污泥微生物，其在好氧条件下氧化分解有机污染物和氨氮，不仅能去除污水中的有机污染物，还可以有效地进行生物脱氮除磷。根据活性污泥法不同的运行方式，形成了多种处理方法，如传统活性污泥法、缺氧-好氧生物脱氮活性污泥法（A_NO 法）、厌氧-好氧生物除磷活性污泥法（A_PO 法）、厌氧-缺氧-好氧生物同时脱氮除磷活性污泥法（AAO 法，又称 A^2O 法），以及间歇式活性污泥法（SBR 法）等，可以满足不同的出水水质要求。

3.1 传统活性污泥法处理单元设计

传统活性污泥法又称普通活性污泥法，其系统工艺主要由曝气池、曝气系统、二次沉淀池、污泥回流系统和剩余污泥排放系统组成。因运行方式和参数不同，又分为普通曝气、阶段曝气、吸附再生曝气和完全混合曝气等工艺。这些工艺各具特点，但基本设计方法相同，其曝气池的主要设计参数如表 3-1 所示。

表 3-1 传统活性污泥法曝气池的主要设计参数

类别	L_S /[kg/(kg·d)]	X /(g/L)	L_V /[kg/(m³·d)]	θ_c/d	污泥回流比 /%	总处理效率 /%
普通曝气	0.2～0.4	1.5～2.5	0.4～0.9	3～10	25～75	90～95
阶段曝气	0.2～0.4	1.5～3.0	0.4～1.2	5～15	25～75	85～95
吸附再生曝气	0.2～0.4	2.5～6.0	0.9～1.8	3～10	50～100	80～90
合建式完全混合曝气	0.25～0.5	2.0～4.0	0.5～1.8	5～15	100～400	80～90

注：L_S 为 BOD_5 污泥负荷；X 为混合液污泥浓度；L_V 为 BOD_5 容积负荷；θ_c 为污泥龄。

3.1.1 曝气池容积设计计算

在进行曝气池容积计算时，应在一定范围内合理地确定污泥负荷（L_S）和污泥浓度（X）值，此外，还应同时考虑处理效率、污泥容积指数（SVI）和污泥龄等参数。

设计参数的来源主要有两个，一个是经验数据，另一个是通过试验获得。以生活污水为主体的城镇污水，主要设计参数已比较成熟，可以直接用于设计，但是对于工业废水，则应通过试验和现场实测以确定其各项设计参数。在工程实践中，由于受试验条件的限制，一般也可根据经验选取。

曝气池容积的设计计算方法主要有污泥负荷法和污泥龄法，污泥负荷法属于经验参数设计法，污泥龄法属于经验参数与动力学参数相结合的方法。当以去除碳源污染物为主时，曝气池的容积可按下列公式计算：

$$V=\frac{24Q(S_0-S_e)}{1000L_SX} \tag{3-1}$$

或

$$V=\frac{24QY\theta_c(S_0-S_e)}{1000X_V(1+K_d\theta_c)} \tag{3-2}$$

式中　V——曝气池的容积，m^3；

S_0——曝气池进水 BOD_5 质量浓度，mg/L；

S_e——曝气池出水 BOD_5 质量浓度（当去除率大于 90%时可不计入），mg/L；

Q——曝气池的设计流量，m^3/h；

L_S——曝气池的 BOD_5 污泥负荷，kg BOD_5/(kg MLSS・d)；

X——曝气池内混合液悬浮固体平均浓度，g MLSS/L；

Y——污泥产率系数，kg VSS/kg BOD_5，宜根据试验资料确定，无试验资料时，一般取 0.4～0.8；

X_V——曝气池内混合液挥发性悬浮固体平均质量浓度，g MLVSS/L；

θ_c——设计污泥泥龄，d，其数值为 0.2～15；

K_d——衰减系数，d^{-1}，20℃时的数值为 0.04～0.075。衰减系数 K_d 值应以当地冬季和夏季的污水温度进行修正，并按下列公式计算：

$$K_{dT}=K_{d20}\theta_T^{\ T-20} \tag{3-3}$$

式中　K_{dT}——T℃时的衰减系数，d^{-1}；

K_{d20}——20℃时的衰减系数，d^{-1}；

T——设计温度，℃；

θ_T——温度系数，采用 1.02～1.06。

3.1.2　剩余污泥量计算

剩余污泥由生物污泥和非生物污泥组成。生物污泥由微生物的同化作用产生，并因微生物的内源呼吸而减少。非生物污泥由进水悬浮物中不可生化部分产生。

按照污泥泥龄进行计算，剩余污泥量为：

$$\Delta X=\frac{XV}{\theta_c} \tag{3-4}$$

按照污泥产率系数、衰减系数以及不可生物降解和惰性悬浮物计算：

$$\Delta X=YQ(S_0-S_e)-K_dVX_V+fQ(SS_0-SS_e) \tag{3-5}$$

式中　ΔX——剩余污泥量，kg/d；

f——SS的转换率（MLSS/SS），kg/kg，无试验资料时可取0.5～0.7；

SS_0——曝气池或生物反应池进水悬浮物质量浓度，kg/m^3；

SS_e——曝气池或生物反应池出水悬浮物质量浓度，kg/m^3。

其他符号意义同前。

3.1.3　曝气池需氧量与供氧量设计计算

(1) 曝气池的需氧量

曝气池中的供氧，应满足污水需氧量、混合和处理效率等要求。需氧量可根据去除的五日生化需氧量、氨氮的硝化和除氮等要求，按下列公式计算：

$$O_2=aQ(S_0-S_e)-c\Delta X_V+b[Q(N_k-N_{ke})-0.12\Delta X_V]-0.62b[Q(N_t-N_{ke}-N_{oe})-0.12\Delta X_V] \tag{3-6}$$

式中　O_2——污水需氧量，kg O_2/d；

Q——曝气池的进水流量，m^3/d；

S_0——曝气池进水BOD_5质量浓度，kg/m^3；

S_e——曝气池出水BOD_5质量浓度，kg/m^3；

ΔX_V——排出曝气池系统的微生物量（MLVSS），kg/d；

N_k——曝气池进水总凯氏氮（TKN）浓度，kg/m^3；

N_{ke}——曝气池出水总凯氏氮（TKN）浓度，kg/m^3；

N_t——曝气池进水总氮浓度，kg/m^3；

N_{oe}——曝气池出水硝态氮浓度，kg/m^3；

$0.12\Delta X_V$——排出曝气池系统的微生物中含氮量，kg/d；

a——碳的氧当量，当含碳物质以BOD_5计时，取1.47；

b——常数，氧化每千克氨氮所需氧量，kg O_2/kg N，取4.57；

c——常数，细菌细胞的氧当量（O_2/MLVSS），取1.42。

式(3-6)右边第一项为去除含碳污染物的需氧量，第二项为剩余污泥氧当量，第三项为氧化氨氮需氧量，第四项为反硝化回收的氧量。如果活性污泥生物系统仅为去除碳源污染物，则b为零，只计算式(3-6)中的第一项和第二项。粗略计算去除含碳污染物的污水需氧量时，可采用经验数据，去除每千克五日生化需氧量（BOD_5）可采用0.7～1.2kg O_2。

式(3-6)中ΔX_V可以由式(3-5)中的生物污泥部分求出。

(2) 曝气池的供氧量

单位时间内曝气设备供给曝气池混合液的氧量称为供氧量。在曝气池中，氧通过空气在混合液中扩散转移到水中，成为溶解氧后，才被微生物细胞利用。

① 影响氧转移的因素　影响氧转移的因素主要有：氧的饱和浓度、温度、溶液的性质及其所含组分、压力、搅拌强度等。

a. 氧的饱和浓度。氧转移效率与氧的饱和浓度成正比，不同温度下饱和溶解氧的浓度也不同，见表3-2。

表3-2 氧在蒸馏水中的溶解度（即饱和度）

水温/℃	1	2	3	4	5	6	7	8	9	10
溶解度/(mg/L)	14.23	13.84	13.48	13.13	12.80	12.48	12.17	11.87	11.59	11.33
水温/℃	11	12	13	14	15	16	17	18	19	20
溶解度/(mg/L)	11.08	10.83	10.60	10.37	10.15	9.95	9.74	9.54	9.35	9.17
水温/℃	21	22	23	24	25	26	27	28	29	30
溶解度/(mg/L)	8.99	8.83	8.63	8.53	8.38	8.22	8.07	7.92	7.77	7.63

b. 温度。温度不仅会影响饱和溶解氧的浓度，而且还影响流体的黏滞度，从而影响氧的总转移系数 K_{La}。温度对 K_{La} 的影响可用式(3-7) 表示：

$$K_{La(T)}=K_{La(20)}\theta^{(T-20)} \tag{3-7}$$

式中 T——设计的工艺温度，℃；

20——标准状态的温度（20℃）；

$K_{La(20)}$——温度为20℃时氧的总转移系数，h^{-1}；

$K_{La(T)}$——温度为T℃时氧的总转移系数，h^{-1}；

θ——温度修正系数，其值介于1.008～1.047，一般取1.024。

c. 溶液的性质及其所含组分。对氧的溶解度和氧的转移都有直接的影响，如污水中的表面活性剂等有机组分及无机组分都会影响氧的饱和溶解度。这种影响可分别用式(3-8) 和式(3-9) 表示：

$$\alpha=\frac{K'_{La}}{K_{La}} \tag{3-8}$$

式中 α——氧转移折算系数，$\alpha<1$，其值的范围在0.2～1.0之间；

K'_{La}——污水中氧的总转移系数，h^{-1}；

K_{La}——清水中氧的总转移系数，h^{-1}。

$$\beta=\frac{c'_s}{c_s} \tag{3-9}$$

式中 β——氧溶解度折算系数，$\beta<1$，范围在0.8～1.0之间；

c'_s——污水中氧的溶解度，kg/m^3；

c_s——清水中氧的溶解度，kg/m^3。

在活性污泥法曝气池中，α 值一般为0.8～0.9，生活污水的 β 值约为0.9。但是，α 值和 β 值都不是常数，在生化过程中可能增大或减小并趋近于1，这是因为影响氧转移速率的物质有可能在生化过程中被去除。

d. 压力。对氧的传质的影响表现为氧分压的影响。在压力不是标准大气压的地区，应使用修正系数 ρ 进行修正：

$$\rho=\frac{p_s}{p} \tag{3-10}$$

式中　p——标准状态大气压，1.013×10^5Pa；

p_s——设计地区的大气压。

考虑到曝气池水深对氧溶解的影响，还需要进一步修正。在曝气池内，安装在池底的空气扩散装置出口处的氧分压最大，因此 c_s 值也最大。但随着气泡的上升，气压逐渐降低，在水面时，气压为 1 个大气压（1.013×10^5Pa），气泡中一部分氧已转移到液体中，曝气池内的 c_s 值应是扩散装置出口和混合液表面两处溶解氧饱和浓度的平均值，可按下式计算：

$$c_{sb}=c_s\left(\frac{p_b}{2.026\times10^5}+\frac{O_t}{42}\right) \tag{3-11}$$

$$p_b=p+9.8\times10^3H$$

$$O_t=\frac{21\times(1-E_A)}{79+21\times(1-E_A)}\times100\%$$

式中　c_{sb}——鼓风曝气池内混合液饱和溶解氧质量浓度平均值，mg/L；

c_s——在设计地点大气压条件下饱和溶解氧质量浓度，mg/L；

p_b——曝气池空气扩散装置释放点处绝对压力，Pa；

p——标准大气压，1.013×10^5Pa；

H——曝气池空气扩散装置释放点距水面的距离，m；

O_t——空气逸出池面时气体中氧的质量分数，%；

E_A——空气扩散装置的氧转移效率，小气泡扩散装置一般取 6%～12%，微孔曝气器一般取 15%～25%。

另外，氧的转移还和气泡的大小、液体的紊动程度、气泡与液体的接触时间有关。空气扩散装置的性能决定了气泡直径的大小。气泡越小，接触面积越大，一方面将提高 K_{La} 值，有利于氧的转移；但另一方面不利于紊动，从而不利于氧的转移。气泡与液体的接触时间越长，越利于氧的转移。

氧从气泡中转移到液体中，逐渐使气泡周围液膜的含氧量饱和，因而氧的转移效率又取决于液膜的更新速度。紊流和气泡的形成、上升、破裂，都有助于气泡液膜的更新和氧的转移。

从上述分析可见，氧的转移效率取决于气相中氧分压梯度、液相中氧的浓度梯度、气液之间的接触面积和接触时间、水温、污水的性质和水流的紊动程度等因素。

② 供氧量计算　在稳定条件下，曝气池中的氧转移速度应等于活性污泥微生物的需氧速度 R_r，可表示为：

$$R_r=\alpha\theta^{(T-20)}K_{La(20)}[\beta\rho c_{sb(T)}-c] \tag{3-12}$$

式中　R_r——氧的转移速度，kg/h；

T——设计工艺系统中污水的温度，℃；

$c_{sb(T)}$——在 T℃时，实际压力下清水饱和溶解氧质量浓度，kg/m³；

c——T℃时，工艺系统中污水的饱和溶解氧质量浓度，kg/m³。

其他符号意义同前。

设备供应商提供的空气扩散装置的氧转移参数是在标准条件下测定的，所谓标准条件是指：水温 20℃；大气压力 1.013×10^5 Pa；测定用水为脱氧清水。

在标准条件下，转移到一定体积脱氧清水中的总氧量用 O_S 表示，公式如下：

$$O_S=K_{La(20)}c_{s(20)}V \tag{3-13}$$

而在实际条件下，同样的曝气系统设备，能够转移到同样体积曝气池混合液中的总氧量 O_2 为：

$$O_2=\alpha\theta^{(T-20)}K_{La(20)}[\beta\rho c_{sb(T)}-c]V \tag{3-14}$$

一般 O_2 仅为 O_S 的 60%～75%，联解上面两式得：

$$O_S=\frac{O_2c_{s(20)}}{\alpha[\beta\rho c_{sb(T)}-c]\theta^{(T-20)}} \tag{3-15}$$

由于 O_2 为曝气池的实际需氧量，可以通过生化过程的设计计算求得。因此，根据式(3-15) 可以求得换算为 O_S 的值，再由 O_S 值根据氧利用效率计算供气量。

氧的利用率可表示为：

$$E_A=\frac{O_S}{S}\times100\% \tag{3-16}$$

式中　E_A——氧的利用率，%；

O_S——标准条件下曝气池污水需氧量，kg/h；

S——供氧量，kg/h，可由下式表示：

$$S=G_s\times0.21\times1.33=0.28G_s \tag{3-17}$$

式中　G_s——供气量，m³/h；

0.21——氧在空气中的百分数；

1.33——20℃时氧的密度［一个大气压下，不同温度时氧的密度为 $r_{(T)}=\frac{1.43}{1+0.00367\times T}$，式中 T 为温度］，kg/m³。

对于鼓风曝气，各种空气扩散装置在标准条件下的 E_A 值是由生产厂商提供的，因此将式(3-17) 代入式(3-16) 中可以计算曝气系统需要的供气量 G_s，即：

$$G_s=\frac{O_S}{0.28E_A} \tag{3-18}$$

上述计算是基于鼓风曝气的供氧方式进行计算的。当采用曝气叶轮、转刷、转碟或射流曝气器等机械曝气器时，产品在标准条件下的充氧量值应按厂商提供的实测数据或产品规格、性能等技术资料选用。

3.1.4 曝气池设计计算实例

［例 3-1］ 某城镇污水处理厂曝气池设计计算

设计处理污水量 $Q=21600m^3/d$，总变化系数 $K_z=1.48$，污水经预处理沉淀后 $BOD_5=200mg/L$，$NH_3\text{-}N=30mg/L$，$SS=160mg/L$，设计出水水质 $BOD_5=20mg/L$，$NH_3\text{-}N=8mg/L$，$SS=20mg/L$，VSS 与 SS 的比例 $f=0.75$。该地区大气压 $p=1.013\times10^5Pa$，夏季平均水温 $T=25℃$，冬季平均水温 $T=10℃$。设计采用传统活性污泥法，鼓风微孔曝气。

(1) 曝气池设计计算

① 估算出水溶解性 BOD_5　二沉池出水由溶解性 BOD_5 和非溶解性 BOD_5 组成。其中只有溶解性 BOD_5 与工艺计算有关。溶解性 BOD_5 可用下式计算：

$$S_e=S_z-7.1K_dfC_e$$

式中 S_e——出水中溶解性 BOD_5，mg/L；

S_z——二沉池出水总 BOD_5，mg/L，$S_z=20mg/L$；

K_d——活性污泥自身氧化系数，d^{-1}，典型值取 $0.06d^{-1}$；

f——二沉池出水 SS 中 VSS 所占的比例，$f=0.75$；

C_e——二沉池出水 SS，mg/L，$C_e=20mg/L$。

$$S_e=20-7.1\times0.06\times0.75\times20=13.61(mg/L)$$

② 确定污泥负荷 L_S　曝气池 BOD_5 去除率为：

$$\eta=\frac{200-13.61}{200}\times100\%=93.2\%$$

污泥负荷 L_S 的计算公式为：

$$L_S=\frac{K_2S_ef}{\eta}$$

式中 K_2——动力学参数，取值范围 0.016～0.0281。

$$L_S=\frac{0.022\times13.61\times0.75}{0.932}=0.24[kg\ BOD_5/(kg\ MLSS\cdot d)]$$

③ 曝气池有效容积 V　采用负荷法进行计算，设曝气池混合液污泥浓度 $X=3000mg/L$，则：

$$V=\frac{QS_0}{XL_S}=\frac{21600\times200}{3000\times0.24}=6000(m^3)$$

设 2 座曝气池，每座有效容积为 $3000m^3$。

④ 复核容积负荷 L_V

$$L_V=\frac{QS_0}{1000V}=\frac{21600\times200}{1000\times6000}=0.72[kg\ BOD_5/(m^3\cdot d)]$$

L_V 大于 $0.4kg\ BOD_5/(m^3\cdot d)$，小于 $0.9kg\ BOD_5/(m^3\cdot d)$，符合要求。

⑤ 污泥回流比 R　污泥指数 SVI 取 120，回流污泥浓度 X_r 为：

$$X_r=\frac{10^6}{SVI}r=\frac{10^6}{120}\times1.2=10000(mg/L)$$

式中　r——二次沉淀池中污泥综合系数。

污泥回流比 R 为：

$$R=\frac{X}{X_r-X}\times100\%=\frac{3000}{10000-3000}\times100\%=43\%$$

⑥ 剩余污泥量 ΔX_V　活性污泥自身的氧化系数 K_d 与水温有关，水温为 20℃时 $K_{d(20)}=0.06d^{-1}$，在不同水温时应进行修订。本实例中污水温度夏季 $T=25℃$，冬季 $T=10℃$，则：

$$K_{d(25)}=K_{d(20)}1.04^{T-20}=0.06\times1.04^{25-20}=0.073(d^{-1})$$

$$K_{d(10)}=K_{d(20)}1.04^{T-20}=0.06\times1.04^{10-20}=0.041(d^{-1})$$

取活性污泥产率系数 $Y=0.6$，曝气系统中生物污泥所占比例 $f=0.75$，则剩余生物污泥 ΔX_V 计算如下。

夏季剩余生物污泥量：

$$\Delta X_{V(25)}=0.6\times21600\times\frac{200-13.61}{1000}-0.073\times6000\times0.75\times\frac{3000}{1000}=1430.1(kg/d)$$

冬季剩余生物污泥量：

$$\Delta X_{V(10)}=0.6\times21600\times\frac{200-13.61}{1000}-0.041\times6000\times0.75\times\frac{3000}{1000}=1862.1(kg/d)$$

剩余非生物污泥量 ΔX_S：

$$\Delta X_S=fQ(SS_0-SS_e)=0.5\times21600\times\frac{160-20}{1000}=1512(kg/d)$$

夏季剩余污泥量 $\Delta X_{(25)}$ 为：

$$\Delta X_{(25)}=\Delta X_{V(25)}+\Delta X_S=1430.1+1512=2942.1(kg/d)$$

冬季剩余污泥量 $\Delta X_{(10)}$ 为：

$$\Delta X_{(10)}=\Delta X_{V(10)}+\Delta X_S=1862.1+1512=3374.1(kg/d)$$

剩余污泥含水率按 99.2%计算，湿污泥夏季为 $367.8m^3/d$，冬季为 $421.8m^3/d$。

⑦ 复核污泥龄 θ_c

夏季污泥龄 θ_c 为：

$$\theta_c=\frac{XVf}{1000\Delta X_{V(25)}}=\frac{3000\times6000\times0.75}{1000\times1430.1}=9.4(d)$$

冬季污泥龄 θ_c 为：

$$\theta_c=\frac{XVf}{1000\Delta X_{V(10)}}=\frac{3000\times6000\times0.75}{1000\times1862.1}=7.2(d)$$

复核结果表明，冬季和夏季的污泥龄都在允许的范围内。

⑧ 复核出水 BOD_5　当曝气池体积 V、曝气池混合液浓度 X 已知时，进水 BOD_5 浓度 S_0 与出水 BOD_5 浓度 S_e 之间的关系，可依据生物动力学原理表示如下：

$$\frac{Q(S_0-S_e)}{fXV}=K_2S_e$$

则

$$S_e=\frac{QS_0}{Q+K_2fXV}=\frac{21600\times200}{21600+0.022\times0.75\times3000\times6000}=13.6(mg/L)$$

复核结果表明，出水 BOD_5 可以达到设计要求。

⑨ 复核出水 NH_3-N　微生物合成去除的氨氮 N_w 可用下式计算：

$$N_w=0.12\frac{\Delta X_V}{Q}$$

夏季生物合成去除的氨氮 $N_{w(25)}$ 为：

$$N_{w(25)}=0.12\frac{\Delta X_{V(25)}}{Q}=0.12\times\frac{1430.1}{21600}\times1000=7.9(mg/L)$$

夏季出水氨氮 N_e 为：

$$N_e=30-N_{w(25)}=30-7.9=22.1(mg/L)$$

冬季生物合成去除的氨氮 $N_{w(10)}$ 为：

$$N_{w(10)}=0.12\frac{\Delta X_{V(10)}}{Q}=0.12\times\frac{1862.1}{21600}\times1000=10.3(mg/L)$$

冬季出水氨氮 N_e 为：

$$N_e=30-N_{w(10)}=30-10.3=19.7(mg/L)$$

复核结果表明，仅靠生物合成，无论在冬季还是夏季，本例出水氨氮都不能达到设计要求。如果考虑硝化作用，出水氨氮可采用动力学公式计算：

$$\mu_N=\mu_m\frac{N}{K_N+N}$$

式中　μ_N——硝化菌比增长速率，d^{-1}；

μ_m——硝化菌最大比增长速率，d^{-1}；

N——曝气池内氨氮浓度，mg/L；

K_N——硝化菌增长半速率常数，mg/L。

设出水氨氮 $N_e=N$，由上式得：

$$N_e=\frac{K_N\mu_N}{\mu_m-\mu_N}$$

μ_m 与水温、溶解氧、pH 值有关，设计水温条件下 $\mu_{m(T)}$ 为：

$$\mu_{m(T)}=\mu_{m(15)}e^{0.098\times(T-15)}\times\frac{DO}{K_O+DO}\times[1-0.833\times(7.2-pH)]$$

式中　$\mu_{m(15)}$——标准水温（15℃）时硝化菌最大比增长速率，d^{-1}，取 $\mu_{m(15)}=0.5d^{-1}$；

T——设计条件下污水温度,℃，夏季 $T=25$℃，冬季 $T=10$℃；

DO——曝气池内平均溶解氧浓度，mg/L，取 DO=2mg/L；

K_O——溶解氧半速率常数，mg/L，取 $K_O=1.3$mg/L；

pH——污水 pH 值，取 pH=7.2。

将有关参数代入，得：

$$\mu_{m(25)}=0.5\times e^{0.098\times(25-15)}\times\frac{2}{1.3+2}\times[1-0.833\times(7.2-7.2)]=0.81$$

$$\mu_{m(10)}=0.5\times e^{0.098\times(10-15)}\times\frac{2}{1.3+2}\times[1-0.833\times(7.2-7.2)]=0.19$$

硝化菌增长半速率常数 K_N 也与温度有关，计算公式为：

$$K_{N(T)}=K_{N(15)}\times e^{0.118\times(T-15)}$$

式中　$K_{N(15)}$——标准水温（15℃）时硝化菌半速率常数，mg/L，取 $K_{N(15)}=0.5$mg/L。

$$K_{N(25)}=0.5\times e^{0.118\times(25-15)}=1.63(mg/L)$$

$$K_{N(10)}=0.5\times e^{0.118\times(10-15)}=0.28(mg/L)$$

硝化菌比增长速率可用下式计算：

$$\mu_N=\frac{1}{\theta_c}+b_N$$

式中　b_N——硝化菌自身氧化系数，d^{-1}。b_N 也受温度影响，其修正计算公式为：

$$b_{N(T)}=b_{N(20)}\times1.04^{T-20}$$

式中　$b_{N(20)}$——20℃时的 b_N 值，d^{-1}，$b_{N(20)}=0.04d^{-1}$。

$$b_{N(25)}=0.04\times1.04^{25-20}=0.049(d^{-1})$$

$$b_{N(10)}=0.04\times1.04^{10-20}=0.027(d^{-1})$$

本实例夏季污泥龄 $\theta_c=9.4$d，冬季污泥龄 $\theta_c=7.2$d，硝化菌比增长速率为：

$$\mu_{N(25)}=\frac{1}{9.4}+0.049=0.16(d^{-1})$$

$$\mu_{N(10)}=\frac{1}{7.2}+0.027=0.17(d^{-1})$$

夏季出水氨氮为：

$$N_{e(25)}=\frac{K_{N(25)}\mu_{N(25)}}{\mu_{m(25)}-\mu_{N(25)}}=\frac{1.63\times0.16}{0.81-0.16}=0.40(mg/L)$$

冬季出水氨氮为：

$$N_{e(10)}=\frac{K_{N(10)}\mu_{N(10)}}{\mu_{m(10)}-\mu_{N(10)}}=\frac{0.28\times0.17}{0.19-0.17}=2.38(mg/L)$$

计算结果表明，本例冬季和夏季的出水氨氮都能达到设计要求，但是冬季时 μ_m 和 μ_N 相近，硝化能力较弱，如需要可通过提高 MLSS，增加污泥龄，进而提升硝化能力。

(2) 需氧量与供气量设计计算

① 设计需氧量　本例中曝气池不具有反硝化功能，但由于污泥龄较长，有机物氧化的同时，氨氮的硝化也在进行，因此需氧量只计算有机物需氧量、硝化氨氮需氧量和生物合成减少的需氧量。其计算公式为：

$$O_2 = aQ(S_0 - S_e) - c\Delta X_V + b[Q(N_k - N_{ke}) - 0.12\Delta X_V]$$

式中　a——碳的氧当量，当含碳物质以 BOD_5 计时，取 1.47；

b——常数，氧化每千克氨氮所需氧量，kg O_2/kg NH_3-N，取 4.57；

c——常数，细菌细胞的氧当量（O_2/MLVSS），取 1.42；

N_k——曝气池进水总凯氏氮（TKN）浓度，kg/m^3；

N_{ke}——曝气池出水总凯氏氮（TKN）浓度，kg/m^3，污水经好氧生物反应后，进水有机氮全部被氧化，出水凯氏氮在数值上等于氨氮。

夏季设计需氧量 $O_{2(25)}$ 为：

$$O_{2(25)} = 1.47 \times 21600 \times \frac{200 - 13.61}{1000} - 1.42 \times \frac{6000 \times 3000 \times 0.75}{1000 \times 9.4} + 4.57 \times \left(21600 \times \frac{30 - 0.40}{1000} - 0.12 \times \frac{6000 \times 3000 \times 0.75}{1000 \times 9.4}\right)$$

$$= 5918.3 - 2039.4 + 2134.3 = 6013.2(\text{kg/d}) = 250.6(\text{kg/h})$$

冬季设计需氧量 $O_{2(10)}$ 为：

$$O_{2(10)} = 1.47 \times 21600 \times \frac{200 - 13.61}{1000} - 1.42 \times \frac{6000 \times 3000 \times 0.75}{1000 \times 7.2} + 4.57 \times \left(21600 \times \frac{30 - 2.38}{1000} - 0.12 \times \frac{6000 \times 3000 \times 0.75}{1000 \times 7.2}\right)$$

$$= 5918.3 - 2662.5 + 1698.2 = 4954(\text{kg/d}) = 206.4(\text{kg/h})$$

冬季单位 BOD_5 去除量需氧为 0.73kg O_2/kg BOD_5，符合 0.7～0.12kg O_2/kg BOD_5 的要求。

② 标准需氧量和供气量　采用鼓风微孔曝气，设曝气池有效水深为 4.5m，微孔曝气装置安装距池底 0.2m，淹没深度 4.3m，微孔曝气装置的氧转移效率 $E_A = 20\%$。

本实例所在地区大气压力为 1.013×10^5 Pa，所以压力修正系数 ρ 为：

$$\rho = \frac{\text{工程所在地区大气压}}{1.013 \times 10^5} = 1$$

曝气池微孔曝气装置释放点处绝对压力 p_b 为：

$$p_b = p + 9.8 \times 10^3 H = 1.013 \times 10^5 + 9.8 \times 10^3 \times 4.3 = 1.43 \times 10^5 (\text{Pa})$$

空气逸出池面时气体中氧的质量分数 O_t 为：

$$O_t=\frac{21\times(1-E_A)}{79+21\times(1-E_A)}\times100\%=\frac{21\times(1-0.20)}{79+21\times(1-0.20)}\times100\%=17.5\%$$

取 $\alpha=0.82$，$\beta=0.95$，$\theta=1.024$，$c=2\text{mg/L}$，20℃清水中溶解氧饱和度 $c_{s(20)}=9.17\text{mg/L}$。夏季清水氧饱和度 $c_{s(25)}=8.4\text{mg/L}$，曝气池混合液中平均氧饱和度 $c_{sb(25)}$ 为：

$$c_{sb(25)}=c_s\left(\frac{p_b}{2.026\times10^5}+\frac{O_t}{42}\right)=8.4\times\left(\frac{1.43\times10^5}{2.026\times10^5}+\frac{17.5}{42}\right)=9.4(\text{mg/L})$$

夏季标准需氧量 $O_{S(25)}$ 为：

$$O_{S(25)}=\frac{O_2c_{s(20)}}{\alpha[\beta\rho c_{sb(25)}-c]\theta^{(25-20)}}$$

$$=\frac{250.6\times9.17}{0.82\times(0.95\times1\times9.4-2)\times1.024^{(25-20)}}=359.7(\text{kg/h})$$

夏季供气量 $G_{s(25)}$ 为：

$$G_{s(25)}=\frac{O_{S(25)}}{0.28E_A}=\frac{359.7}{0.28\times0.2}=6423.2(\text{m}^3/\text{h})=107.1(\text{m}^3/\text{min})$$

冬季清水氧饱和度 $c_{s(10)}=11.33\text{mg/L}$，曝气池混合液中平均氧饱和度 $c_{sb(10)}$ 为：

$$c_{sb(10)}=c_s\left(\frac{p_b}{2.026\times10^5}+\frac{O_t}{42}\right)=11.33\times\left(\frac{1.43\times10^5}{2.026\times10^5}+\frac{17.5}{42}\right)=12.7(\text{mg/L})$$

冬季标准需氧量 $O_{S(10)}$ 为：

$$O_{S(10)}=\frac{O_2c_{s(20)}}{\alpha[\beta\rho c_{sb(10)}-c]\theta^{(10-20)}}$$

$$=\frac{206.4\times9.17}{0.82\times(0.95\times1\times12.7-2)\times1.024^{(10-20)}}=290.7(\text{kg/h})$$

冬季供气量 $G_{s(10)}$ 为：

$$G_{s(10)}=\frac{O_{S(10)}}{0.28E_A}=\frac{290.7}{0.28\times0.2}=5191.1(\text{m}^3/\text{h})=86.5(\text{m}^3/\text{min})$$

(3) 曝气池布置

设曝气池2座，其有效水深 $h=4.5\text{m}$，则每座曝气池的面积 A_1 为：

$$A_1=\frac{V}{2h}=\frac{6000}{2\times4.5}=666.7(\text{m}^3)$$

设曝气池为3廊道式，廊道宽 $b=5.5\text{m}$，曝气池宽度 B 为：

$$B=3b=3\times5.5=16.5(\text{m})$$

曝气池长度 L 为：

$$L=A_1/B=666.7/16.5=40.4(\text{m})$$

校核宽深比：廊道宽/水深$=b/h=5.5/4.5=1.22$，宽深比大于1，小于2，符合GB 50014—2006要求。

校核长宽比：池长/廊道宽$=L/b=40.4/5.5=7.3$，长宽比大于5，小于10，符合GB 50014—2006要求。

曝气池超高取0.8m，曝气池总高为：

$$H=4.5+0.8=5.3(\mathrm{m})$$

曝气池平面布置如图3-1所示。

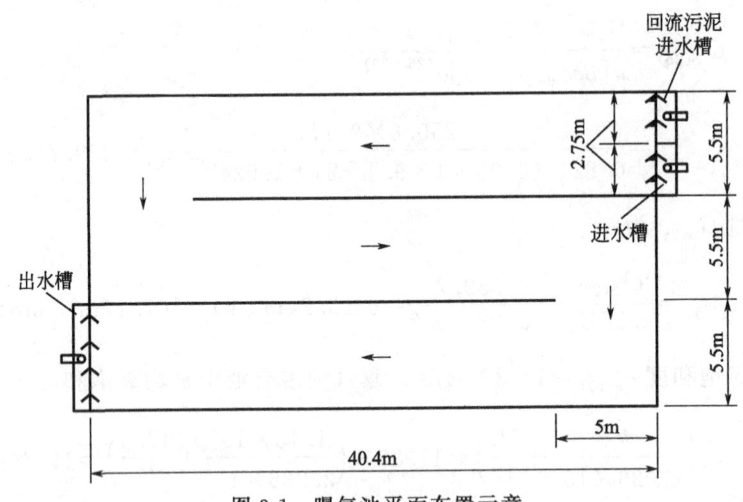

图3-1 曝气池平面布置示意

(4) 曝气设备布置

选用微孔曝气器的技术性能参数如下：氧转移效率16%～25%；阻力损失3～8kPa；服务面积0.3～0.75$\mathrm{m^2}$/个；供气量1.5～3$\mathrm{m^3}$/(h·个)。

曝气器均匀布置，每廊道布置8列，58排，两座曝气池共计布置曝气器2784个。

$$每个曝气器的服务面积=\frac{2LB}{n}=\frac{2\times40.4\times16.5}{2784}=0.48(\mathrm{m^2}/个)$$

$$夏季每个曝气器的供气量=G_s/n=6423.2/2784=2.3[\mathrm{m^3}/(\mathrm{h}\cdot个)]$$

$$冬季每个曝气器的供气量=G_s/n=5191.1/2784=1.9[\mathrm{m^3}/(\mathrm{h}\cdot个)]$$

以上复核结果表明，曝气器服务面积和曝气器供气量都在设备的允许范围之内。

(5) 曝气池进出水口设计

曝气池进水口、回流污泥入口和出水口可采用自由出流矩形堰，其形式如图3-2所示。

堰上水头损失一般为0.1～0.2m，其水力学计算公式如下：

$$Q=mb\sqrt{2g}H^{3/2}$$

或

$$H=\left(\frac{q}{mb\sqrt{2g}}\right)^{2/3}$$

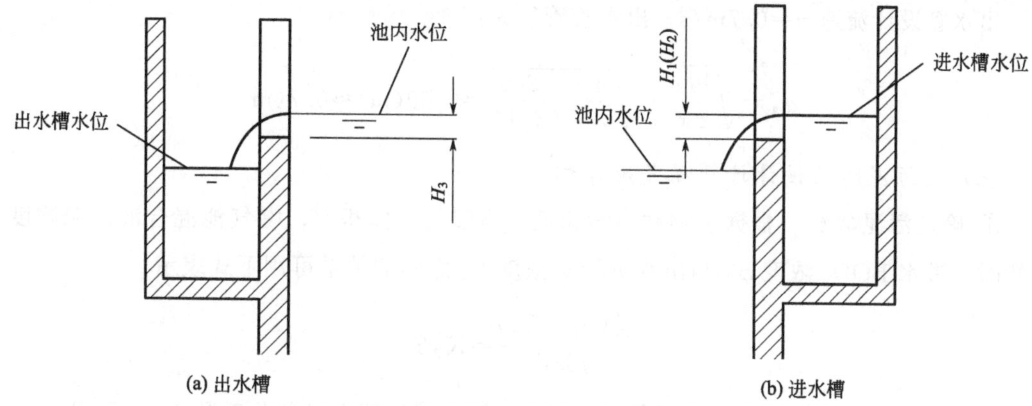

图 3-2　曝气池进、出水堰示意

式中　H——堰上水头，m；

q——设计流量，m^3/L；

m——流量系数，$m=0.32$；

b——堰宽，m；

g——重力加速度，$9.8m/s^2$。

考虑水量变化的影响，曝气池进水口、回流污泥入口和出水口设计流量应按最大时流量计算。对于进水口有：

$$q_1=\frac{K_z Q}{86400n}=\frac{1.48\times21600}{86400\times2}=0.185(m^3/s)$$

$$H_1=\left(\frac{0.185}{0.32\times2.75\times\sqrt{2\times9.8}}\right)^{2/3}=0.131(m)$$

进水管设计流速 $v=0.7m/s$，进水管管径为：

$$d_1=\sqrt{\frac{4q_1}{v\pi}}=\sqrt{\frac{4\times0.185}{0.7\times3.14}}=0.58(m)\approx0.6(m)$$

对于回流污泥入口有：

$$q_2=Rq_1=0.43\times0.185=0.080(m^3/s)$$

$$H_2=\left(\frac{0.080}{0.32\times2.75\times\sqrt{2\times9.8}}\right)^{2/3}=0.075(m)$$

污泥回流管设计流速 $v=0.6m/s$，进水管管径为：

$$d_2=\sqrt{\frac{4q_2}{v\pi}}=\sqrt{\frac{4\times0.080}{0.6\times3.14}}=0.41(m)\approx0.4(m)$$

对于出水口有：

$$q_3=q_1+q_2=0.185+0.080=0.265(m^3/s)$$

$$H_3=\left(\frac{0.265}{0.32\times5.5\times\sqrt{2\times9.8}}\right)^{2/3}=0.105(m)$$

出水管设计流速 $v=0.7\text{m/s}$，出水管管径为：

$$d_3=\sqrt{\frac{4q_3}{v\pi}}=\sqrt{\frac{4\times 0.265}{0.7\times 3.14}}=0.69(\text{m})\approx 0.7(\text{m})$$

(6) 按污泥龄法设计计算曝气池体积

① 确定污泥龄 θ_c　根据生物动力学原理，当曝气池体积 V、曝气池混合液污泥浓度 X 已知时，进水 BOD_5 浓度 S_0 与出水 BOD_5 浓度 S_e 之间的关系可用下式表示：

$$\frac{Q(S_0-S_e)}{fXV}=K_2S_e$$

上式两边同时乘以污泥产率系数 Y，两边再同时减污泥自身氧化系数 K_d，可得：

$$\frac{YQ(S_0-S_e)}{fXV}-K_d=YK_2S_e-K_d$$

等式左边为污泥龄的倒数。污泥龄与 K_2、S_e、K_d 的关系为：

$$\theta_c=\frac{1}{YK_2S_e-K_d}$$

$$K_{d(25)}=K_{d(20)}1.04^{T-20}=0.06\times 1.04^{25-20}=0.073(\text{d}^{-1})$$

$$\theta_{c(25)}=\frac{1}{YK_2S_e-K_{d(25)}}=\frac{1}{0.6\times 0.022\times 13.61-0.073}=9.4(\text{d})$$

$$K_{d(10)}=K_{d(20)}1.04^{(T-20)}=0.06\times 1.04^{(10-20)}=0.041(\text{d}^{-1})$$

$$\theta_{c(10)}=\frac{1}{YK_2S_e-K_{d(10)}}=\frac{1}{0.6\times 0.022\times 13.61-0.041}=7.3(\text{d})$$

② 确定曝气池体积 V　曝气池混合液污泥浓度 $X=3000\text{mg/L}$。

夏季时所需曝气池体积 $V_{(25)}$ 为：

$$V_{(25)}=\frac{QY\theta_{c(25)}(S_0-S_e)}{Xf[1+K_{d(25)}\theta_{c(25)}]}=\frac{21600\times 0.6\times 9.4\times(200-13.61)}{3000\times 0.75\times(1+0.073\times 9.4)}=5985(\text{m}^3)$$

冬季时所需曝气池体积 $V_{(10)}$ 为：

$$V_{(10)}=\frac{QY\theta_{c(10)}(S_0-S_e)}{Xf[1+K_{d(10)}\theta_{c(10)}]}=\frac{21600\times 0.6\times 7.3\times(200-13.61)}{3000\times 0.75\times(1+0.041\times 7.3)}=6032(\text{m}^3)$$

计算结果表明，冬季或夏季曝气池体积基本相同，本例曝气池体积按冬季所需体积 6032m^3 确定。

3.2 A_NO 法污水生物脱氮单元设计

传统活性污泥法对污水中氮、磷的去除，仅限于微生物细胞合成而从污水中摄取的数量，去除率较低，氮为20%～40%，磷仅为5%～20%。利用生物脱氮除磷原理，可有效地从污水中去除氮、磷，降低污水中氮、磷的含量。具有生物脱氮除磷功能的污水处理工艺有缺氧-好氧生物脱氮工艺（A_NO 法）、厌氧-好氧生物除磷工艺（A_PO 法）、厌氧-缺氧-好氧生物脱氮除磷工艺（AAO 法，又称 A^2O 法）、SBR 法、氧化沟等。这些工艺在降解污水中有机物的同时，还具有较强的脱氮除磷效果，与化学法和物理法相比，节省投资和运行费用，已成为污水脱氮除磷的主导工艺。

3.2.1 A_NO 法工艺流程与特点

(1) 工艺流程

A_NO 法的工艺流程如图 3-3 所示。

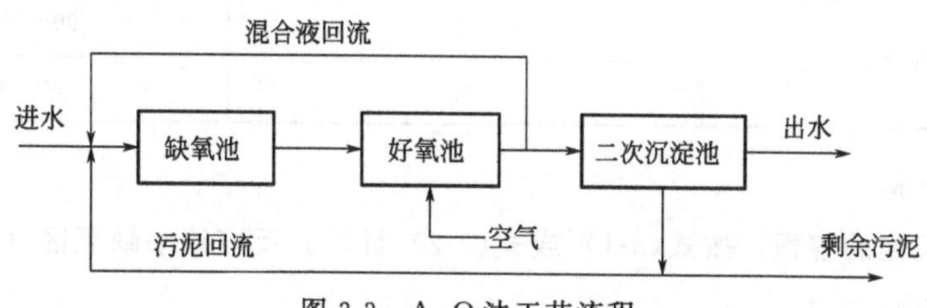

图 3-3 A_NO 法工艺流程

污水先进入缺氧池，再进入好氧池，同时将好氧池的混合液与部分二沉池的沉泥一起回流到缺氧池，确保缺氧池和好氧池中有足够数量的微生物，同时由于进水中存在大量的含碳有机物，而回流的好氧池混合液中含有硝酸盐氮，这样就保证了缺氧池中反硝化过程的顺利进行，提高了氮的去除效果。

(2) 工艺特点

A_NO 法生物脱氮工艺具有以下特点：

① 流程简单、基建费用低；

② 污水中的有机物和内源代谢产物可用作反硝化的碳源，不需外加碳源；

③ 前置反硝化缺氧池具有生物选择器功能，可避免污泥膨胀，改善污泥沉降性能；

④ 缺氧池进行的反硝化，可以恢复部分碱度，调节系统的 pH 值。

3.2.2 A_NO 法工艺设计参数与设计计算

(1) 设计参数

A_NO 法生物脱氮的主要设计参数，宜根据试验资料确定；无试验资料时，可采用经验数据或参考表 3-3 中的参数值。

表 3-3 缺氧-好氧法（A_NO 法）生物脱氮工艺的主要设计参数

项目	单位	参数值
BOD_5 污泥负荷 L_s	kg BOD_5/(kg MLSS·d)	0.05～0.15
总氮负荷率	kg TN/(kg MLSS·d)	≤0.05
污泥浓度(MLSS) X	g/L	2.5～4.5
污泥龄 θ_c	d	11～23

续表

项目	单位	参数值
污泥产率 Y	kg VSS/kg BOD_5	0.3～0.6
需氧量 O_2	kg O_2/kg BOD_5	1.1～2.0
水力停留时间 HRT	h	8～16
		其中缺氧段 0.5～3.0
污泥回流比 R	%	50～100
混合液回流比 R_i	%	100～400
总处理效率 η	%	90～95(BOD_5)
	%	60～85(TN)

(2) 设计计算

① 生物反应池的容积，按式(3-1) 或式(3-2) 计算，反应池中缺氧区（池）的水力停留时间宜为 0.5～3h。

② 生物反应池的容积，采用硝化、反硝化动力学计算时，按下列规定计算。

a. 缺氧区（池）容积。可按下列公式计算：

$$V_n=\frac{0.001Q(N_k-N_{te})-0.12\Delta X_V}{K_{de}X} \tag{3-19}$$

$$K_{de(T)}=K_{de(20)}1.08^{(T-20)} \tag{3-20}$$

$$\Delta X_V=yY_t\frac{Q(S_0-S_e)}{1000} \tag{3-21}$$

式中 V_n——缺氧区（池）的容积，m^3；

N_k——生物反应池进水总凯氏氮质量浓度，mg/L；

N_{te}——生物反应池出水总氮质量浓度，mg/L；

Q——生物反应池的设计流量，m^3/d；

X——生物反应池内混合液悬浮固体平均浓度，g MLSS/L；

ΔX_V——排除生物反应池系统的微生物量，kg MLVSS/d；

K_{de}——脱氮速率，kg NO_3^--N/(kg MLSS·d)，宜根据试验资料确定，无试验资料时，20℃的 K_{de} 值可采用 0.03～0.06kg NO_3^--N/(kg MLSS·d)，并按式(3-20) 进行温度修正，$K_{de(T)}$、$K_{de(20)}$ 分别为 T℃和 20℃时的脱氮速率；

T——设计温度，℃；

Y_t——污泥总产率系数，kg MLSS/kg BOD_5，宜根据试验资料确定，无试验资料时，系统有初沉池时取 0.3，无初沉池时取 0.6～1.0；

y——MLSS 中 MLVSS 所占比例；

S_0——生物反应池进水 BOD_5 质量浓度，mg/L；

S_e——生物反应池出水 BOD_5 质量浓度，mg/L。

b.好氧区（池）的容积。可按下列公式计算：

$$V_o=\frac{Q(S_0-S_e)Y_t\theta_c}{1000X} \tag{3-22}$$

$$\theta_c=F\frac{1}{\mu} \tag{3-23}$$

$$\mu=0.47\frac{N_a}{K_n+N_a}e^{0.098(T-15)} \tag{3-24}$$

式中　V_o——好氧区（池）的容积，m^3；

θ_c——好氧区（池）设计污泥泥龄，d；

F——安全系数，为1.5～3.0；

μ——硝化菌比生长速率，d^{-1}；

N_a——生物反应池中氨氮浓度，mg/L；

K_n——硝化作用中氮的半速率常数，mg/L，典型值为1mg/L；

T——设计温度，℃；

0.47——15℃时，硝化菌最大生长速率，d^{-1}。

c.混合液回流量。可按下列公式计算：

$$Q_{Ri}=\frac{1000V_nK_{de}X}{N_{te}-N_{ke}}-Q_R \tag{3-25}$$

式中　Q_{Ri}——混合液回流量，m^3/d，混合液回流比不宜大于400%；

Q_R——回流污泥量，m^3/d；

N_{ke}——生物反应池出水总凯氏氮质量浓度，mg/L；

N_{te}——生物反应池出水总氮质量浓度，mg/L。

3.2.3　A_NO法污水生物脱氮单元设计计算实例

[例3-2]　A_NO法工艺单元设计计算

(1) 已知条件

① 污水设计流量　$Q=30000m^3/d$，$K_z=1.45$。

② 设计进水水质　$BOD_5=160mg/L$，TN=31mg/L，NH_3-N=20mg/L，TSS=180mg/L，VSS=126mg/L（VSS/TSS=0.7），碱度$S_{ALK}=280mg/L$，pH=7.0～7.5，最低水温10℃，最高水温25℃。

③ 设计出水水质　$BOD_5=20mg/L$，TSS=20mg/L，TN≤15mg/L，NH_3-N≤8mg/L。

(2) 设计计算

① 缺氧区容积V_n　采用硝化、反硝化动力学计算。

a.出水溶解性BOD_5。为使出水所含BOD_5降到20mg/L，出水溶解性BOD_5浓度S应为：

$$S=20-1.42\times\frac{VSS}{TSS}\times TSS(1-e^{-kt})=20-1.42\times0.7\times20\times(1-e^{-0.23\times5})=6.41(mg/L)$$

式中，k 为 BOD 的分解速度常数，d^{-1}，取 $k=0.23d^{-1}$；t 为 BOD_5 试验时间，d，取 $t=5d$。

b. 脱氮速率。取 $K_{de(20)}=0.05kg\ NO_3^-\text{-}N/(kg\ MLSS\cdot d)$，取水温 $T=10℃$进行修正，脱氮速率 $K_{de(10)}$ 为：

$$K_{de(10)}=K_{de(20)}1.08^{(10-20)}=0.05\times1.08^{-10}=0.023[kg\ NO_3^-\text{-}N/(kg\ MLSS\cdot d)]$$

c. 排除生物反应池系统的微生物量 ΔX_V。本例取 $Y_t=0.4$，$y=0.7$，则：

$$\Delta X_V=yY_t\frac{Q(S_0-S_e)}{1000}=0.7\times0.4\times\frac{30000\times(160-6.41)}{1000}=1290.16(kg/d)$$

d. 缺氧区的容积 V_n。取混合液悬浮固体平均浓度 $X=3.0g/L$，则：

$$V_n=\frac{0.001Q(N_k-N_{te})-0.12\Delta X_V}{K_{de(10)}X}$$

$$=\frac{0.001\times30000\times(31-15)-0.12\times1290.16}{0.023\times3}=4713(m^3)$$

缺氧区水力停留时间 t_1 为：

$$t_1=V_n/Q=4713/30000=0.157(d)=3.77(h)$$

② 好氧区（池）的容积 V_o

a. 硝化菌比生长速率 μ。取硝化作用中氮的半速率常数 $K_n=1mg/L$，生物反应池中氨氮浓度可根据排放要求确定，$N_a=8mg/L$，则：

$$\mu=0.47\frac{N_a}{K_n+N_a}e^{0.098(T-15)}=0.47\times\frac{8}{1+8}\times e^{0.098\times(10-15)}=0.26(d^{-1})$$

b. 好氧区设计污泥泥龄 θ_c。取安全系数 $F=3.0$，则：

$$\theta_c=F\frac{1}{\mu}=3.0\times\frac{1}{0.26}=11.54(d)\approx12(d)$$

c. 好氧区容积 V_o。

$$V_o=\frac{Q(S_0-S_e)Y_t\theta_c}{1000X}=\frac{30000\times(160-6.41)\times0.4\times12}{1000\times3}=7372.8(m^3)$$

好氧区水力停留时间 t_2 为：

$$t_2=V_o/Q=7372.8/30000=0.25(d)=5.9(h)$$

③ 生物反应池总容积 $V_总$

$$V_总=V_n+V_o=4713+7372.8=12085.8(m^3)$$

生物反应池设计污泥龄＝缺氧区污泥龄＋好氧区污泥龄

＝12＋12×(4713/12085.8)＝16.68(d)

④ 碱度校核　每氧化 1mg NH_3-N 需要消耗 7.14mg 碱度，去除 1mg BOD_5 产生 0.1mg 碱度，每还原 1mg NO_3^--N 产生 3.57mg 碱度。

a. 微生物同化作用去除的总氮量 N_w：

$$N_w=0.124\times\frac{Y(S_0-S_e)}{1+K_d\theta_c}=0.124\times\frac{0.6\times(160-6.41)}{1+0.05\times12}=7.14(\text{mg/L})$$

b. 所需脱硝量：

$$\begin{aligned}\text{所需脱硝量}&=\text{进水总氮量}-\text{出水总氮量}-\text{用于合成的总氮量}\\&=31-15-7.14=8.86(\text{mg/L})\end{aligned}$$

c. 被氧化的 NH_3-N 量：

$$\begin{aligned}\text{被氧化的 }NH_3\text{-N}&=\text{进水总氮量}-\text{出水 }NH_3\text{-N 量}-\text{用于合成的总氮量}\\&=31-8-7.14=15.86(\text{mg/L})\end{aligned}$$

d. 剩余碱度：

$$\begin{aligned}\text{剩余碱度}&=\text{进水碱度}-\text{硝化消耗碱度}+\text{反硝化产生碱度}+\text{去除 }BOD_5\text{ 产生碱度}\\&=280-15.86\times7.14+8.86\times3.57+(160-6.41)\times0.1\\&=213.75(\text{mg/L})>70\text{mg/L(以 }CaCO_3\text{ 计)}\end{aligned}$$

⑤ 回流污泥量 Q_R 与混合液回流量 Q_{Ri}

a. 回流污泥量 Q_R

ⅰ. 污泥回流比 R。污泥指数 SVI 取 150，回流污泥浓度 X_r 为：

$$X_r=\frac{10^6}{SVI}r=\frac{10^6}{150}\times1.2=8000(\text{mg/L})$$

混合液悬浮固体浓度 X(MLSS)=3.0g/L，故污泥回流比 R 为：

$$R=\frac{X}{X_r-X}\times100\%=\frac{3000}{8000-3000}\times100\%=60\%\ \text{（一般取 }50\%\sim100\%\text{）}$$

ⅱ. 回流污泥量 Q_R

$$Q_R=RQ=60\%\times30000=18000(\text{m}^3/\text{d})$$

b. 混合液回流量 Q_{Ri}

$$Q_{Ri}=\frac{1000V_nK_{de}X}{N_{te}-N_{ke}}-Q_R=\frac{1000\times4713\times0.023\times3}{15-8}-18000=28456.71(\text{m}^3/\text{d})$$

⑥ 剩余污泥量

a. 非生物污泥量。对存在的惰性物质和沉淀池的固体流失量可采用下式计算：

$$P_S=Q(X_1+X_e)$$

式中　P_S——非生物污泥量，kg/m^3；

X_1——进水悬浮物中惰性部分，（进水 TSS－进水 VSS）的含量；

X_e——出水 TSS 的含量；

Q——设计流量，m^3/d。

$$P_S = 30000 \times (180-126-20)/1000 = 1020(kg/m^3)$$

b. 剩余污泥量 ΔX

$$\Delta X = \Delta X_V + P_S = 1290.16 + 1020 = 2310.16(kg/m^3)$$

$$\text{每去除 1kg BOD}_5\text{ 产生的干污泥量} = \frac{\Delta X}{Q(S_0 - S_e)} \times 1000$$

$$= \frac{2310.16}{30000 \times (160-20)} \times 1000 = 0.55(kg\ DS/kg\ BOD_5)$$

⑦ 生物反应池主要尺寸

a. 缺氧反应池尺寸。总容积 $V_n = 4713m^3$，设缺氧池 2 组，单组池容 V_1 为：

$$V_1 = 4713/2 = 2356.5(m^3)$$

设有效水深为 $h_1 = 4.1m$，单组有效面积 S_1 为：

$$S_1 = 2356.5/4.1 = 574.8(m^3)$$

设池宽 $b_1 = 18m$，池长 $L_1 = 574.8/18 = 32(m)$。

b. 好氧反应池尺寸（按推流式反应池设计）。总容积 $V_o = 7372.8m^3$，设好氧池 2 组，单组池容 V_2 为：

$$V_2 = 7372.8/2 = 3686.4(m^3)$$

设有效水深为 $h_2 = 4.0m$，单组有效面积 S_2 为：

$$S_2 = 3686.4/4.0 = 921.6(m^3)$$

采用 3 廊道式，廊道宽 $b_2 = 6m$，池长 $L_2 = 921.6/(3 \times 6) = 51.2(m)$，取 52m。

校核：$b/h = 6/4 = 1.5$（满足 $b/h = 1 \sim 2$）；

$L/b = 52/6 = 8.7$（满足 $L/b = 5 \sim 10$）。

⑧ 生物反应池进、出水计算

a. 进水管。两组反应池合建，进水与回流污泥进入进水竖井，混合后经配水渠进水潜孔进入缺氧池。

反应池进水管设计流量 Q_1 为：

$$Q_1 = K_z \frac{Q}{86400} = 1.45 \times \frac{30000}{86400} = 0.50(m^3/s)$$

管道流速采用 $v = 0.8m/s$，管道过水断面面积 A 为：

$$A = Q_1/v = 0.50/0.8 = 0.625(m^2)$$

管径 d 为：

$$d = \sqrt{\frac{4A}{\pi}} = \sqrt{\frac{4 \times 0.625}{3.14}} = 0.89(m)$$

取进水管管径 $DN900$mm，校核管道流速 v：

$$v=\frac{Q}{A}=\frac{0.50}{\left(\frac{0.9}{2}\right)^2\times 3.14}=0.79(\text{m/s})$$

b. 回流污泥渠道。反应池回流污泥渠道设计流量 Q_R 为：

$$Q_R=1\times\frac{18000}{86400}=0.21(\text{m}^3/\text{s})$$

渠道流速 $v=0.7$m/s，渠道断面面积 A'为：

$$A'=\frac{Q_R}{v}=\frac{0.21}{0.7}=0.3(\text{m}^2)$$

校核流速：$v=\frac{0.21}{1.0\times 0.3}=0.7(\text{m/s})$

渠道超高取 0.5m，渠道总高为 0.5+0.3=0.8(m)

c. 进水竖井。反应池进水孔尺寸计算如下。

$$\text{进水孔过流量 } Q_2=\frac{Q_1+Q_R}{2}=\frac{0.50+0.21}{2}=0.36(\text{m}^3/\text{s})$$

孔口流速 $v=0.6$m/s，孔口断面积 A''为：

$$A''=\frac{Q_2}{v}=\frac{0.36}{0.6}=0.6(\text{m}^2)$$

孔口尺寸取 1.0m×0.6m，进水竖井平面尺寸为 3.0m×1.8m。

d. 出水堰及出水竖井。按矩形堰流量公式：

$$Q_3=0.42\sqrt{2g}\,bH^{2/3}=1.86bH^{2/3}$$

式中 b——堰宽，m，取 $b=6.0$m；

H——堰上水头，m。

$$Q_3=Q_2=0.36(\text{m}^3/\text{s})$$

$$H=\sqrt[3]{\left(\frac{Q_3}{1.86b}\right)^2}=\sqrt[3]{\left(\frac{0.36}{1.86\times 6}\right)^2}=0.10(\text{m})$$

出水孔尺寸同进水孔。

e. 出水管。单组反应池出水管设计流量 Q_4 为：

$$Q_4=Q_3=0.36(\text{m}^3/\text{s})$$

管道流速采用 $v=0.8$m/s，管道过水断面积 A 为：

$$A=\frac{Q_4}{v}=\frac{0.36}{0.8}=0.45(\text{m}^2)$$

管径 d 为：

$$d=\sqrt{\frac{4A}{\pi}}=\sqrt{\frac{4\times 0.45}{3.14}}=0.76(\text{m})$$

⑨ 曝气系统设计计算

a. 设计需氧量O_2。需氧量包括碳化需氧量和硝化需氧量，以及反硝化脱氮产生的氧量。

$$O_2=\text{碳化需氧量}+\text{硝化需氧量}-\text{反硝化脱氮产生的氧量}$$

ⅰ. 碳化需氧量D_1：

$$D_1=\frac{Q(S_0-S)}{1-e^{-kt}}-1.42\Delta X_V$$

式中 k——BOD_5的分解速度常数，d^{-1}，取$k=0.23d^{-1}$；

t——BOD_5试验时间，d，取$t=5d$。

$$D_1=\frac{30000\times(160-6.41)}{1000\times(1-e^{-0.23\times5})}-1.42\times1290.16$$

$$=6776.03-1832.03=4944(\text{kg } O_2/\text{d})$$

ⅱ. 硝化需氧量D_2：

$$D_2=4.6Q(N_0-N_e)-4.6\times12.4\%\times\Delta X_V$$

式中 N_0——进水总氮质量浓度，mg/L；

N_e——出水NH_3-N质量浓度，mg/L。

$$D_2=4.6\times30000\times(31-8)/1000-4.6\times12.4\%\times1290.16$$

$$=3174.0-735.9=2438.1(\text{kg } O_2/\text{d})$$

ⅲ. 反硝化脱氮产生的氧量D_3：

$$D_3=2.86N_T$$

式中，N_T为反硝化脱除的硝态氮量，kg/d，$N_T=30000\times8.86/1000=265.8(\text{kg/d})$，则：

$$D_3=2.86\times265.8=760.2(\text{kg } O_2/\text{d})$$

总需氧量O_2为：

$$O_2=D_1+D_2+D_3=4944+2438.1-760.2=6621.9(\text{kg } O_2/\text{d})=275.9(\text{kg } O_2/\text{h})$$

最大需氧量与平均需氧量之比为1.4，则：

$$O_{2(\max)}=1.4\times O_2=1.4\times6621.9=9270.66(\text{kg } O_2/\text{d})=386.28(\text{kg } O_2/\text{h})$$

$$\text{每去除1kg } BOD_5 \text{ 的需氧量}=\frac{O_2}{Q(S_0-S_e)}$$

$$=\frac{6621.9}{30000\times(160-20)}\times1000=1.58(\text{kg DS/kg } BOD_5)$$

b. 标准需氧量。采用鼓风曝气，微孔曝气器敷设于池底，距池底0.2m，淹没深度为3.8m。将设计需氧量转换为标准状态下的需氧量O_S：

$$O_S=\frac{O_2c_{s(20)}}{\alpha[\beta\rho c_{sb(T)}-c]\theta^{(T-20)}}$$

曝气池微孔曝气装置释放点处绝对压力 p_b 为：

$$p_b = p + 9.8\times10^3 H = 1.013\times10^5 + 9.8\times10^3\times3.8 = 1.385\times10^5 (\text{Pa})$$

微孔曝气器的氧转移效率 $E_A=20\%$，空气逸出池面时气体中氧的质量分数 O_t 为：

$$O_t = \frac{21(1-E_A)}{79+21(1-E_A)}\times100\% = \frac{21\times(1-0.20)}{79+21\times(1-0.20)}\times100\% = 17.54\%$$

查表 3-2 得清水中溶解氧饱和度 $c_{s(25)}=8.38\text{mg/L}$，$c_{s(20)}=9.17\text{mg/L}$。曝气池混合液中平均氧饱和度 $c_{sb(25)}$ 为：

$$c_{sb(25)} = c_s\left(\frac{p_b}{2.026\times10^5}+\frac{O_t}{42}\right) = 8.38\times\left(\frac{1.385\times10^5}{2.026\times10^5}+\frac{17.54}{42}\right) = 9.22(\text{mg/L})$$

本例工程所在地区的大气压为 $1.013\times10^5\text{Pa}$，压力修正系数 ρ=所在地区的实际气压/$(1.013\times10^5\text{Pa})=1$，$c=2\text{mg/L}$，$\alpha$ 值取 0.82，β 值取 0.95，θ 值取 1.024，代入上述数据得：

$$O_S = \frac{275.9\times9.17}{0.82\times(0.95\times1\times9.22-2)\times1.024^{(25-20)}} = 405.64(\text{kg/h})$$

相应最大时标准需氧量 $O_{S(\max)}$ 为：

$$O_{S(\max)} = 1.4O_S = 1.4\times405.64 = 567.90(\text{kg/h})$$

好氧反应池平均时供气量 G_s 为：

$$G_s = \frac{R_0}{0.28E_A} = \frac{405.64}{0.28\times0.20} = 7243.57(\text{m}^3/\text{h})$$

最大时供气量 $G_{s(\max)}$ 为：

$$G_{s(\max)} = 1.4G_s = 1.4\times7243.57 = 10141.0(\text{m}^3/\text{h})$$

c. 所需空气压力 p（相对压力）：

$$p = h_1+h_2+h_3+h_4+\Delta h$$

式中　h_1——供风管道沿程阻力，MPa；

h_2——供风管道局部阻力，MPa；

h_3——曝气器淹没水头，MPa；

h_4——曝气器阻力，MPa，微孔曝气 $h_4\leqslant0.004\sim0.005\text{MPa}$，$h_4$ 取 0.004MPa；

Δh——富余水头，MPa，一般 $\Delta h=0.003\sim0.005\text{MPa}$，取 0.005MPa。

取 $h_1+h_2=0.002\text{MPa}$（实际工程中应根据管道系统布置、供风管管径、风管流速等进行计算），代入得：

$$p = 0.002+0.038+0.004+0.005 = 0.049(\text{MPa}) = 49(\text{kPa})$$

可根据总供气量、所需风压、污水量及负荷变化等因素选定风机及台数，进行风机和机房设计。

d. 曝气器数量计算。以单组反应池计算。

ⅰ.按供气能力计算曝气器数量：

$$n=\frac{O_{S(max)}}{q_c}$$

式中　n——按供气能力所需曝气器个数，个；

q_c——标准状态下，曝气器与好氧反应池工作条件接近时的供氧能力，kg O_2/(h·个)。

采用微孔曝气器，查阅产品样本，工作水深在 4.3m，供风量 1～3m^3/(h·个）时，曝气器氧利用率 $E_A=20\%$，服务面积 0.3～0.75m^2，充氧能力 $q_c=0.14$kg O_2/(h·个)，则：

$$n=\frac{567.90/2}{0.14}=2028(个)$$

ⅱ.以微孔曝气器服务面积进行校核：

$$f=\frac{F}{n}=\frac{52\times6\times3}{2028}=0.46(m^2)<0.75(m^2)$$

e.供风管道计算。供风管道为风机出口至曝气器的管道。

ⅰ.干管。供风干管采用环状布置，流量 Q_s 为：

$$Q_s=\frac{G_{s(max)}}{2}=\frac{10141.0}{2}=5070.5(m^3/h)$$

流速 $v=10$m/s，则管径 d 为：

$$d=\sqrt{\frac{4Q}{\pi v}}=\sqrt{\frac{4\times5070.5}{3.14\times10\times3600}}=0.42(m)$$

取干管管径为 DN400mm。

ⅱ.支管。单侧供气（向单侧廊道供气）支管（布气横管）流量 $Q_{s单}$ 为：

$$Q_{s单}=\frac{1}{3}\times\frac{G_{s(max)}}{2}=\frac{1}{6}\times10141.0=1690.2(m^3/h)$$

流速 $v=10$m/s，则管径 d 为：

$$d=\sqrt{\frac{4Q}{\pi v}}=\sqrt{\frac{4\times1690.2}{3.14\times10\times3600}}=0.24(m)$$

取支管管径为 DN250mm。

双侧供气（向两侧廊道供气）流量 $Q_{s双}$ 为：

$$Q_{s双}=\frac{2}{3}\times\frac{G_{s(max)}}{2}=\frac{1}{3}\times10141.0=3380.3(m^3/h)$$

流速 $v=10$m/s，则管径 d 为：

$$d=\sqrt{\frac{4Q}{\pi v}}=\sqrt{\frac{4\times3380.3}{3.14\times10\times3600}}=0.35(m)$$

取支管管径为 DN400mm。

⑩ 缺氧池设备选择　每组缺氧池分为三格，串联运行，每格内设搅拌机 1 台。缺氧池

内设3台潜水搅拌机，所需功率按5W/m^{3}计算。

缺氧池有效容积 $V_{单}=32\times18\times4.1=2361.6(m^3)$

混合全池污水所需功率 $N_{单}=2361.6\times5=11808(W)$

每格搅拌机轴功率 $N_{单}=11808/3=3936(W)$

每台搅拌机电机功率 $N_{机}=1.15\times3936=4526.4(W)$

设计选用电机为5kW的搅拌机。

⑪ 混合液混流泵 混合液回流量 $Q_{Ri}=28456.71(m^3/d)=1185.70(m^3/h)$。每池设混合液回流泵1台，单泵流量 $Q'_{单}=1185.70/2=592.8(m^3/h)$。

混合液回流泵采用潜污泵。

⑫ 污泥回流泵 污泥回流量 $Q_R=18000(m^3/d)=750(m^3/h)$。设回流污泥泵房1座，内设3台潜污泵（2用1备），单泵流量 $Q_{R单}=750/2=375(m^3/h)$。

污泥回流泵扬程根据竖向流程确定。

A_NO生物脱氮工艺计算图如图3-4所示。

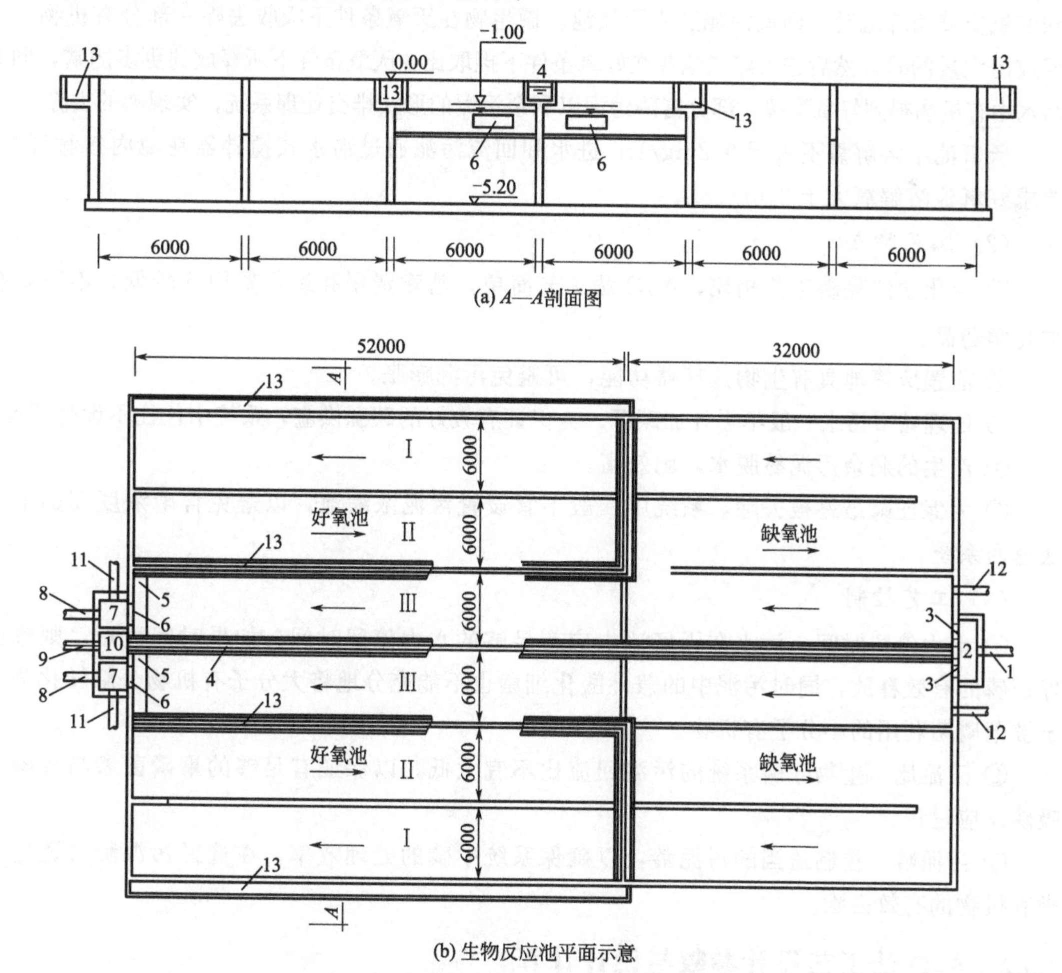

(a) A—A剖面图

(b) 生物反应池平面示意

图3-4 A_NO生物脱氮工艺计算示意图（单位：mm）

1—进水管；2—进水井；3—进水孔；4—回流污泥渠道；5—集水槽；6—出水孔；7—出水井；8—出水管；9—回流污泥管；10—回流污泥井；11,12—混合液回流管；13—空气管廊

3.3 A_PO 法污水生物除磷单元设计

3.3.1 A_PO 法工艺流程、特点与控制

(1) 工艺流程

A_PO 法的工艺流程如图 3-5 所示。

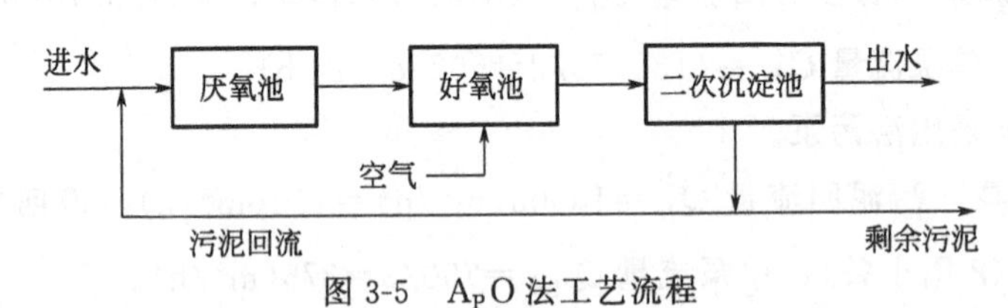

图 3-5 A_PO 法工艺流程

A_PO 法除磷工艺中的活性污泥反应池分为厌氧区和好氧区，进水和回流污泥顺次经厌氧和好氧交替循环流动。回流污泥进入厌氧池，微生物在厌氧条件下吸收去除一部分有机物，并释放出大量的磷，然后进入好氧池并在好氧条件下摄取比在厌氧条件下所释放的更多的磷，同时污水中有机物得到好氧降解，部分富磷污泥以剩余污泥的形式排出处理系统，实现磷的去除。

厌氧池中溶解氧不大于 0.2mg/L，进水和回流污泥通过潜水式搅拌器在池内接触混合，要求好氧池溶解氧大于 2.0mg/L。

(2) 工艺特点

① 与化学法除磷工艺相比，A_PO 法工艺简单，基建费用和运行费用均较低，不需要投加化学药品。

② 前置厌氧池具有生物选择器功能，可避免污泥膨胀。

③ 处理城市污水一般不需外加碳源；为保证有较好的碳源供应，系统中往往不设初沉池。

④ 产生的剩余污泥易脱水，肥效高。

⑤ 为保证磷最终被去除，系统中一般不宜设置污泥浓缩池，以避免含磷浓度高的上清液返回系统。

(3) 工艺控制

① 水力停留时间　污水在厌氧池内应有足够的水力停留时间，如果时间过短，则难以保证磷的有效释放，同时污泥中的兼性酸化细菌也不能充分地将大分子有机物分解转化为易于被聚磷菌利用的小分子有机物。

② 回流比　生物除磷系统的污泥回流比不宜太低，以保证有足够的聚磷菌参与释磷和吸磷反应过程。

③ 污泥龄　控制适当的污泥龄，以确保系统中磷的处理效率，在选择污泥龄时还应考虑有机物的有效去除。

3.3.2 A_PO 法工艺设计参数与设计计算

(1) 主要设计参数

A_PO 法生物除磷工艺的主要设计参数见表 3-4。

表 3-4 厌氧-好氧法（A_PO法）生物除磷工艺的主要设计参数

项目	单位	参数值
BOD_5 污泥负荷 L_s	kg BOD_5/(kg MLSS·d)	0.4～0.7
污泥浓度(MLSS) X	g/L	2.0～4.0
污泥龄 θ_c	d	3.5～7
污泥产率 Y	kg MLVSS/kg BOD_5	0.4～0.8
污泥含磷率	kg TP/kg MLSS	0.03～0.07
需氧量 O_2	kg O_2/kg BOD_5	0.7～1.1
水力停留时间 HRT	h	3～8
		其中缺氧段 1～2
		A_P∶O=1∶2～1∶3
污泥回流比 R	%	40～100
污泥指数 SVI		≤100
总处理效率 η	%	80～90(BOD_5)
	%	75～85(TP)

（2）设计计算

生物反应池的容积，按本章式(3-1)或式(3-2)计算，反应池中厌氧区（池）和好氧区（池）之比，宜为（1∶2)～(1∶3)。

生物反应池中厌氧区（池）的容积可按下式计算：

$$V_P=\frac{t_PQ}{24} \tag{3-26}$$

式中 V_P——厌氧区（池）的容积，m^3；

t_P——厌氧区（池）水力停留时间，h，宜为1～2h；

Q——设计污水流量，m^3/d。

3.3.3 A_PO法工艺单元设计计算实例

［例3-3］ A_PO法工艺设计计算

（1）已知条件

① 污水设计流量 $Q=30000m^3/d$（不考虑变化系数）。

② 设计进水水质 $COD_{Cr}=420mg/L$，$BOD_5=225mg/L$，TKN=30mg/L（认为进水中不含NO_3^--N)，TP=6mg/L，SS=150mg/L。

③ 设计出水水质 $COD_{Cr}\leq60mg/L$，$BOD_5\leq20mg/L$，SS≤20mg/L，TP≤1mg/L。

（2）设计计算

① 判断水质是否可以采用A_PO法生物除磷工艺 $COD_{Cr}/TKN=420/30=14>10$，$BOD_5/TP=225/6=37.5>20$，故可采用$A_PO$法生物除磷工艺。

② 有关设计参数（采用污泥负荷法） 取BOD_5污泥负荷$L_s=0.4kg\ BOD_5/(kg\ MLSS\cdot d)$，

混合液悬浮固体浓度（MLSS）X=3000mg/L，污泥回流比R=100%。

③ 反应池容积$V(m^3)$

$$V=\frac{QS_0}{L_sX}=\frac{30000\times225}{0.4\times3000}=5625(m^3)$$

④ 水力停留时间t(h)

反应池总停留时间：

$$t=\frac{V}{Q}=\frac{5625}{30000}=0.188(d)=4.5(h)$$

厌氧段与好氧段停留时间比取$t_A:t_O=1:2$，则：

a. 厌氧段停留时间：

$$t_A=\frac{1}{3}\times4.5=1.5(h)$$

b. 好氧段停留时间：

$$t_O=\frac{2}{3}\times4.5=3(h)$$

⑤ 剩余污泥量　生物污泥量P_X为：

$$\begin{aligned}P_X&=YQ(S_0-S_e)-K_dVX\\&=0.6\times30000\times(0.225-0.02)-0.05\times5625\times3.0\times0.7\\&=3690-590.6=3099.4(kg/d)\end{aligned}$$

非生物污泥产量P_S为：

$$\begin{aligned}P_S&=Q(TSS_0-TSS_e)\times50\%\\&=30000\times(0.15-0.02)\times50\%\\&=1950(kg/d)\end{aligned}$$

式中　TSS_0,TSS_e——生化反应池进、出水总悬浮固体浓度，kg/m^3。

剩余污泥总量$\Delta X=P_X+P_S=3099.4+1950=5049.4(kg/d)$

⑥ 反应池主要尺寸　设2组反应池，则单组池容$V_单$为：

$$V_单=\frac{V}{2}=\frac{5625}{2}=2812.5(m^3)$$

设反应池有效水深h为4.2m，则单组反应池的面积$S_单$为：

$$S_单=\frac{V_单}{h}=\frac{2812.5}{4.2}=669.6(m^2)$$

采用3廊道式反应池，廊道宽b设为6m，则反应池长L为：

$$L=\frac{S_单}{3b}=\frac{669.6}{3\times6}=37.2(m)$$

校核：$b/h=6/4.2=1.43$（满足$b/h=1\sim2$）；

$L/b=37.2/6=6.2$（满足 $L/b=5\sim10$）。

超高取 1.0m，则反应池总高 H 为：

$$H=4.2+1.0=5.2(\mathrm{m})$$

厌氧段与好氧段的停留时间比为 $t_A:t_O=1:2$，则 $V_A:V_O=1:2$，$Qt_A:Qt_O=1:2$，即反应池第Ⅰ廊道为厌氧段，第Ⅱ、Ⅲ廊道为好氧段。

关于进出水系统、曝气系统和设备选型及参数参见本章相关内容。A_PO 法生物除磷工艺计算图如图 3-6 所示。

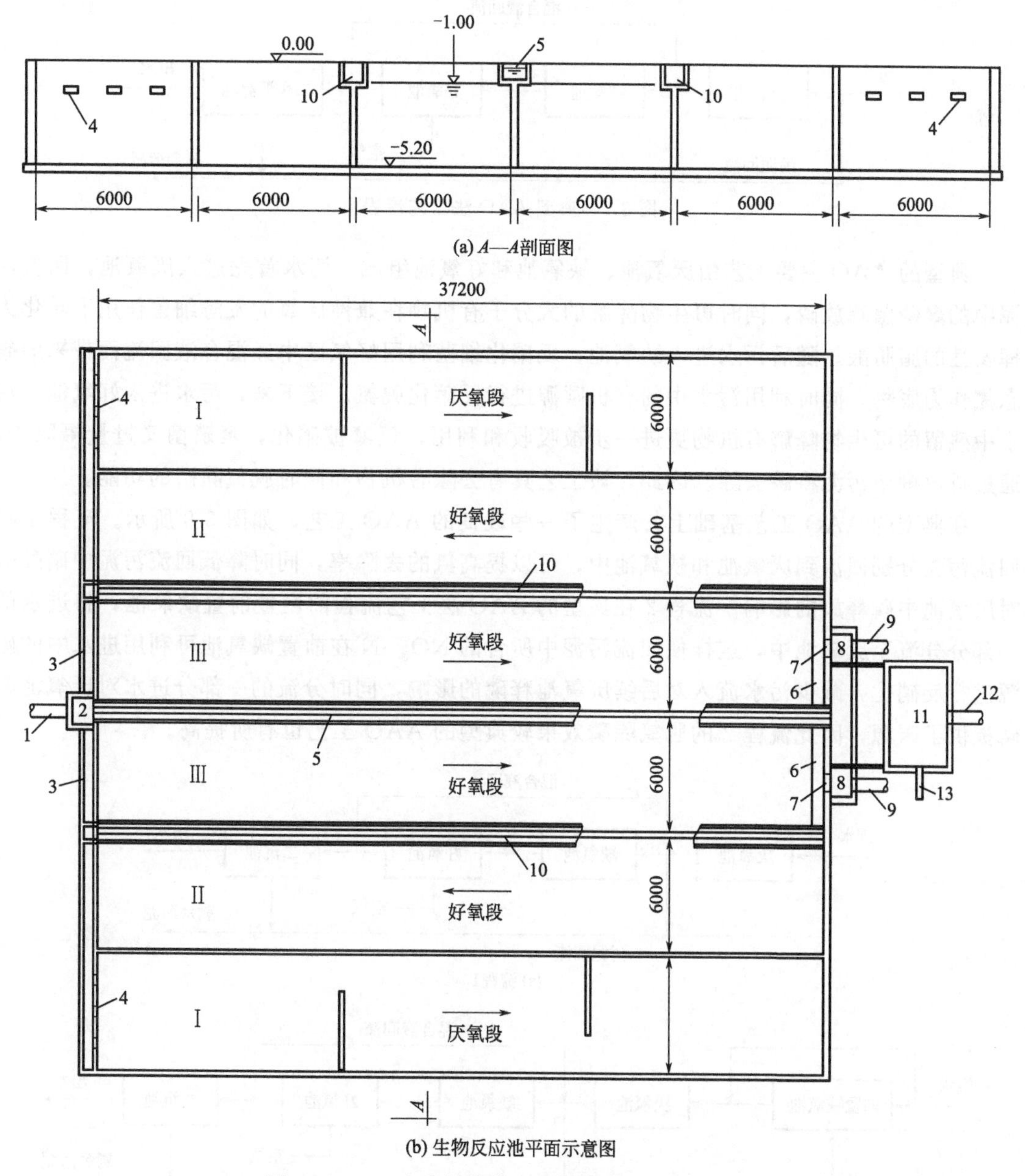

图 3-6　A_PO 法生物除磷工艺计算图（单位：mm）

1—进水管；2—进水井；3—配水渠；4—进水孔；5—回流污泥渠道；6—集水槽；7—出水孔；8—出水井；9—出水管；10—空气管廊；11—回流污泥泵房；12—回流污泥管；13—剩余污泥管

3.4 AAO法污水生物脱氮除磷单元设计

3.4.1 AAO法工艺流程与特点

污水生物脱氮除磷是将生物脱氮和生物除磷工艺进行组合，形成生物脱氮除磷工艺，即厌氧-缺氧-好氧工艺（AAO法，又称A^2O法），典型工艺流程如图3-7所示。

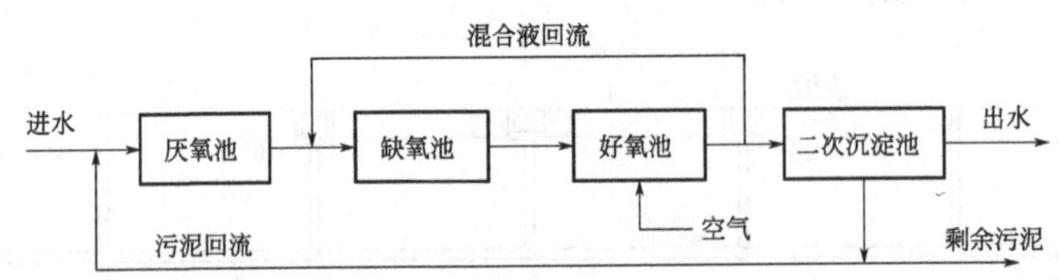

图3-7 典型AAO法工艺流程

典型的AAO主要工艺由厌氧池、缺氧池和好氧池组成。污水首先进入厌氧池，回流污泥中的聚磷菌释放磷，同时可生物降解的大分子有机物在兼性厌氧的发酵细菌作用下转化为挥发性的脂肪酸。随后污水进入缺氧池，反硝化细菌利用好氧区中经混合液回流而带来的硝态氮作为底物，同时利用污水中的有机碳源进行反硝化脱氮。接下来，污水进入好氧池，污水中残留的可生物降解有机物更进一步被吸收和利用，氨氮被硝化，聚磷菌又过量摄取磷，通过排放剩余污泥将磷去除。因此，该工艺具有去除有机物和同时脱氮除磷的功能。

在典型的AAO工艺基础上，产生了一些改良的AAO工艺，如图3-8所示。流程1将回流污泥分别回流到厌氧池和缺氧池中，可以提高氮的去除率，同时降低回流污泥中硝酸盐对厌氧池中磷释放的影响。流程2在典型的AAO法工艺流程前设置前置缺氧池，将进水的一部分分流至厌氧池中，这样使回流污泥中所含的NO_3^--N在前置缺氧池可利用进水中的碳源进行反硝化，减少污水流入对后续厌氧池释磷的影响，同时分流的一部分进水对厌氧池释磷提供了碳源，因此流程2的脱氮除磷效果较典型的AAO工艺也有所提高。

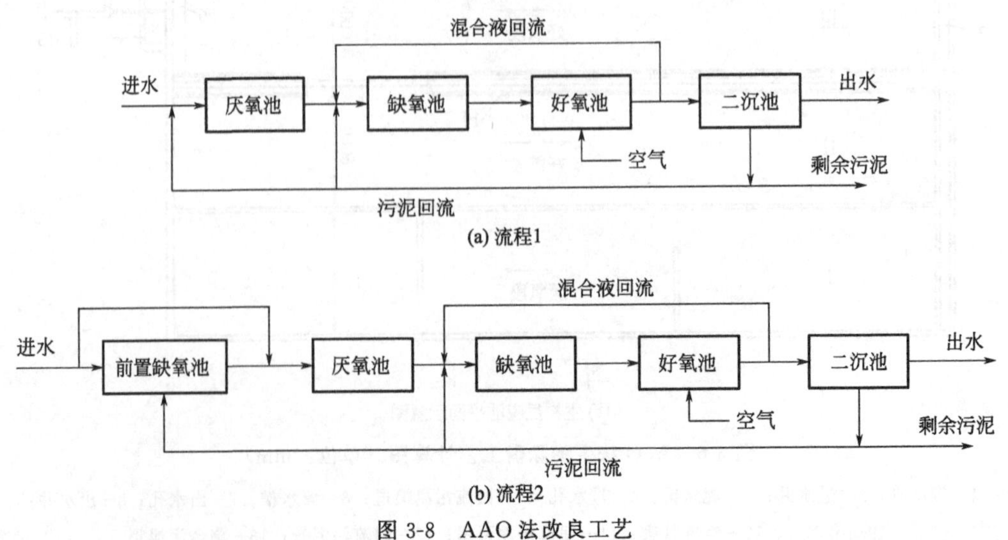

图3-8 AAO法改良工艺

AAO工艺适用于对氮、磷排放指标有严格要求的城镇污水处理，其特点如下。

① 工艺流程简单，总水力停留时间少于其他同类工艺，节省基建投资。

② 不需要外加碳源，厌氧池和缺氧池只进行缓速搅拌，节省运行费用。

③ 在厌氧、缺氧、好氧环境条件下运行，有利于抑制丝状菌膨胀，改善污泥沉降性能。

④ 便于在常规活性污泥工艺基础上改造成AAO工艺。

⑤ 该工艺脱氮效果受混合液回流比影响，除磷受回流污泥夹带的溶解氧和硝态氮影响，因而脱氮除磷效果不可能很高。

⑥ 沉淀池应防止产生厌氧、缺氧状态，以避免聚磷菌释磷而降低出水水质和反硝化产生 N_2 而干扰沉淀。但溶解氧浓度也不宜过高，以防止循环混合液对缺氧池的影响。

3.4.2 AAO法工艺设计参数与设计计算

采用生物脱氮除磷工艺时应注意以下两点。

① 脱氮和除磷是相互影响的。脱氮要求较低负荷和较长泥龄，除磷则要求较高负荷和较短泥龄。而且回流污泥中过高的硝酸盐浓度对除磷有较大影响。因此，设计生物反应池各段池容时，应根据氮、磷的排放标准等要求，寻找合适的平衡点。

② 生物脱氮除磷工艺中，当脱氮效果好时，除磷效果差。反之亦然，不能同时取得较好效果。因此，必须结合水质特点，对工艺流程进行变形改进，调整泥龄、水力停留时间等设计参数，从而达到或提高脱氮除磷效果。

(1) 设计参数

表3-5为典型AAO工艺主要设计参数。

表3-5　典型AAO工艺主要设计参数

项目		单位	参数值
BOD_5 污泥负荷 L_s		kg BOD_5/(kg MLSS·d)	0.1～0.2
TN负荷 L_{TN}		kg TN/(kg MLSS·d)	<0.05(好氧段)
TP负荷 L_{TP}		kg TP/(kg MLSS·d)	<0.06(厌氧段)
污泥浓度(MLSS) X		g/L	2.5～4.5
污泥龄 θ_c		d	10～20
污泥产率 Y		kg VSS/kg BOD_5	0.3～0.6
需氧量 O_2		kg O_2/kg BOD_5	1.1～1.8
水力停留时间HRT		h	7～14
			其中厌氧1～2h
			缺氧0.5～3h
污泥回流比 R		%	20～100
混合液回流比 R_i		%	≥200
总处理效率 η	BOD_5	%	85～95
	TP	%	50～75
	TN	%	55～80

(2) 设计计算

生物反应池的容积，按本章相关公式及规定计算。

3.4.3 AAO 法工艺单元设计计算实例

［例 3-4］ AAO 法工艺设计计算

（1）已知条件

① 污水设计流量 $Q=30000m^3/d$（不考虑变化系数）。

② 设计进水水质 $COD_{Cr}=320mg/L$，$BOD_5=180mg/L$，$TN=35mg/L$，$TP=4mg/L$，NH_3-N$=26mg/L$，$TSS=150mg/L$，$VSS=105mg/L$（MLVSS/MLSS$=0.7$），碱度 $S_{ALK}=280mg/L$，pH$=7.0\sim7.5$。

③ 设计出水水质 $COD_{Cr}\leqslant60mg/L$，$BOD_5\leqslant20mg/L$，$TSS\leqslant20mg/L$，$TP\leqslant1mg/L$，$TN\leqslant20mg/L$，NH_3-N$\leqslant8mg/L$。

（2）设计计算

① 判断是否可以采用 AAO 法 $COD_{Cr}/TN=320/35=9.14>8$，$TP/BOD_5=4/180=0.022<0.06$，符合要求。

② 有关设计参数（采用污泥负荷法） 取 BOD_5 污泥负荷 $L_s=0.13kg\ BOD_5/(kg\ MLSS\cdot d)$，回流污泥浓度 $X_R=6600mg/L$，污泥回流比 $R=100\%$。

混合液悬浮固体浓度 X 为：

$$X=\frac{R}{1+R}X_R=\frac{1}{1+1}\times6600=3300(mg/L)$$

TN 去除率 η_{TN} 为：

$$\eta_{TN}=\frac{TN_0-TN_e}{TN_0}\times100\%=\frac{35-20}{35}\times100\%=42.9\%$$

混合液回流比 $R_内$ 为：

$$R_内=\frac{\eta_{TN}}{1-\eta_{TN}}\times100\%=\frac{0.429}{1-0.429}\times100\%=75.1\%$$

取 $R_内=100\%$。

③ 反应池容积 $V(m^3)$

$$V=\frac{QS_0}{L_sX}=\frac{30000\times180}{0.13\times3300}=12587.41(m^3)$$

④ 反应池各段水力停留时间与池容

反应池总水力停留时间：

$$t=\frac{V}{Q}=\frac{12587.41}{30000}=0.42(d)=10.08(h)$$

厌氧段、缺氧段和好氧段的水力停留时间比取 $t_厌:t_缺:t_好=1:1:3$，则各段停留时间和池容为：

厌氧段停留时间 $t_厌=\frac{1}{5}\times10.08=2.02$（h），池容 $V_厌=\frac{1}{5}\times12587.41=2517.48(m^3)$；

缺氧段停留时间 $t_缺=\frac{1}{5}\times10.08=2.02$（h），池容 $V_缺=\frac{1}{5}\times12587.41=2517.48(m^3)$；

好氧段停留时间 $t_{好}=\frac{3}{5}\times10.08=6.04$ (h)，池容 $V_{好}=\frac{3}{5}\times12587.41=7552.45(m^3)$。

⑤ 氮磷负荷校核

好氧段总氮负荷：$L_{TN}=\frac{Q\times TN_0}{XV_{好}}=\frac{30000\times35}{3300\times7552.45}=0.042$[kg TN/(kg MLSS·d)]（符合要求）；

厌氧段总磷负荷：$L_{TP}=\frac{Q\times TP_0}{XV_{厌}}=\frac{30000\times4}{3300\times2517.48}=0.014$[kg TP/(kg MLSS·d)]（符合要求）。

⑥ 剩余污泥量 ΔX

$$\Delta X=P_X+P_S$$

取污泥增殖系数 $Y=0.6$，污泥自身氧化系数 $K_d=0.05$，则：

$$\begin{aligned}P_X&=YQ(S_0-S_e)-K_dVX\\&=0.6\times30000\times(0.180-0.02)-0.05\times12587.41\times3.3\times0.7\\&=2880-1453.85=1426.15(kg/d)\end{aligned}$$

$$\begin{aligned}P_S&=Q(TSS_0-TSS_e)\times50\%\\&=30000\times(0.15-0.02)\times50\%=1950(kg/d)\end{aligned}$$

$$\Delta X=P_X+P_S=1426.15+1950=3376.15(kg/d)$$

⑦ 碱度校核　每氧化 1mg NH_3-N 需要消耗 7.14mg 碱度，每还原 1mg NO_3^--N 产生 3.57mg 碱度，去除 1mg BOD_5 产生 0.1mg 碱度。

剩余碱度＝进水碱度－硝化消耗碱度＋反硝化产生碱度＋去除 BOD_5 产生碱度

假设生物污泥的含氮量以 12.4%计，则：

每日用于合成的总氮量＝1426.15×12.4%＝176.84(kg/d)

即进水中总氮有 176.84×1000/30000＝5.89(mg/L) 用于合成。

被氧化的 NH_3-N＝进水总氮量－出水 NH_3-N 量－用于合成的总氮量

＝35－8－5.89＝21.11(mg/L)

所需脱硝量＝进水总氮量－出水总氮量－用于合成的总氮量

＝35－20－5.89＝9.11(mg/L)

剩余碱度＝进水碱度－硝化消耗碱度＋反硝化产生碱度＋去除 BOD_5 产生碱度

＝280－21.11×7.14＋9.11×3.57＋(160－20)×0.1

＝175.79(mg/L)＞100mg/L(以 $CaCO_3$ 计)

可维持 pH 值≥7.2。

⑧ 反应池主要尺寸　设 2 组反应池，则单组池容 $V_{单}=V/2=12587.41/2=6293.7(m^3)$，设反应池有效水深 $h=4.0m$，则单组反应池的面积 $S_{单}$ 为：

$$S_{单}=\frac{V_{单}}{h}=\frac{6293.7}{4.0}=1573.4(m^2)$$

采用5廊道推流式反应池，廊道宽 b 设为7.5m，则反应池长 L 为：

$$L=\frac{S_{单}}{B}=\frac{1573.4}{5\times6}=52.4(m)$$

校核：$b/h=7.5/4.0=1.88$（满足 $b/h=1\sim2$）；

$L/b=52.4/7.5=6.99$（满足 $L/b=5\sim10$）。

超高取1.0m，则反应池总高 H 为：

$$H=4.0+1.0=5.0(m)$$

关于进出水系统、曝气系统和设备选型及参数参见本章相关内容。AAO生物脱氮除磷工艺计算图如图3-9所示。

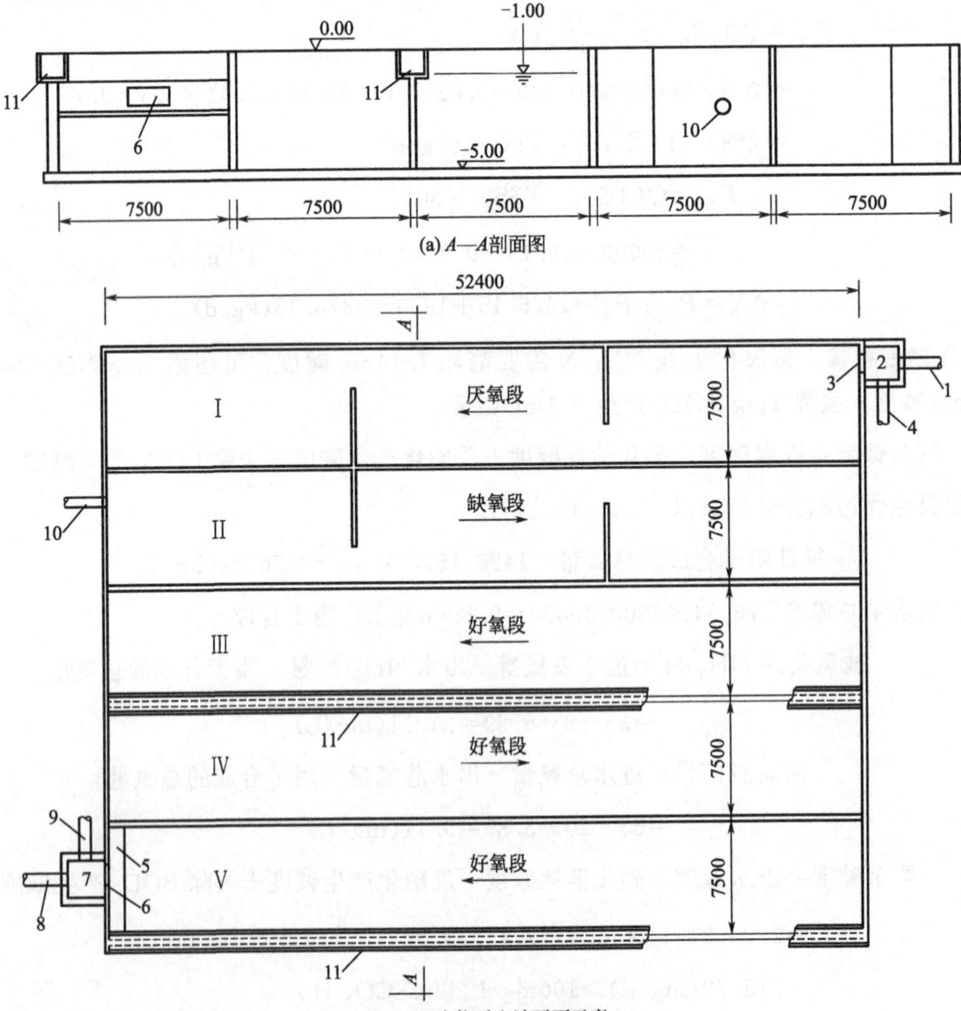

图3-9 AAO生物脱氮除磷工艺计算图（单位：mm）

1—进水管；2—进水井；3—进水孔；4—回流污泥管；5—集水槽；6—出水孔；7—出水井；8—出水管；9,10—混合液回流管；11—空气管廊

3.5 序批式活性污泥法工艺单元设计

序批式活性污泥法又称间歇式活性污泥法（SBR 法），是在同一个反应池（器）中，按时间顺序由进水、曝气、沉淀、排水和待机五个基本工序组成的活性污泥污水处理方法。其主要变形工艺包括循环式活性污泥工艺（CASS 或 CAST 工艺）、连续和间歇曝气工艺（DAT-IAT 工艺）、交替式内循环活性污泥工艺（AICS 工艺）等。

从污水流入反应器开始到待机时间结束为一个工作周期，不断循环往复地进行，形成了 SBR 法的工作过程，从而达到污水处理的目的。SBR 法的工艺流程如图 3-10 所示。

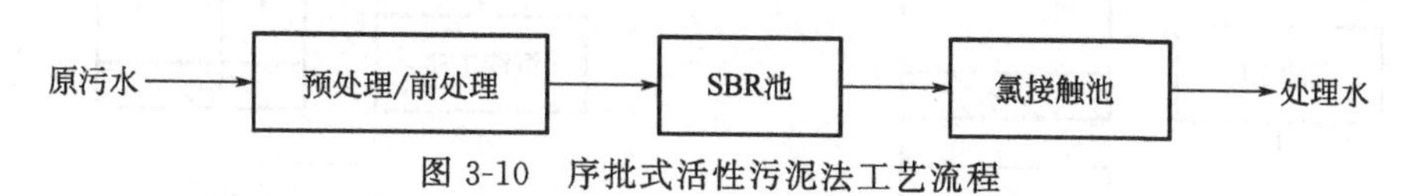

图 3-10 序批式活性污泥法工艺流程

当原污水水质能满足 SBR 工艺生化要求时，在 SBR 反应池前设置预处理设施，如格栅、沉砂池、初沉池、气浮池、隔油池以及污水贮存池等；如水质不能满足 SBR 工艺生化要求，在 SBR 反应池前设置水解酸化池、混凝沉淀池和中和池等前处理工艺，以及污水贮存池，然后进入 SBR 池进行处理。SBR 工艺中的关键及专用设备是滗水器，它是一种能随水位变化而调节的出水堰，排水口淹没在水面下一定深度，可防止浮渣进入。由于系统中通常不设初沉池，为了消除浮渣，SBR 反应池应该有清除浮渣的装置。

3.5.1 SBR 法工艺特点和形式分类

(1) 工艺特点

SBR 法的工艺特点如下。

① 运行灵活。各时间段的时间可根据水质、水量的变化进行调整，或根据需要调整或增减工序，以保证出水水质满足要求。

② 从处理周期开始到结束，SBR 反应器内有机物浓度和污泥负荷由高到低变化，在时间上具有推流式反应器特征，因而不易产生污泥膨胀现象，近似于静止沉淀的特点，使泥水分离不受干扰，出水 SS 较低且稳定。

③ 在某一时刻，SBR 反应器内各处水质均匀一致，具有完全混合的水力学特征，因而有较强的抗冲击负荷能力。

④ SBR 工艺一般不设初沉池，生物降解和泥水分离在一个反应器内完成，处理流程短，占地小。

⑤ 由于运行灵活，运行管理成为处理效果的决定因素，这要求管理人员具有较高的专业素质和丰富的实践经验。

(2) SBR 形式的分类

按进水方式和有机负荷的不同 SBR 有多种分类。

① 按进水方式分类 SBR 的进水方式可分为间歇进水式和连续进水式，如图 3-11 所示。

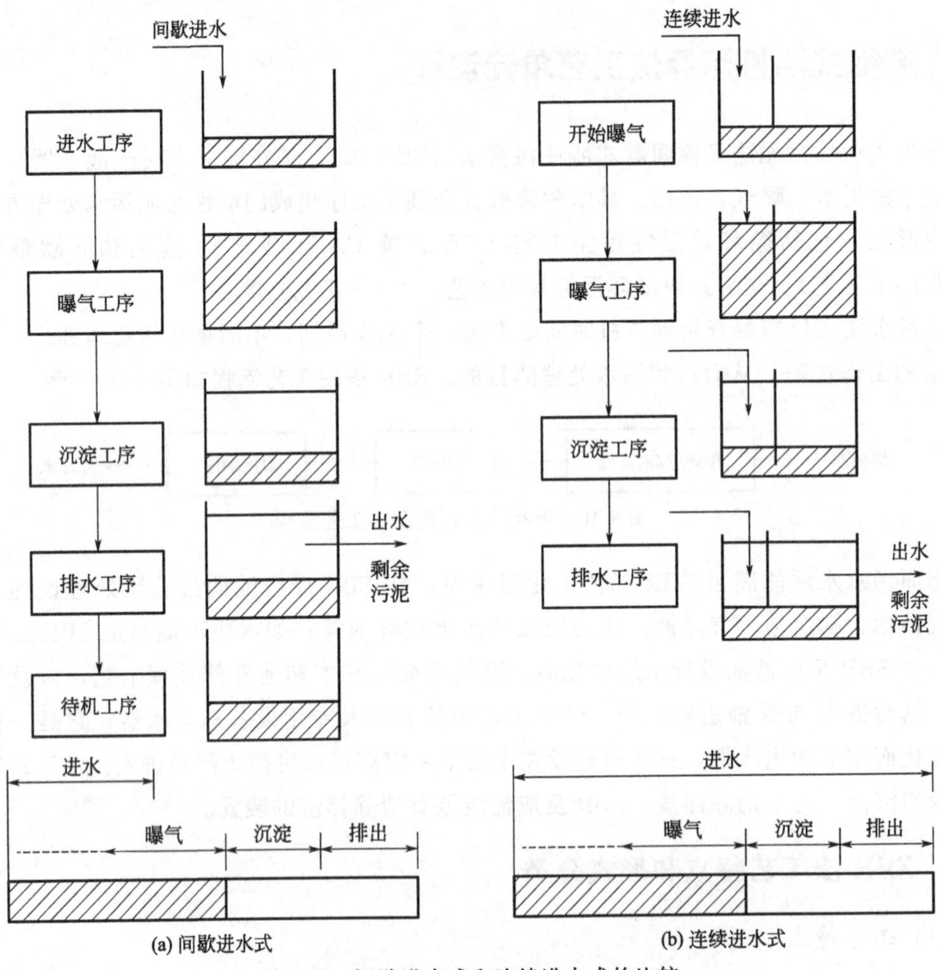

图 3-11　间歇进水式和连续进水式的比较

a. 间歇进水方式。出水水质好，在沉淀期和出水期内不进水，可以获得澄清出水。

b. 连续进水方式。由于在沉淀期和出水期内进水，会导致污泥上浮，影响出水水质。

② 按有机负荷分类　SBR 法的负荷一般是根据其排出比和每日周期来确定，因此组合的负荷条件如图 3-12 所示。

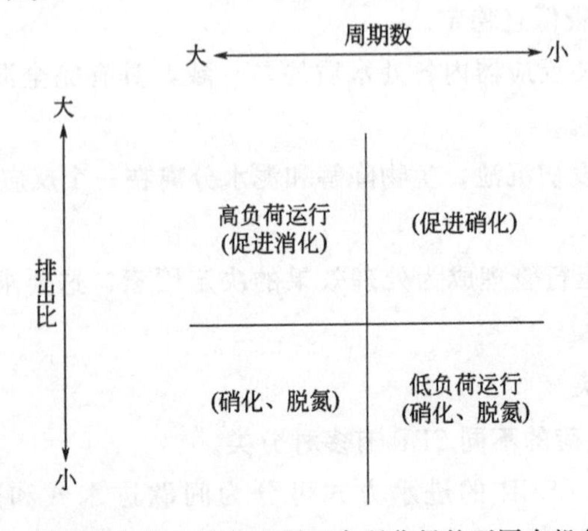

图 3-12　周期数与排出比的不同组合所获得的不同有机负荷条件

a. 高负荷运行方式。适用于处理中等规模的污水，处理规模约 $2000m^3/d$。

b. 低负荷运行方式。适用于小型污水处理厂，一般处理规模 $<2000m^3/d$。

c. 其他方式。通过曝气或不曝气的组合运行，可在反应器内按时间反复保持厌氧状态和好氧状态，进行生物脱氮和除磷。

3.5.2 SBR 工艺脱氮除磷条件控制

由于生物脱氮除磷过程比较复杂，一般只有在多池串联的工艺中较易完成，而 SBR 工艺的单一反应器在一个运行周期中完成脱氮除磷要求，则需根据水质特点和处理目标，对运行状态或过程进行设计和调节。典型的 SBR 工艺在一个周期内常用的运行模式如图 3-13 所示。

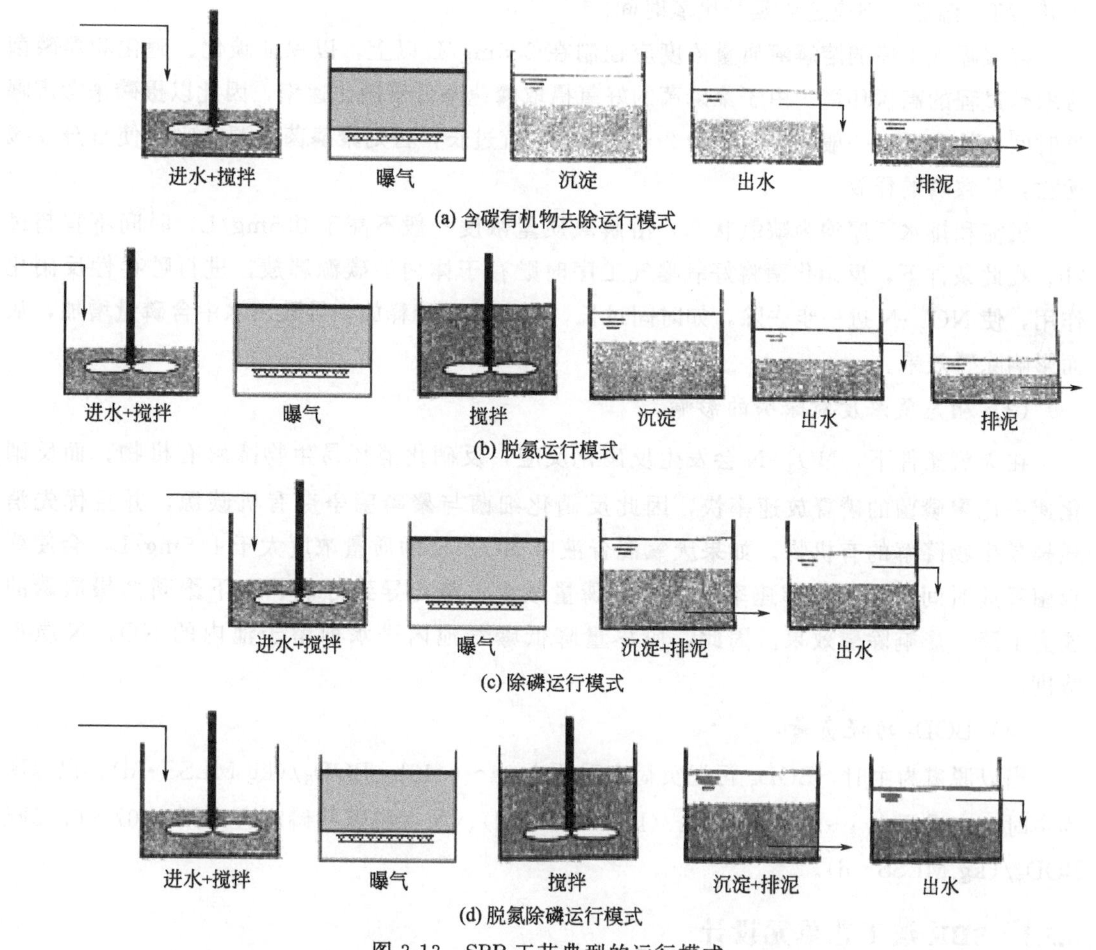

图 3-13 SBR 工艺典型的运行模式

（1）易生物降解有机物的浓度的影响

在厌氧条件下，易生物降解的有机物由兼性异养菌转化为低分子脂肪酸（如甲酸、乙酸、丙酸）后，才能被聚磷菌所利用，而这种转化对聚磷菌的释磷起着诱导作用，这种转化速率越高，则聚磷菌的释磷速度就越大，导致聚磷菌在好氧状态下的摄磷量更多，从而有利于磷的去除。因此，污水中易生物降解有机物的浓度越大，则除磷效率越高。一般以

BOD_5/TP（总磷）的比值来作为评价指标，通常认为 $BOD_5/TP>17$，生物除磷的效果比较好。

当 SBR 工艺进水过程为单纯加水缓慢搅拌时，在进水过程中曝气池内活性污泥混合液处于缺氧过渡到厌氧状态，反硝化细菌会利用污水中的有机物作碳源，完成反硝化反应。聚磷菌在厌氧条件下释放磷，好氧条件下摄磷，通过好氧阶段排放高含磷量的剩余污泥，达到除磷目的。

（2）运行时间和溶解氧的影响

运行时间和溶解氧是影响 SBR 工艺脱氮除磷效果的两个重要参数。进水工序的厌氧状态，溶解氧质量浓度应控制在 0.3mg/L 以下，以满足释磷要求。当释磷（MLSS）速率为 9～10mg/(g·h)，水力停留时间大于 1h 时，则聚磷菌体内的磷已充分释放。如果污水中 BOD_5/TP 偏低，则应适当延长厌氧时间。

好氧曝气工序的溶解氧质量浓度应控制在 2.5mg/L 以上，以保证碳化、硝化和聚磷菌摄取磷过程的高氧环境。由于聚磷菌的好氧摄取磷速率低于硝化速率，因此以摄磷来考虑曝气时间比较合适，一般曝气时间为 2～4h，但不宜过长，否则聚磷菌内源呼吸会使自身衰减死亡，导致磷的释放。

沉淀和排水工序均为缺氧状态，溶解氧质量浓度一般不高于 0.5mg/L，时间不宜超过 2h。在此条件下，反硝化菌将好氧曝气工序时贮存于体内的碳源释放，进行贮存性反硝化作用，使 NO_3^--N 进一步去除，如时间过长，则会造成磷释放，导致出水中含磷量增加，从而影响除磷效果。

（3）硝态氮浓度对除磷的影响

在厌氧条件下，NO_3^--N 会发生反硝化反应，反硝化消耗易生物降解有机物，而反硝化速率比聚磷菌的磷释放速率快，因此反硝化细菌与聚磷菌争夺有机碳源，并且优先消耗掉易生物降解的有机物。如果厌氧混合液中 NO_3^--N 的质量浓度大于 1.5mg/L，会使聚磷菌释放时间滞后，释磷速率减慢，释磷量减少，最终导致好氧状态下聚磷菌摄取磷的能力下降，影响除磷效果。因此，应尽量降低曝气池内进水前留于池内的 NO_3^--N 质量浓度。

（4）BOD_5 污泥负荷

当以脱氮为主时，BOD_5 污泥负荷宜采用 0.04～0.13kg BOD_5/(kg MLSS·d)；以除磷为主时，宜采用 0.4～0.7kg BOD_5/(kg MLSS·d)；同时脱氮除磷时宜采用 0.07～0.15kg BOD_5/(kg MLSS·d)。

3.5.3 SBR 法工艺单元设计

（1）SBR 反应池有效反应容积

SBR 反应器容积可按式(3-27) 计算：

$$V=\frac{24Q'S_0}{1000L_sXt_R} \tag{3-27}$$

式中 V——反应池有效容积，m^3；

Q'——每个周期进水量，m^3；

S_0——反应池进水 BOD_5 质量浓度，mg/L；

L_s——反应池的 BOD_5 污泥负荷，kg BOD_5/(kg MLSS·d)；

X——反应池内混合液悬浮固体（MLSS）平均质量浓度，kg $MLSS/m^3$；

t_R——每个周期反应时间，h。

（2）SBR 工艺各工序的时间

各工序的时间宜按下列规定计算。

① 进水时间 t_F 可按下式计算：

$$t_F=\frac{t}{n} \tag{3-28}$$

式中 t_F——每池每周期所需的进水时间，h；

t——一个运行周期需要的时间，h；

n——每个系列反应池个数。

② 反应时间 t_R 可按下式计算：

$$t_R=\frac{24S_0m}{1000L_sX} \tag{3-29}$$

式中 m——充水比，可参照表 3-6～表 3-10 取值；

S_0——反应池进水 BOD_5 质量浓度，mg/L；

L_s——反应池的 BOD_5 污泥负荷，kg BOD_5/(kg MLSS·d)；

X——反应池内混合液悬浮固体（MLSS）平均质量浓度，kg $MLSS/m^3$。

③ 沉淀时间 t_S 宜为 1h。

④ 排水时间 t_D 宜为 1～1.5h。

⑤ 一个周期所需时间 t 可按下式计算：

$$T=t_R+t_S+t_D+t_b \tag{3-30}$$

式中 t_b——闲置时间，h。

（3）SBR 工艺参数的取值

SBR 工艺处理城镇污水或水质类似城镇污水的工业废水去除有机污染物、氨氮以及生物脱氮、生物脱氮除磷和生物除磷时，主要设计参数宜分别按表 3-6～表 3-10 的规定取值。工业废水的水质与城镇污水水质差异较大时，设计参数应通过试验或参照类似工程确定。

表 3-6 去除碳源污染物（有机污染物）主要设计参数

项目		符号	单位	参数值
反应池 BOD_5 污泥负荷	BOD_5/MLVSS	L_s	kg/(kg·d)	0.25～0.50
	BOD_5/MLVSS		kg/(kg·d)	0.10～0.25
反应池混合液悬浮固体(MLSS)平均质量浓度		X	kg/m^3	3.0～5.0
反应池混合液挥发性悬浮固体(MLVSS)平均质量浓度		X_V	kg/m^3	1.5～3.0

续表

项目		符号	单位	参数值
污泥产率系数(VSS/BOD_5)	设初沉池	Y	kg/kg	0.3
	不设初沉池		kg/kg	0.6～1.0
需氧量(O_2/BOD_5)		O_2	kg/kg	1.1～1.8
总水力停留时间		HRT	h	8～20
活性污泥容积指数		SVI	mL/g	70～100
充水比		m		0.40～0.50
BOD_5 总处理效率		η	%	80～95

表 3-7　去除氨氮污染物主要设计参数

项目		符号	单位	参数值
反应池 BOD_5 污泥负荷	$BOD_5/MLVSS$	L_s	kg/(kg·d)	0.10～0.30
	$BOD_5/MLVSS$		kg/(kg·d)	0.07～0.20
反应池混合液悬浮固体(MLSS)平均质量浓度		X	kg/m^3	3.0～5.0
污泥产率系数(VSS/BOD_5)	设初沉池	Y	kg/kg	0.4～0.8
	不设初沉池		kg/kg	0.6～1.0
总水力停留时间		HRT	h	10～29
需氧量(O_2/BOD_5)		O_2	kg/kg	1.1～2.0
活性污泥容积指数		SVI	mL/g	70～120
充水比		m		0.30～0.40
BOD_5 总处理效率		η	%	90～95
NH_3-N 总处理效率		η	%	85～95

表 3-8　生物脱氮主要设计参数

项目		符号	单位	参数值
反应池 BOD_5 污泥负荷	$BOD_5/MLVSS$	L_s	kg/(kg·d)	0.06～0.20
	$BOD_5/MLVSS$		kg/(kg·d)	0.04～0.13
反应池混合液悬浮固体(MLSS)平均质量浓度		X	kg/m^3	3.0～5.0
总氮负荷率(TN/MLSS)			kg/(kg·d)	≤0.05
污泥产率系数(VSS/BOD_5)	设初沉池	Y	kg/kg	0.3～0.6
	不设初沉池		kg/kg	0.5～0.8
缺氧水力停留时间占反应时间比例			%	20
好氧水力停留时间占反应时间比例			%	80
总水力停留时间		HRT	h	15～30
需氧量(O_2/BOD_5)		O_2	kg/kg	0.7～1.1
活性污泥容积指数		SVI	mL/g	70～140

续表

项目	符号	单位	参数值
充水比	m		0.30～0.35
BOD_5 总处理效率	η	%	90～95
NH_3-N 总处理效率	η	%	85～95
TN 总处理效率	η	%	60～85

表 3-9　生物脱氮除磷主要设计参数

项目		符号	单位	参数值
反应池 BOD_5 污泥负荷	BOD_5/MLVSS	L_s	kg/(kg·d)	0.15～0.25
	BOD_5/MLVSS		kg/(kg·d)	0.07～0.15
反应池混合液悬浮固体(MLSS)平均质量浓度		X	kg/m³	2.5～4.5
总氮负荷率(TN/MLSS)			kg/(kg·d)	≤0.06
污泥产率系数(VSS/BOD_5)	设初沉池	Y	kg/kg	0.3～0.6
	不设初沉池		kg/kg	0.5～0.8
厌氧水力停留时间占反应时间比例			%	5～10
缺氧水力停留时间占反应时间比例			%	10～15
好氧水力停留时间占反应时间比例			%	75～80
总水力停留时间		HRT	h	20～30
污泥回流比(仅适用于 CASS 或 CAST)		R	%	20～100
混合液回流比(仅适用于 CASS 或 CAST)		R_i	%	≥200
需氧量(O_2/BOD_5)		O_2	kg/kg	1.5～2.0
活性污泥容积指数		SVI	mL/g	70～140
充水比		m		0.30～0.35
BOD_5 总处理效率		η	%	85～95
TP 总处理效率		η	%	50～75
TN 总处理效率		η	%	55～80

表 3-10　生物除磷主要设计参数

项目	符号	单位	参数值
反应池 BOD_5 污泥负荷(BOD_5/MLVSS)	L_s	kg/(kg·d)	0.4～0.7
反应池混合液悬浮固体(MLSS)平均质量浓度	X	kg/m³	2.0～4.0
污泥产率系数(VSS/BOD_5)	Y	kg/kg	0.4～0.8
厌氧水力停留时间占反应时间比例		%	25～33
好氧水力停留时间占反应时间比例		%	67～75
总水力停留时间	HRT	h	3～8
需氧量(O_2/BOD_5)	O_2	kg/kg	0.7～1.1

续表

项目	符号	单位	参数值
活性污泥容积指数	SVI	mL/g	70～140
充水比	m		0.30～0.40
污泥含磷率(TP/VSS)	η	kg/kg	0.03～0.07
污泥回流比(仅适用于 CASS 或 CAST)	η	%	40～100
TP 总处理率	η	%	75～85

(4) 供氧系统与污泥系统设计

① 供氧系统　供氧系统污水需氧量，根据去除 BOD_5、氨氮的硝化和除氮等要求计算。选用曝气装置和设备时，应根据设备的特性、位于水下的深度、水温、污水的氧总转移特性、当地的海拔高度以及预期生物反应池中溶解氧浓度等因素，将计算的污水供气量转换为标准状态下清水需氧量，再换算为标准状态下的供气量。计算公式和方法详见本章曝气池的需氧量与供气量设计计算及其他有关内容。

② 污泥系统　污泥量设计应考虑剩余污泥和化学除磷污泥。剩余污泥量按污泥产率系数、衰减系数及不可生物降解和惰性悬浮物计算。污水生物除磷不能达到要求而采用化学除磷时，化学除磷污泥应根据药剂投加量计算。

3.5.4 SBR 法工艺单元设计计算实例

[例 3-5] SBR 去除有机污染物及氨氮工艺设计

(1) 已知条件

某城镇污水处理厂海拔高度 950m，设计处理污水量 $Q=12000m^3/d$，总变化系数 $K_z=1.62$，冬季水温 $T=10℃$。设计进水水质 $COD_{Cr}=450mg/L$，$BOD_5=250mg/L$，$TN=45mg/L$，$NH_3\text{-}N=35mg/L$，$TP=6mg/L$，$SS=350mg/L$，设计出水水质 $COD_{Cr}\leqslant 60mg/L$，$BOD_5\leqslant 20mg/L$，$SS\leqslant 20mg/L$，$TP\leqslant 1mg/L$，$NH_3\text{-}N\leqslant 8mg/L$。

(2) 设计计算

① 反应时间 t_R　反应时间包括进水时间和曝气反应时间。根据表 3-7，取充水比 $m=0.3$，反应池 BOD_5 污泥负荷 $L_s=0.1kg\ BOD_5/(kg\ MLSS\cdot d)$，反应池内 MLSS 平均质量浓度 $X=3.3kg\ MLSS/m^3$，则反应时间 t_R 为：

$$t_R=\frac{24S_0m}{1000L_sX}=\frac{24\times 250\times 0.3}{1000\times 0.1\times 3.3}=5.45(h)\approx 5.5(h)$$

② 运行周期 t　取沉淀时间 $t_S=1h$，排水时间 $t_D=1h$，闲置时间 $t_b=0.5h$，则一个运行周期需要的时间 t 为：

$$t=t_R+t_S+t_D+t_b=5.5+1+1+0.5=8(h)$$

反应池每日运行 3 个周期，闲置时间可以作为机动时间，用于适应水质、水量的变化，以延长反应和沉淀时间，或根据需要转换为脱氮除磷模式运行。

③ 反应池有效容积 V　设反应池个数 $n=4$，每周期处理水量 Q' 为：

$$Q'=\frac{Q}{4\times3}=\frac{12000}{4\times3}=1000(\mathrm{m}^3)$$

SBR 反应器容积为：

$$V=\frac{24Q'S_0}{1000L_sXt_R}=\frac{24\times1000\times250}{1000\times0.1\times3.3\times5.5}=3306(\mathrm{m}^3)$$

④ 进水时间 t_F　每池每周期所需的进水时间 t_F 为：

$$t_F=\frac{t}{n}=\frac{8}{4}=2(\mathrm{h})$$

⑤ 剩余污泥量 ΔX　剩余生物污泥量 ΔX_V 为：

$$\Delta X_V=YQ(S_0-S_e)-eK_{dT}VX_V$$

$$K_{dT}=K_{d(20)}(\theta_T)^{T-20}$$

式中　ΔX_V——剩余生物污泥量（VSS），kg/d；

Y——污泥产率系数（VSS/BOD_5），kg/kg，根据表 3-7，本实例取 0.6；

K_{dT}——衰减系数，d^{-1}；

$K_{d(20)}$——20℃时的衰减系数，d^{-1}，20℃的数值为 0.04～0.075d^{-1}，本实例取 0.06d^{-1}；

θ_T——温度系数，采用 1.02～1.06，本实例取 1.04；

T——设计温度，℃，冬季温度为 10℃；

e——好氧水力停留时间占周期时间的比例；

X_V——生物反成池内混合液挥发性悬浮固体平均质量浓度，g/L。

$$K_{dT}=K_{d(20)}(\theta_T)^{T-20}=0.06\times1.04^{10-20}=0.0405(\mathrm{d}^{-1})$$

$$e=5.5/8=0.68$$

$$X_V=0.7\times3.3=2.31(\mathrm{g/L})$$

$$\Delta X_V=0.6\times12000\times(0.25-0.02)-0.68\times0.0405\times(3306\times4)\times2.31=814.72(\mathrm{kg/d})$$

剩余非生物污泥量 ΔX_S 为：

$$\Delta X_S=fQ(SS_0-SS)$$

式中　ΔX_S——剩余非生物污泥量（SS），kg/d；

f——进水悬浮物的污泥转换率（MLSS/SS），kg/kg，一般取 0.5～0.7，本实例取 0.5；

SS_0——反应池进水悬浮物质量浓度，kg/m^3；

SS——反应池出水悬浮物质量浓度，kg/m^3。

$$\Delta X_S=0.5\times12000\times(0.35-0.02)=1980(\mathrm{kg/d})$$

剩余污泥总量 ΔX 为：

$$\Delta X=\Delta X_V+\Delta X_S=814.72+1980=2794.72(\mathrm{kg/d})$$

剩余污泥含水率按99.7%计算，湿污泥量为932$\mathrm{m^3/d}$。

⑥ 污泥龄复核

$$\theta_c=\frac{eVX_V}{\Delta X_V}=\frac{0.68\times3306\times4\times2.31}{814.72}=25.49(\mathrm{d})$$

计算结果表明，污泥龄可以满足氨氮硝化需要。

⑦ 设计需氧量　考虑最不利情况，按夏季时最高水温计算设计需氧量，根据《序批式活性污泥法污水处理工程技术规范》（HJ 577—2010）第6.3.4条，设计需氧量O_2为：

$$\begin{aligned}O_2&=0.001aQ(S_0-S_e)-c\Delta X_V+b[0.001Q(N_k-N_{ke})-0.12\Delta X_V]\\&=0.001\times1.47\times12000\times(250-20)-1.42\times814.72+\\&\quad4.75\times[0.001\times12000\times(45-8)-0.12\times814.72]\\&=4057.2-1156.9+1644.6=4944.9(\mathrm{kg/d})=206.0(\mathrm{kg/h})\end{aligned}$$

⑧ 标准需氧量　工程所在地海拔高度900m，其大气压力p_s为0.91×10^5Pa，压力修正系数ρ为：

$$\rho=\frac{p_s}{p}=\frac{0.91\times10^5}{1.013\times10^5}=0.9$$

微孔曝气头安装在距池底0.3m处，淹没深度为4.7m，其绝对压力p_b为：

$$p_b=p+9.8\times10^3H=1.013\times10^5+0.098\times10^5\times4.7=1.47\times10^5(\mathrm{Pa})$$

微孔曝气头的氧转移效率为20%，气泡逸出水面时气体中氧的质量分数O_t为：

$$O_t=\frac{21(1-E_A)}{79+21(1-E_A)}\times100\%=\frac{21\times(1-0.2)}{79+21\times(1-0.2)}\times100\%=17.5\%$$

水温25℃，清水饱和溶解氧质量浓度$c_{s(25)}$为8.4mg/L，曝气池内混合液饱和溶解氧质量浓度平均值c_{sb}为：

$$c_{sb}=c_s\left(\frac{p_b}{2.026\times10^5}+\frac{O_t}{42}\right)=8.4\times\left(\frac{1.47\times10^5}{2.026\times10^5}+\frac{17.5}{42}\right)=9.6(\mathrm{mg/L})$$

标准需氧量O_S为：

$$O_S=\frac{Rc_{s(20)}}{\alpha[\beta\rho c_{sb(25)}-c]\theta^{25-20}}=\frac{206.0\times9.17}{0.82\times(0.95\times0.9\times9.6-2)\times1.024^{25-20}}=249.3(\mathrm{kg/h})$$

空气用量G_s为：

$$G_s=\frac{O_S}{0.28E_A}=\frac{249.3}{0.28\times0.20}=4452.0(\mathrm{m^3/h})=74.2(\mathrm{m^3/min})$$

最大气水比$=4452.0\times24/12000=8.90$

⑨ 曝气池的布置　SBR反应池共设4座。每座曝气池长44m，宽15m，水深5m，超

高 0.5m，有效容积为 $3300m^3$，4 座反应池的总有效容积为 $13200m^3$，单座 SBR 反应池布置如图 3-14 所示。

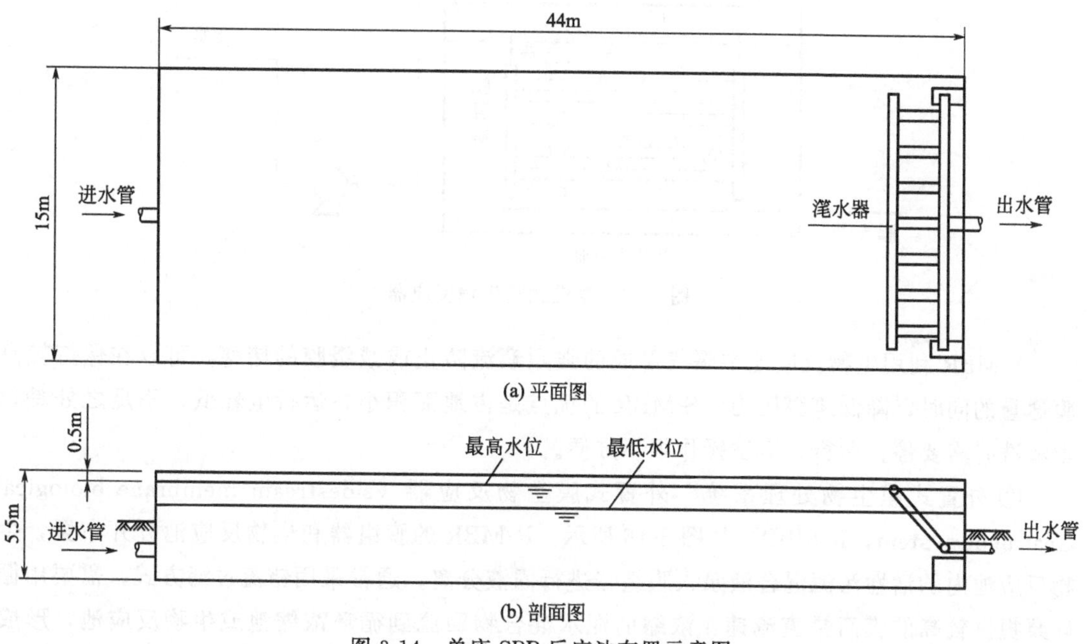

图 3-14　单座 SBR 反应池布置示意图

3.6 膜生物法工艺单元设计

膜生物法（membrane biological process，MBR）是指将生物反应与膜分离相结合，以膜为分离介质代替常规的重力沉淀固液分离获得出水，并能改变反应进程和提高反应效率的污水处理方法，利用膜分离设备将生化反应池中的活性污泥和大分子有机物截留住，取代了常规活性污泥法中的二沉池。膜生物法通过膜的分离技术强化了生物反应器的功能，使活性污泥浓度大大提高，其水力停留时间（HRT）和污泥停留时间（SRT）可以分别控制。

3.6.1 MBR 法工艺系统类型与特点

(1) 工艺系统的类型

在 MBR 法污水处理工程中进行固液分离的膜装置称为膜组器，它是由膜组件、供气装置、集水装置、框架等组成的基本水处理单元。根据膜组器的不同设置位置，可将 MBR 法工艺系统划分为浸没式（又称一体式）膜生物处理系统和外置式（又称分置式）膜生物处理系统两种基本类型。

① 浸没式膜生物处理系统　浸没式膜生物反应器（immersed membrane biological treatment system，S-MBR）如图 3-15 所示。S-MBR 的膜组器浸没于生物反应池中，污水在生物反应池进行生化反应，其中的大部分污染物被混合液中的活性污泥去除，利用膜进行固液分离。通常采用负压产水，也可利用静水压力自流产水。

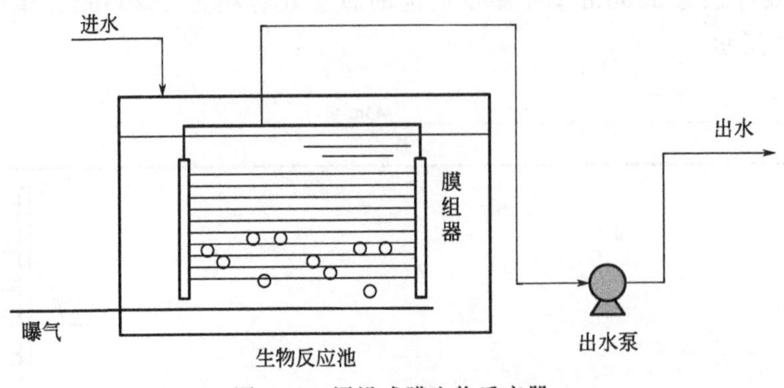

图 3-15　浸没式膜生物反应器

S-MBR利用生物反应池中曝气形成的强烈紊流防止或减缓膜的堵塞，可以在保持较高膜通量的同时，降低跨膜压力。S-MBR的优点是占地面积小，运行电耗低，不足之处是化学清洗时需要停止运行，清洗操作很不方便。

② 外置式膜生物处理系统　外置式膜生物反应器（sidestream membrane biological treatment system，R-MBR）如图 3-16 所示。R-MBR的膜组器和生物反应池分开布置，生物反应池内的活性污泥混合液泵入膜组器进行固液分离。通常采用错流过滤方式，需要用循环泵提供较高的膜面错流流速，浓缩的泥水混合物回流到循环浓缩池或生物反应池，形成循环。

与S-MBR相反，R-MBR的优点是化学清洗方便彻底，清洗时不影响系统运行，膜的使用寿命长，其缺点是运行电耗高，占地面积大。

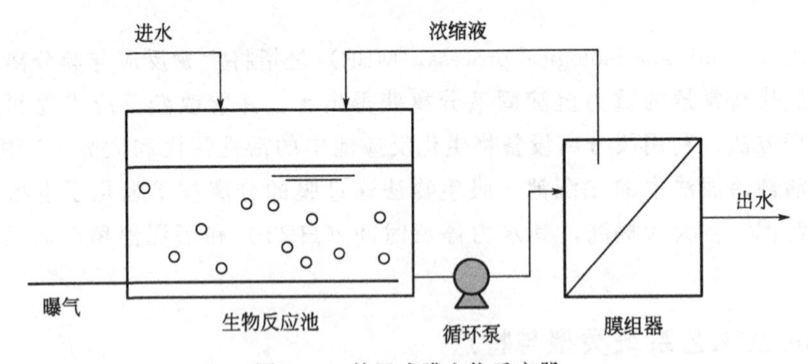

图 3-16　外置式膜生物反应器

还有一种复合式膜生物反应器，在形式上也属于一体式膜生物反应器，所不同的是在生物反应器内加装填料，从而形成复合式膜生物反应器，改变了反应器的某些性能，如图 3-17 所示。

依据设计出水水质要求，MBR法中的分离膜可以是微滤膜，也可以是超滤膜。采用超滤膜时，可以获得较大的膜通量且跨膜压差较低，膜的清洗也较容易，不仅节省建设投资，而且运行费用较低，但是出水水质略差。采用超滤膜可以获得较高的出水水质，但膜通量较小，需要较多的膜和较大的操作压力，膜的清洗较困难，建设费用和运行成本均较高。通常，MBR法所使用的膜其孔径为 0.1～0.4μm。

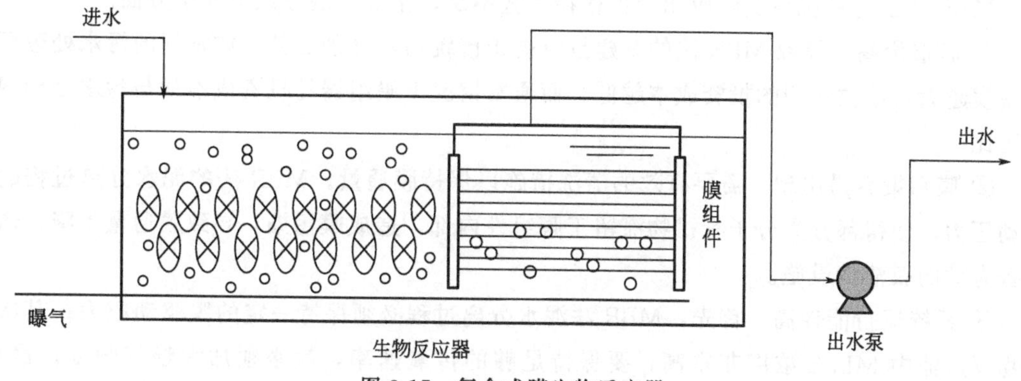

图 3-17　复合式膜生物反应器

(2) 工艺系统的特点

与传统污水生物处理技术相比，MBR 法工艺具有以下主要特点。

① 高效的固液分离，出水水质优质稳定　膜组器具有高效固液分离作用，分离效果好，处理出水中 SS 低于 5mg/L，浊度低于 1NTU，细菌和病毒被大幅度去除，可以直接作为城市杂用水进行回用。同时，膜分离也使微生物被完全截流在生物反应器内，有效地提高了反应器对污染物的整体去除效率。此外，生物反应池耐冲击负荷，对进水水质及水量的各种变化具有很强的适应性。

② 剩余污泥产量少，污泥膨胀概率降低　可在高容积负荷、低污泥负荷下运行，剩余污泥产量低。另外，由于膜组器的截留作用，生物反应池内保持较高的生物量，在一定程度上遏制了污泥膨胀。

③ 可去除氨氮及难降解有机物　由于 MBR 法工艺中微生物被完全截流在生物反应池内，从而有利于增殖缓慢的微生物如硝化细菌的生长繁殖，硝化效率得以提高。同时，可增长一些难降解的有机物在系统中的水力停留时间，有利于难降解有机物降解效率的提高。

④ 节省占地面积　由于微生物不会随水流失，生物反应池内能维持高浓度的污泥浓度，容积可以大幅度缩小。当采用浸没式 MBR 法时，生物反应池内的污泥浓度可达 10～20g/L，比传统生物处理技术的污泥浓度提高 2～7 倍。

⑤ 运行控制趋于灵活，易于实现智能化控制　实现了水力停留时间（HRT）与污泥停留时间（SRT）的完全分离，实际运行控制可根据进水特征和出水要求灵活调整，可实现微机智能化控制，操作管理更为方便。

⑥ 可用于传统工艺升级改造　可以作为传统污水处理工艺的深度处理单元，在城市二级污水处理厂升级改造及出水深度处理等方面有着广阔的应用前景。

MBR 法中的生物反应池灵活多样，几乎所有的污水生物处理方法都可以与膜分离技术相结合形成多种多样的 MBR 法工艺系统。例如，在曝气池之前增加厌氧池、缺氧池，并增加必要的回流，可以达到脱氮除磷的目的；在前端增加水解酸化池可以改善污水的可生化性；在上述好氧、缺氧、厌氧的生物反应池内增加填料可形成复合型污水生物处理系统等。

MBR 法工艺系统在实际应用中也存在一些不足，主要表现在以下几个方面。

① 膜造价高　导致 MBR 法的基建投资高于传统污水处理工艺。如常规的污水处理厂处理规模越大，单位体积的投资成本越低。而通常情况下膜组器的投资成本却与污水处理规模成正比。

② 膜污染容易出现　需要有效的清洗措施以保持膜通量。MBR 法的泥水分离过程的膜驱动压力，使得部分大分子有机物滞留于膜组件内部，造成膜污染，导致膜通量下降，需要配备有效的膜清洗设施。

③ 系统运行能耗高　首先，MBR 法泥水分离过程必须保持一定的膜驱动压力；其次是生物反应池中 MLSS 浓度非常高，要保持足够的传氧速率，就必须加大曝气强度；最后，为了加大膜通量、减轻膜污染，必须增大流速冲刷膜表面。以上这些因素都使得 MBR 工艺的能耗高于传统的生物处理工艺。

3.6.2 MBR 法工艺系统设计

(1) 一般规定

① 应根据污水的性质、浓度、水量选择 MBR 的形式。对易于产生膜污堵的污水或水量大的污水，宜采用外置式膜生物反应器。

② 水质和（或）水量变化大的污水处理工程，宜设置调节池，调节水质和（或）水量。

③ 应按出水磷排放的要求，选择设置化学除磷装置。

④ 进水泵房、格栅、沉砂池和初沉池的设计应符合《室外排水设计规范》(GB 50014—2006) 2016 版的规定。

⑤ 膜生物法对 COD、BOD_5、SS、氨氮的去除效率应分别在 90%、95%、99%及 90%以上。

(2) 预处理和前处理

① 膜生物处理系统宜设置超细格栅。

② 污水中含毛发、织物纤维较多时，宜设置毛发收集器。

③ 污水进水进入膜生物反应池之前，须去除尖锐颗粒等硬物。

④ 污水的 BOD_5/COD 小于 0.3 时，宜采用提高污水可生化性的措施。

(3) 工艺设计

① 浸没式 MBR 法污水处理系统

a. 去除碳源污染物的 MBR 法。该 MBR 工艺系统由预处理装置、膜生物反应器、后处理装置和控制装置等单元组成，其基本工艺流程如图 3-18 所示。

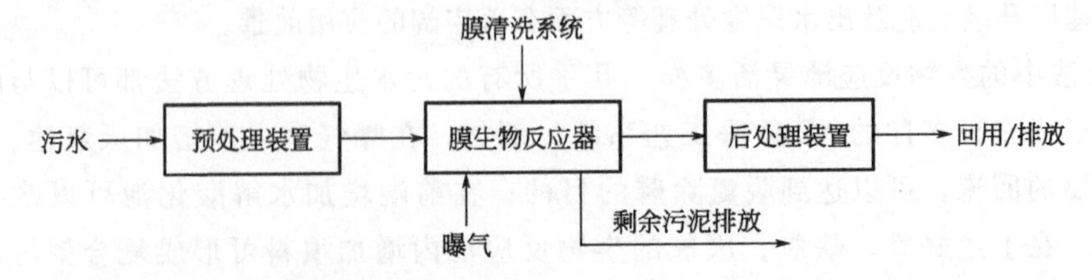

图 3-18　去除碳源污染物的浸没式 MBR 法处理系统基本工艺流程

b. 以脱氮为主的 MBR 法。以脱氮为主的 MBR 法污水处理基本工艺流程如图 3-19 所示。

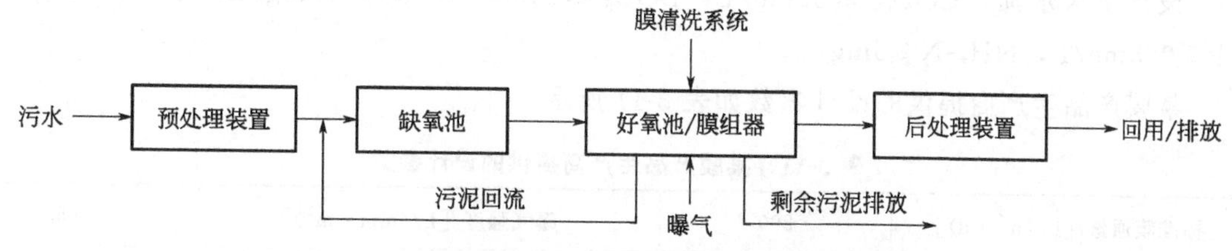

图 3-19　以脱氮为主的 MBR 法污水处理基本工艺流程

c. 同时脱氮除磷的 MBR 法。同时脱氮除磷的 MBR 法污水处理基本工艺流程如图 3-20 所示。

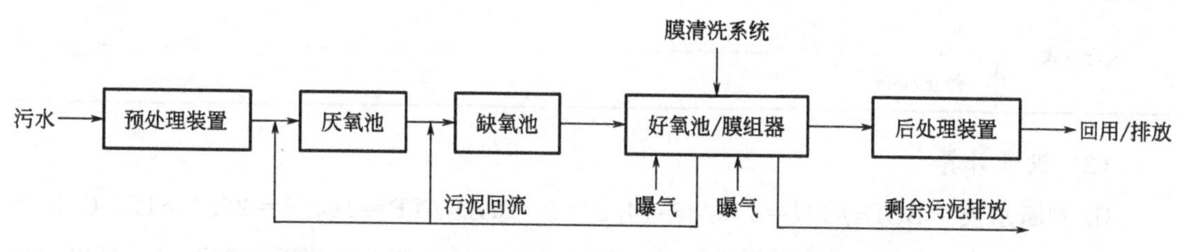

图 3-20　同时脱氮除磷的 MBR 法污水处理基本工艺流程

② 外置式 MBR 法处理系统　外置式 MBR 法处理系统由预处理装置、生化处理装置、循环浓缩处理装置、膜分离系统、污泥处理装置、动力系统和控制装置等单元组成。基本工艺流程如图 3-21 所示。

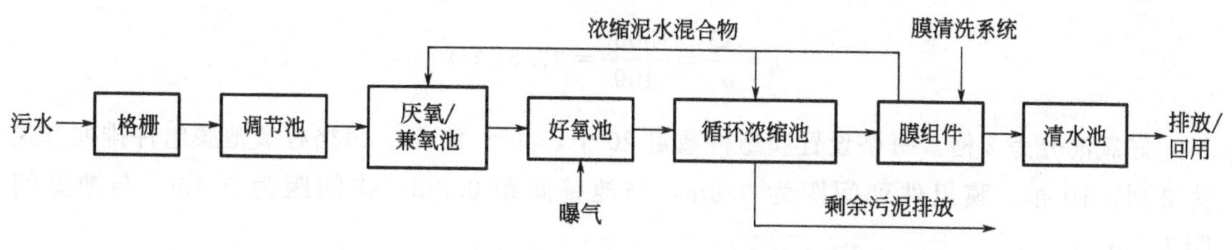

图 3-21　外置式 MBR 法处理系统基本工艺流程

（4）后处理

① 对出水的除臭和脱色有严格要求时，应具有除臭或脱色功能。可采用活性炭吸附或化学氧化处理。

② 对出水微生物有严格要求时，可采用氯化、紫外线或臭氧消毒。

3.6.3　膜生物反应池设计计算实例

［例 3-6］　浸没式膜生物反应池设计计算

（1）已知条件

某城镇污水处理厂设计处理污水量 $Q=15000\text{m}^3/\text{d}$。

设计进水水质：COD_{Cr}=320mg/L，BOD_5=160mg/L，SS=150mg/L，TN=38mg/L，NH_3-N=30mg/L，TP=6mg/L，碱度=280mg/L，pH=7.0～7.5，水温=10～25℃。

设计出水水质：COD_{Cr}≤50mg/L，BOD_5≤10mg/L，SS≤10mg/L，TN=15mg/L，TP≤0.5mg/L，NH_3-N≤5mg/L。

某膜产品生产商提供的设计参数如表3-11所示。

表3-11 某膜产品生产商提供的设计参数

标准膜通量/[L/(m²·d)]		290	曝气强度/[L/(min·m²)]	4.2～5.6
组件膜面积/m²		1372	混合液悬浮固体(MLSS)/(mg/L)	3000～15000
膜组件产水量/(m³/d)		400	BOD容积负荷/[kg BOD_5/(m³·d)]	1.2
膜组件尺寸/m		2.7×2.0×1.6	水力停留时间/h	4～6
运行方式	出水/min	13		
	停止/min	3		

(2) 设计计算

① 判断水质　BOD_5/TN=160/38=4.2>4，BOD_5/TP=160/6=26.7>17，C/N和C/P均满足《室外排水设计规范》(GB 50014—2006) 2016版条文说明中的要求。可以采用AAO法生物脱氮除磷工艺。

② 生物反应池计算　根据膜组件的安装尺寸和《室外排水设计规范》(GB 50014—2006) 2016版的相关规定设计计算生化反应池。

a. 好氧池计算。膜组件的产水量q_s=400m³/d，膜组件数用量n为：

$$n=\frac{Q}{q_s}=\frac{15000}{400}=37.5(\text{个})$$

好氧池分为2格，每格设置膜组件数量20个，共计40个。每格好氧池膜组件排列方式为2列，10排。膜组件列间距为0.8m，与池壁间距0.8m；排间距为0.4m，与池壁间距1.5m。

单格好氧池长度为：

$$L_O=10\times2.7+9\times0.4+2\times1.5=33.6(\text{m})$$

单格好氧池宽度为：

$$B=2\times2+3\times0.8=6.4(\text{m})$$

生物反应池的平均水深H=5m，则好氧池容积为：

$$V_O=2L_OBH=2\times6.4\times33.6\times5=2150.4(\text{m}^3)$$

b. 工艺参数复核

ⅰ. 好氧池水力停留时间

$$HRT_O=24\times V_O/Q=24\times2510.4/15000=4.0(\text{h})$$

ⅱ. BOD 容积负荷

$$L_V=\frac{QS_0}{1000V_O}=\frac{15000\times160}{1000\times2150.4}=1.12[\text{kg BOD}_5/(\text{m}^3\cdot\text{d})]<1.2[\text{kg BOD}_5/(\text{m}^3\cdot\text{d})]$$

式中 S_0——好氧池进水 BOD_5 质量浓度，mg/L。

ⅲ. 污泥龄 θ_c。设计污泥龄按氨氮硝化需要确定，计算方法如下。

本实例污水最低水温 $T=10℃$，出水氨氮 $N=5mg/L$，好氧池溶解氧 $O_2=2mg/L$，氧的半速率常数 $K_{O_2}=1.3mg/L$，设计最低 pH=7，硝化速率 μ_N 为：

$$\mu_N=0.47e^{0.098(T-15)}\times\left(\frac{N}{N+10^{0.05T-1.158}}\right)\times\left(\frac{O_2}{K_{O_2}+O_2}\right)\times(1-0.833\times7.2-\text{pH})$$

$$=0.47e^{0.098\times(10-15)}\times\left(\frac{5}{5+10^{0.05\times10-1.158}}\right)\times\left(\frac{2}{1.3+2}\right)\times(1-0.833\times7.2-7)$$

$$=0.14(\text{d}^{-1})$$

设计安全系数 $K=3.5$，污泥龄为：

$$\theta_c=K\frac{1}{\mu_N}=3.5\times\frac{1}{0.14}=25(\text{d})$$

ⅳ. 好氧池污泥浓度。好氧池中活性污泥挥发比 $f=0.7$，产率系数 $Y=0.6$，污泥衰减系数 $K_d=0.05d^{-1}$，进水 BOD_5 浓度 $S_0=160mg/L$，生物反应池 BOD_5 去除率大于 90%，并考虑到安全系数，S_e 可不计入。则好氧池挥发性活性污泥浓度为：

$$X_{OV}=\frac{QY\theta_cS_0}{V_O(1+K_d\theta_c)}=\frac{15000\times0.6\times25\times160}{2150.4\times(1+0.05\times25)}=7440(\text{mg/L})$$

MLSS 浓度为：

$$X=\frac{X_{OV}}{f}=\frac{7440}{0.7}=10628(\text{mg/L})\approx11000(\text{mg/L})$$

ⅴ. 确定回流比。进水 TN 浓度 $N_0=38mg/L$，出水 TN 浓度 $N_e=15mg/L$，回流比为：

$$R=\frac{N_0-N_e}{N_e}\times100\%=153\%$$

设计值取 $R=200\%$。其中，厌氧池回流比 $R_1=100\%$，缺氧池回流比 $R_2=100\%$。

ⅵ. 厌氧池污泥浓度

$$X_{A1}=\frac{R_1}{1+R_1}\times X=\frac{1}{1+1}\times11000=5500(\text{mg/L})$$

ⅶ. 缺氧池污泥浓度

$$X_{A2}=\frac{(1+R_1)X_{A1}+R_2X}{1+R_1+R_2}=\frac{(1+1)\times5500+1\times11000}{1+1+1}=7333(\text{mg/L})$$

c. 厌氧池计算。厌氧池的水力停留时间 $HRT_{A1}=1.5h$，厌氧池容积为：

$$V_{A1}=\frac{HRT_{A1}Q}{24}=\frac{1.5\times 15000}{24}=937.5(m^3)$$

厌氧池分为2格，每格宽7.5m，水深同好氧池，池长为：

$$L_{A1}=\frac{V_{A1}}{2BH}=\frac{937.5}{2\times 7.5\times 5}=12.5(m)$$

d. 缺氧池计算。缺氧池进水总凯氏氮浓度N_k=38mg/L，出水TN浓度N_{te}=15mg/L，脱氮速率K_{de}=0.025kg NO_3^--N/kg MLSS，污泥总产率系数Y_t=0.3，MLSS中MVLSS所占比例y=0.7，缺氧池的容积V_{A2}可按下列公式计算：

$$V_{A2}=\frac{0.001Q(N_k-N_{te})-0.12\Delta X_V}{K_{de}X}$$

式中　ΔX_V——排出生物反应池系统的微生物的量，kg MLVSS/d。

$$\Delta X_V=yY_t\frac{Q(S_0-S_e)}{1000}=0.3\times 0.7\times\frac{15000\times(160-5)}{1000}=488.25(kg\ MLVSS/d)$$

缺氧池的容积V_{A2}为：

$$V_{A2}=\frac{0.001\times 15000\times(38-15)-0.12\times 488.25}{0.025\times 7333/1000}=1562.3(m^3)$$

缺氧池分为2格，每格宽、水深同厌氧池，缺氧池长为：

$$L_{A2}=\frac{V_{A2}}{2BH}=\frac{1562.3}{2\times 7.5\times 5}=20.8(m)$$

缺氧池的水力停留时间为：

$$HRT_{A2}=24\times\frac{V_{A2}}{Q}=24\times\frac{1562.3}{15000}=2.5(h)$$

生物反应池总水力停留时间为

$$HRT=HRT_O+HRT_{A1}+HRT_{A2}=4.0+1.5+2.5=8.0(h)$$

③ 曝气量计算　在AAO系统中，溶解氧的需要量由有机物碳化需氧量、氨氮硝化需氧量和硝态氮反硝化需氧量三部分组成，其中硝态氮反硝化需氧量为负值。

a. 有机物碳化需氧量

$$O_{2(1)}=\frac{1.47Q\ (S_0-S_e)}{1000}=\frac{1.47\times 15000\times(160-10)}{1000}=3307.5(kg/d)$$

b. 氨氮硝化需氧量

$$O_{2(2)}=4.57Q\left[\frac{N_{H0}-N_{He}}{1000}-0.12\times\frac{Y(S_0-S_e)}{1000\times(1+K_d\theta_c)}\right]$$

$$=4.57\times 15000\times\left[\frac{30-5}{1000}-0.12\times\frac{0.6\times(160-10)}{1000\times(1+0.05\times 25)}\right]=1384.7(kg/d)$$

式中　N_{H0}、N_{He}——进、出水氨氮的质量浓度，mg/L。

c. 硝态氮反硝化需氧量

$$O_{2(3)}=\frac{2.86Q}{1000}\left[N_0-N_e-0.12\times\frac{Y(S_0-S_e)}{1+K_d\theta_c}\right]$$

$$=\frac{2.86\times15000}{1000}\times\left[38-15-0.12\times\frac{0.6\times(160-10)}{1+0.05\times25}\right]=780.8(\text{kg/d})$$

d. 生化反应池需氧量

$$O_2=O_{2(1)}+O_{2(2)}+O_{2(3)}=3307.5+1384.7-780.8=3911.4(\text{kg/d})=163.0(\text{kg/h})$$

e. 按生物反应需要计算曝气量

标准需氧量与设计需氧量之比为 1.6，曝气池采用穿孔管曝气设备，氧转移效率 E_A 为 7%，按生物反应需要计算的曝气量为：

$$Q_{qs}=\frac{1.6O_2}{0.3E_A}=\frac{1.6\times163.0}{0.3\times0.07}=12419.0(\text{m}^3/\text{h})=207.0(\text{m}^3/\text{min})$$

f. 按膜需要计算曝气量。每个膜组件的面积 $f=1372\text{m}^2$，曝气强度 $q_q=5\text{L}/(\text{min}\cdot\text{m}^2)$，总用气量为：

$$Q_{qM}=\frac{q_q nf}{1000}=\frac{5\times40\times1372}{1000}=274.4(\text{m}^3/\text{min})$$

设计曝气量按膜需要确定。其他计算从略。本实例生化反应池平面布置如图 3-22 所示。

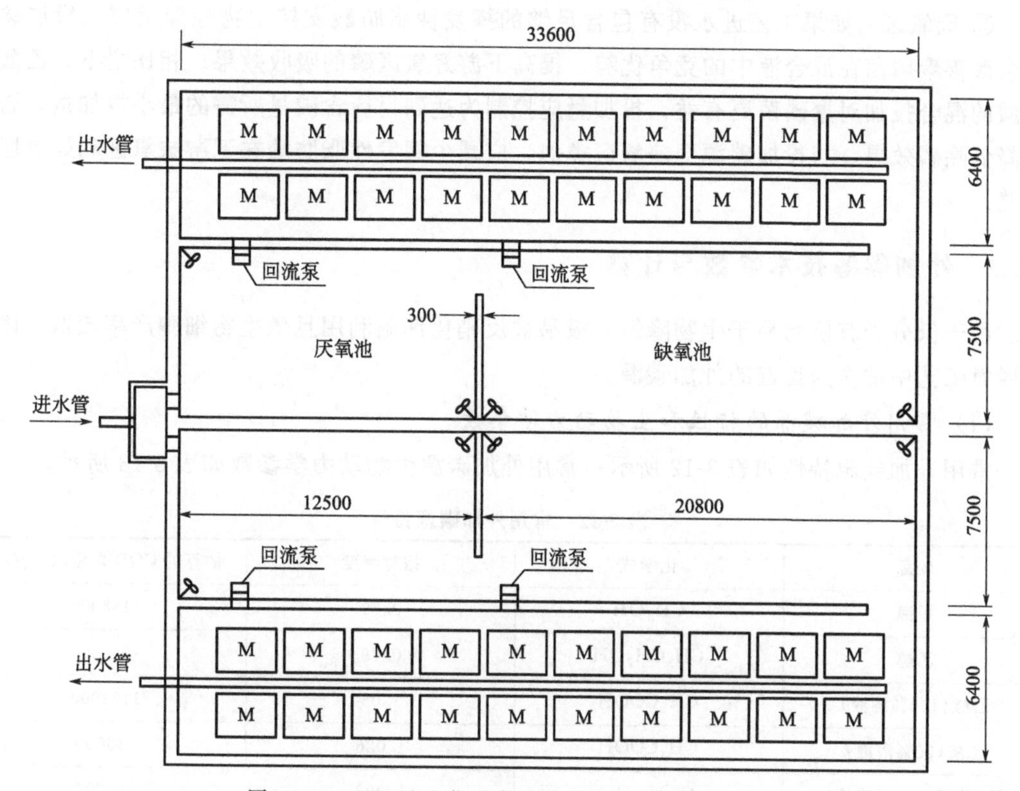

图 3-22　MBR 法生化反应池平面示意（单位：mm）

3.7 碳源投加

当原污水中没有足够的碳源时，投加碳源有利于营养物质的去除。在氮的去除过程中，投加碳源可以促进反硝化反应，从而有效提高脱氮效果。投加碳源也可以对除磷效果有所促进，如投加的碳源包含挥发性脂肪酸并且投加到厌氧区，外加碳源将作为聚磷菌的碳源，从而提高总磷的去除效果；如果投加的碳源不包含挥发性脂肪酸或者投加到缺氧区，则外加碳源的主要作用是促进反硝化，从而减少反应装置中即将通过内回流返回的硝酸盐和亚硝酸盐的量。

3.7.1 碳源的种类和投加点

(1) *碳源的种类*

外加碳源主要是低分子有机物类和糖类物质，如甲醇、乙醇、乙酸、甜菜糖浆、工业废液及其混合物等。

(2) *碳源投加点*

碳源可投加至缺氧区、厌氧区。

① 缺氧区　缺氧区碳源不足时，可将外加碳源的投加点设在缺氧区搅拌器附近，或在缺氧区入口处分配碳源，以保证外加碳源在缺氧渠内最大化分布，并减少碳源在下游好氧区的任何处短路。

② 厌氧区　如果工艺进水没有包含足够的挥发性脂肪酸支持生物除磷反应，投加碳源将会改善聚磷菌在混合液中的竞争优势，提高下游好氧区磷的吸收效果。相比之下，乙酸和丙酸的混合投加对聚磷菌更有益，投加量应控制为达到目标含磷量所需的最小投加量，否则会降低除磷效果。与投加碳源至缺氧区类似，应减少挥发性脂肪酸在下游缺氧区和好氧区的短路。

3.7.2 外加碳源技术参数与计算

由于低分子有机物易于生物降解，极易被反硝化细菌利用且微生物细胞产率较低，因此在脱氮工艺中常作为首选的外加碳源。

(1) *常用外加碳源的特性和生物动力学参数*

常用外加碳源特性如表 3-12 所示；常用外加碳源生物动力学参数如表 3-13 所示。

表 3-12　常用外加碳源特性

碳源	化学式	相对密度	估算的 COD 含量/(mg/L)
甲醇	CH_3OH	0.79	1188000
乙醇	CH_3CH_2OH	0.79	1649000
乙酸(100%溶液)	CH_3COOH	1.05	1121000
乙酸(20%溶液)	CH_3COOH	1.026	219000
糖(蔗糖)(50%溶液)	$C_{12}H_{22}O_{11}$	1.022	685000

表3-13 常用外加碳源生物动力学参数

碳源	反硝化菌的最大比增长速率 m_{max}/d^{-1}	温度/℃	Y/(g生物量COD/g底物COD)	COD与NO_3-N比率
甲醇	0.5～1.86	10～20	0.38	4.6
乙酸	1.3～4	13～20	1.18	3.5

(2) 外加碳源计算

如果污水中有溶解氧，为使反硝化反应进行完全，所需碳源有机物以BOD表示，总量可用下式计算：

$$C=2.86[NO_3^- \text{-N}]+1.71[NO_2^- \text{-N}]+DO \tag{3-31}$$

式中 C——反硝化过程有机物需要量（以BOD表示），mg/L；

$[NO_3^- \text{-N}]$——硝酸盐浓度，mg/L；

$[NO_2^- \text{-N}]$——亚硝酸盐浓度，mg/L；

DO——污水溶解氧浓度，mg/L。

为使反硝化过程进行完全所需投加的甲醇量可按下式计算：

$$C_m=2.47[NO_3^- \text{-N}]+1.53[NO_2^- \text{-N}]+0.87DO \tag{3-32}$$

式中 C_m——甲醇投加量，mg/L；

$[NO_3^- \text{-N}]$——硝酸盐浓度，mg/L；

$[NO_2^- \text{-N}]$——亚硝酸盐浓度，mg/L；

DO——污水溶解氧浓度，mg/L。

1mg甲醇的理论COD值为1.5mg，所以可生物降解的COD表示的碳源有机物需要量CODR可表示为：

$$CODR=3.71[NO_3^- \text{-N}]+2.3[NO_2^- \text{-N}]+1.3DO \tag{3-33}$$

3.7.3 甲醇投加系统设计

甲醇作为基质时本身不含有营养物质（如氮、磷），pH呈中性，可减少对污水中微生物的影响，而且甲醇能够被完全氧化，分解后产生CO_2和H_2O，不产生任何难降解中间产物。采用甲醇作为外加碳源，反应速度快、污泥产量低，药剂费比葡萄糖和醋酸盐略低，因此甲醇更常作为外加碳源使用。

甲醇投加系统的设计要点如下。

① 甲醇投加浓度一般可按“最佳碳氮比×每日外加碳源除氮量/效率因子”来确定，效率因子一般取0.9，有建议设计时甲醇与NO_3^--N的比值可取3，具体设计中最佳碳氮比取值可依据相关试验确定。

② 为保证甲醇的投加安全，用水将甲醇稀释后投加。实际运行中，甲醇投加量可根据进水流量、硝酸盐氮浓度、亚硝酸盐氮浓度、溶解氧浓度由自控系统自动调整。

③ 甲醇投加系统由甲醇储罐区、甲醇加药间和罐区消防系统组成。甲醇储罐可设计为地上式、半地下式和地埋式。

④ 甲醇储罐容积宜按 5～7d 甲醇储备量设计。

⑤ 甲醇储罐区应考虑消防设计，罐区消防系统宜采用低倍数泡沫灭火系统及喷水冷却系统。

⑥ 甲醇加药间所用建筑材料应为非燃烧体，加药间内的所有电气、仪表、通风设备须考虑防爆功能。

⑦ 甲醇投加系统厂区布置依据《建筑设计防火规范》（GB 50016—2014）中相关要求执行。

第4章 生物膜法工艺单元设计

生物膜法和活性污泥法一样，都是利用微生物来去除污水中有机污染物的方法，适用于中小规模污水的生物处理，污水处理系统可以独立建立，也可以与其他污水处理工艺系统组合应用。生物膜法的工艺类型很多，有生物滤池、生物转盘、生物接触氧化池、生物流化床、曝气生物滤池等。本章主要介绍生物接触氧化池工艺单元设计和曝气生物滤池工艺单元设计。

4.1 生物接触氧化池

生物接触氧化池内充满污水，滤料淹没在水中，并采用与曝气池相同的曝气方法向微生物供氧，净化污水主要依靠载体上的生物膜作用，生物接触氧化池内存在一定浓度的活性污泥，因此它兼有活性污泥和生物膜法的优点。

4.1.1 生物接触氧化池工艺流程

(1) 基本工艺流程

根据进水水质和处理程度，生物接触氧化法主要有一段（级）式或二段（级）式两种基本工艺流程，如图 4-1、图 4-2 所示。生物接触氧化池的流态为完全混合式，微生物处于对数增殖期的后期或减速增殖期的前期，因此生物膜增长较快，有机物降解速率较高。

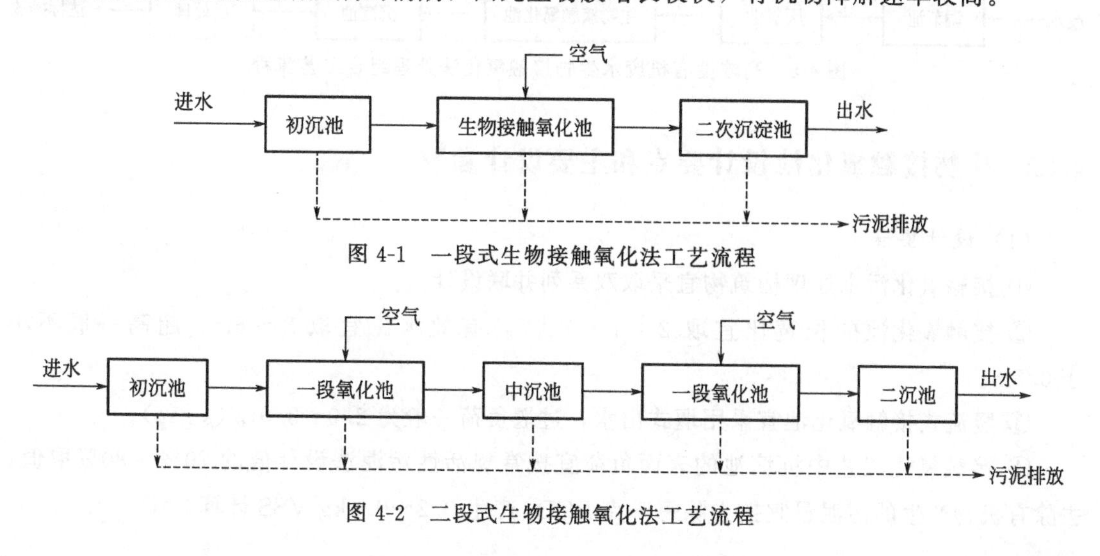

图 4-1 一段式生物接触氧化法工艺流程

图 4-2 二段式生物接触氧化法工艺流程

一段式生物接触氧化法工艺流程简单，易于维护管理，但生物接触氧化池有时因布水或曝气不均，局部存在死区而影响处理效果。

二段式生物接触氧化法工艺将一段式生物接触氧化池分为两段：第一段微生物处于对数增殖期，以低能耗、高负荷、快速的生物吸附和合成为主，能够去除污水中70%～80%的有机物；第二段利用微生物的氧化分解作用，对污水中残留的有机物进行氧化分解，以进一步改善出水的水质，二段式的中沉池在实际中也可以不设。也有3个或3个以上生物接触氧化池串联的多段系统，在工业废水处理中应用较多。

(2) 组合工艺流程

生物接触氧化工艺可单独使用，也可与其他污水处理工艺组合应用。单独使用时可用于碳氧化和硝化，脱氮时在生物接触氧化池前设置缺氧池，除磷时应组合化学除磷工艺。

图4-3所示工艺流程为以缺氧接触氧化＋好氧接触氧化为主体的组合工艺流程，适宜生活污水的除碳和脱氮处理。

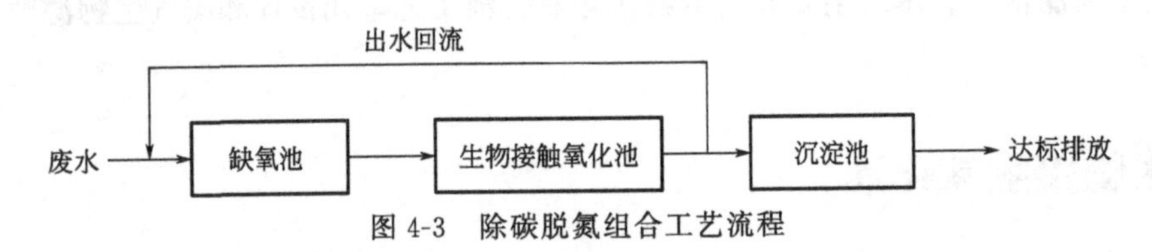

图4-3 除碳脱氮组合工艺流程

以水解酸化＋生物接触氧化为主体的组合工艺流程如图4-4所示，该流程适宜处理难降解有机废水。

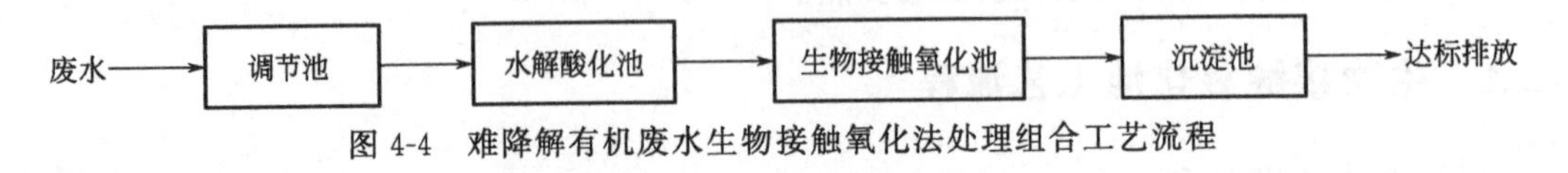

图4-4 难降解有机废水生物接触氧化法处理组合工艺流程

图4-5所示为以厌氧＋生物接触氧化为主体的组合工艺流程，适宜处理高浓度有机废水。

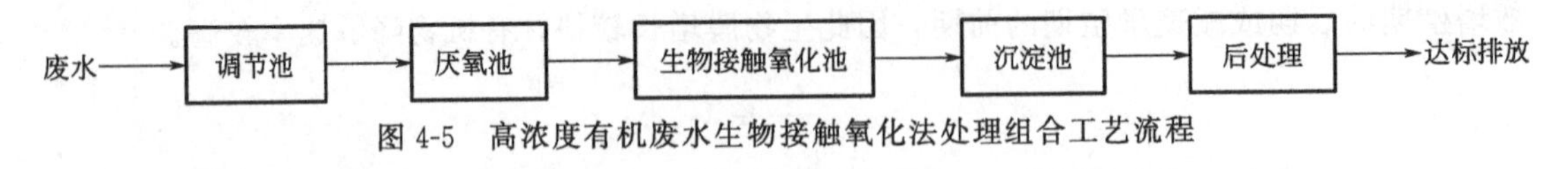

图4-5 高浓度有机废水生物接触氧化法处理组合工艺流程

4.1.2 生物接触氧化池设计要点和主要设计参数

(1) 设计要点

① 接触氧化污水处理构筑物宜采取双系列并联设计。

② 接触氧化池的长宽比宜取2∶1～1∶1，有效水深宜取3～6m，超高一般不小于0.5m。

③ 竖流式接触氧化池宜采用堰式出水，过堰负荷一般为2.0～3.0L/(s·m)。

④ 接触氧化工艺中沉淀池的表面负荷宜按常规活性污泥法设计值的70%～80%取值；去除有机物产生的污泥量宜按去除每千克BOD_5产生0.2～0.4kg VSS计算。

⑤ 进水 COD_{Cr} 浓度超过 2000mg/L 时，应增加厌氧预处理工艺；悬浮物浓度超过 500mg/L 的工业废水，宜根据水质情况设置初沉池，或混凝/沉淀或气浮等预处理工艺。

⑥ 多级接触氧化工艺的第一级生物接触氧化池的水力停留时间应占总水力停留时间的 55%～60%。

(2) 主要设计参数

① 去除碳源污染物　城镇污水处理工程和水质类似城镇污水的工业废水处理工程宜按表 4-1 中所列的设计参数取值。但水质相差较大时，应通过试验或参照类似工程确定设计参数。

表 4-1　去除碳源污染物主要工艺设计参数

项目	符号	单位	参数值
BOD_5 填料容积负荷	M_C	kg BOD_5/(m^3 填料·d)	0.5～3.0
悬挂式填料填充率	η	%	50～80
悬浮式填料填充率	η	%	20～50
污泥产率	Y	kg VSS/kg BOD_5	0.2～0.7
水力停留时间①	HRT	h	2～6

① 此参数仅适用于生活污水和城镇污水。

② 除碳与脱氮　同时除碳脱氮时，应设置缺氧池和接触氧化池，主要工艺设计参数宜按表 4-2 取值。

表 4-2　脱氮处理时主要工艺设计参数

项目	符号	单位	参数值
BOD_5 填料容积负荷	M_C	kg BOD_5/(m^3 填料·d)	0.4～2.0
硝化填料容积负荷	M_N	kg TKN/(m^3 填料·d)	0.5～1.0
好氧池悬挂填料填充率	η	%	50～80
好氧池悬浮填料填充率	η	%	20～50
缺氧池悬挂填料填充率	η	%	50～80
缺氧池悬浮填料填充率	η	%	20～50
污泥产率	Y	kg VSS/kg BOD_5	0.2～0.6
水力停留时间①	HRT	h	4～16
	HRT_{DN}		缺氧段 0.5～3.0
出水回流比	R	%	100～300

① 此参数仅适用于生活污水和城镇污水。

4.1.3　生物接触氧化池设计计算

(1) 池容设计计算

① 接触氧化池　接触氧化池的有效容积可按式(4-1) 进行计算：

$$V=\frac{Q(S_0-S_e)}{M_C\eta\times 1000} \tag{4-1}$$

式中 V——接触氧化池的设计容积，m^3；

Q——接触氧化池的设计流量，m^3/h；

S_0——接触氧化池进水 BOD_5 质量浓度，mg/L；

S_e——接触氧化池出水 BOD_5 质量浓度，mg/L；

M_C——接触氧化池填料去除有机污染物的 BOD_5 容积负荷，kg BOD_5/(m^3 填料·d)；

η——填料的填充比，%。

② 脱氮反应的接触氧化池有效容积的计算

a. 硝化好氧池有效容积。硝化好氧池有效容积可按式(4-2) 计算：

$$V=\frac{Q(N_{IKN}-N_{EKN})}{M_N\eta\times1000} \tag{4-2}$$

式中 V——接触氧化池的容积，m^3；

Q——设计流量，m^3/h；

N_{IKN}——接触氧化池进水凯氏氮质量浓度，mg/L；

N_{EKN}——接触氧化池出水凯氏氮质量浓度，mg/L；

M_N——接触氧化池的硝化容积负荷，kg TKN/(m^3 填料·d)；

η——填料的填充比，%。

b. 反硝化缺氧池有效容积。反硝化缺氧池有效容积可按式(4-3) 计算：

$$V=\frac{Q(N_{IN}-N_{EN})}{M_{DNL}\eta\times1000} \tag{4-3}$$

式中 V——缺氧池的设计容积，m^3；

Q——设计流量，m^3/h；

N_{IN}——反硝化池进水硝态氮质量浓度，mg/L；

N_{EN}——反硝化池出水硝态氮质量浓度，mg/L；

M_{DNL}——缺氧池的反硝化容积负荷，kg NO_3^--N/(m^3 填料·d)；

η——填料的填充比，%。

同时去除碳源污染物和氨氮时，接触氧化池设计池容应分别计算去除碳源污染物的容积负荷和硝化容积负荷。接触氧化池设计池容应取高值，或将两种计算值之和作为接触氧化池的设计池容。

(2) 池容校核计算

采用水力停留时间对计算得出的池容进行校核计算，计算公式如式(4-4) 所示：

$$V=\frac{Q\times HRT}{24} \tag{4-4}$$

式中 V——设计池容，m^3；

Q——设计流量，m^3/d；

HRT——水力停留时间，h。

4.1.4　生物接触氧化法设计计算实例

[例 4-1]　生物接触氧化法硝化工艺的设计计算

(1) 已知条件

设计处理污水量 $Q=8000m^3/d$。生物接触氧化池进水水质：$BOD_5=200mg/L$；$N_{IKN}=40mg/L$；$TP=9mg/L$；$SS=180mg/L$；碱度 $S_{ALK}=280mg/L$。平均水温夏季 $T=25℃$，冬季 $T=10℃$。设计出水水质：$BOD_5\leqslant 10mg/L$；$NH_3\text{-}N\leqslant 8mg/L$；$SS\leqslant 10mg/L$。

(2) 设计计算

① 生物接触氧化池　采用两段生物接触氧化法污水处理工艺，第一段为有机物氧化段，第二段为氨氮的硝化段。取 $M_C=1.0kg\ BOD_5/(m^3$ 填料 · d)；$M_N=0.8kg\ TKN/(m^3$ 填料 · d)；采用悬挂填料，取碳化段 $\eta_1=$ 硝化段 $\eta_2=0.7$。

$$V=\frac{Q(S_0-S_e)}{M_C\eta\times 1000}+\frac{Q(N_{IKN}-N_{EKN})}{M_N\eta\times 1000}$$

$$=\frac{8000\times(200-10)}{1.0\times 0.7\times 1000}+\frac{8000\times(40-8)}{0.8\times 0.7\times 1000}=2171.43+457.14=2628.57(m^3)$$

设两组生物接触氧化池，即 $n=2$。有效水深 h 取 4.5m，每组平面面积 F_1 为：

$$F_1=\frac{V}{hn}=\frac{2628.57}{4.5\times 2}=292(m^2)$$

每组生物接触氧化池的平面尺寸为 29m×10m，总有效容积为 $1305m^3$，水力停留时间为：

$$HRT=1305\times 2\times\frac{24}{8000}=7.83(h)$$

计算结果符合水力停留时间为 4～16h 的要求。

第一级生物接触氧化池的水力停留时间应占水力停留时间的 55%～60%，则第一级的平面尺寸为 17m×10m，第二级的平面尺寸为 12m×10m。

接触氧化池超高取 0.5m，曝气区高 1.0m，填料层高 3.0m，稳水层高 0.5m，总高度 5m。

② 沉淀池　采用斜管沉淀池，表面负荷按常规活性污泥法二沉池设计值的 70%～80% 取值。本例两级沉淀池均取 $1.85m^3/(m^2\cdot h)$，沉淀池面积 F_2 为：

$$F_2=\frac{Q}{24nq}=\frac{8000}{24\times 2\times 1.85}=90(m^2)$$

沉淀池平面尺寸 10m×9m，分两格，每格 5m×9m。

根据《室外排水设计规范》(GB 50014—2006) 第 6.5.15 条，斜管沉淀池超高取 0.3m，斜管（板）区上部水深 0.8m，斜管孔径 80mm，斜管（板）长 1.0m，斜管（板）水平倾角 60°，则垂直高度 0.866m。斜管（板）区底部缓冲层高度 1m，污泥斗高度 3.64m，沉淀池总高 $H=0.3+0.8+0.866+1+3.64=6.606(m)$。为便于排泥，每格沉淀池单独布置。

每级沉淀池共设 4 个污泥斗，每个污泥斗的容积为：

$$V_{单}=\frac{1}{3}h_{泥斗}(f_1+f_2+\sqrt{f_1f_2})$$

式中 f_1——污泥斗上口面积，m^2；

f_2——污泥斗下口面积，m^2；

$h_{泥斗}$——污泥斗高度，m。

$$f_1=4.5\times5=22.5(m^2)$$

$$f_2=0.8\times0.8=0.64(m^2)$$

污泥斗为方斗，倾角 $\alpha=60°$，则：

$$h_{泥斗}=[(5-0.8)/2]\tan60°=3.64(m)$$

$$V_{单}=\frac{1}{3}\times3.64\times(22.5+0.64+\sqrt{22.5\times0.64})=32.7(m^3)$$

每级沉淀池设4个泥斗，总容积为 $130.8m^3$。

生物接触氧化池与沉淀池平面示意如图4-6所示。

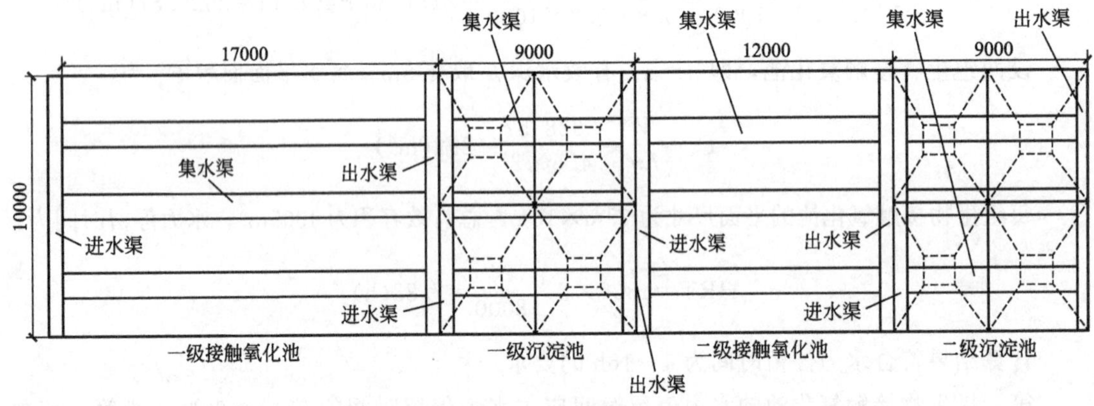

图4-6 生物接触氧化池与沉淀池平面示意图（单位：mm）

③ 剩余污泥量 接触氧化池产生的污泥量宜按去除每千克 BOD_5 产生 0.2～0.4kg VSS 计算。

$$\Delta X=YQ(S_0-S_e)+fQ(SS_0-SS_e)$$

式中 ΔX——剩余污泥量，kg SS/d；

Q——设计平均日污水量，m^3/d；

Y——污泥产率系数，kg VSS/kg BOD_5，取0.4kg VSS/kg BOD_5；

S_0——接触氧化池进水 BOD_5 质量浓度，kg/m^3；

S_e——接触氧化池出水 BOD_5 质量浓度，kg/m^3；

f——进水悬浮物中无机物部分，取0.6kg/kg SS；

SS_0——曝气池或生物反应池进水悬浮物质量浓度，kg/m^3；

SS_e——曝气池或生物反应池出水悬浮物质量浓度，kg/m^3。

$$\Delta X=0.4\times8000\times(0.2-0.01)+0.6\times8000\times(0.18-0.01)=1424(kg\ SS/d)$$

根据《室外排水设计规范》(GB 50014—2006) 第 6.5.1 条，污泥含水率按 97%计，则每天产生的污泥体积 Q_s 为：

$$Q_s=\frac{0.001\Delta X}{1-p}=\frac{0.001\times 1424}{1-0.97}=47.47(m^3/d)$$

污泥量小于污泥斗的容积。

④ 接触氧化池需氧量　根据《生物接触氧化法污水处理工程技术规范》(HJ 2009—2011) 第 6.5 条：

$$O_2=0.001aQ(S_0-S_e)-c\Delta X_V+b[0.001Q(N_k-N_{ke})-0.12\Delta X_V]$$

式中　O_2——设计需氧量，kg O_2/d；

ΔX_V——排出生物反应池系统的微生物量 (MLVSS)，kg/d；

N_k——进水的总凯氏氮 (TKN) 浓度，mg/L；

N_{ke}——出水的总凯氏氮 (TKN) 浓度，mg/L；

$0.12\Delta X_V$——排出系统的微生物中含氮量，kg/d；

a——碳的氧当量，当含碳物质以 BOD_5 计时，取 1.47；

b——常数，氧化每千克氨氮所需氧量，kg O_2/kg N，取 4.57；

c——常数，细菌细胞的氧当量 (O_2/MLVSS)，取 1.42。

$\Delta X_V=0.75\Delta X=0.75\times 1424=1068(kg/d)$，则

$$\begin{aligned}O_2&=0.001\times 1.47\times 8000\times(200-10)-1.42\times 1068+\\&\quad 4.57\times[0.001\times 8000(40-10)-0.12\times 1068]\\&=2234.4-1516.56+511.1=1228.94(kgO_2/d)=51.2(kgO_2/h)\end{aligned}$$

4.2 曝气生物滤池

曝气生物滤池 (BAF) 是生物接触氧化与过滤结合在一起的工艺，是普通生物滤池的一种变形方式，也可以看成是生物接触氧化法的一种特殊形式。由于池内装填的滤料细小，过滤作用强，所以出水不再进行沉淀，节省了二沉池。为减少反冲洗次数，其进水 SS 浓度有一定限制，通常需要初沉等预处理措施。

4.2.1 曝气生物滤池工艺流程

根据处理污染物不同，曝气生物滤池可分为碳氧化、硝化、后置反硝化或前置反硝化等。碳氧化、硝化、反硝化可在单级曝气生物滤池内完成，也可分别在多级曝气生物滤池内完成。下列工艺流程可供参考选用。

(1) 碳氧化曝气生物滤池工艺流程

如图 4-7 所示，主要去除污水中含碳有机物时，可采用该工艺。

(2) 碳氧化滤池＋硝化滤池两级组合工艺流程

要求去除含碳有机物并完成氨氮的硝化时可采用碳氧化滤池工艺流程，并适当降低负荷；也可采用碳氧化滤池＋硝化滤池两级串联工艺，如图 4-8 所示。

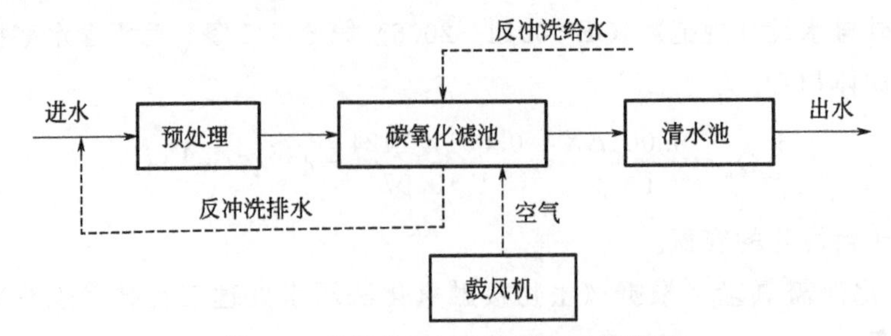

图 4-7　碳氧化曝气生物滤池工艺流程

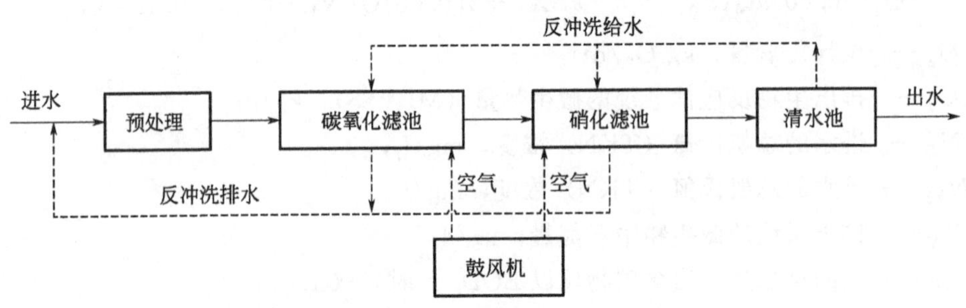

图 4-8　碳氧化滤池＋硝化滤池组合工艺流程

(3) 前置反硝化滤池＋硝化滤池组合工艺流程

当进水碳源充足且出水水质对总氮去除要求高时，可采用前置反硝化滤池＋硝化滤池组合工艺，如图 4-9 所示。

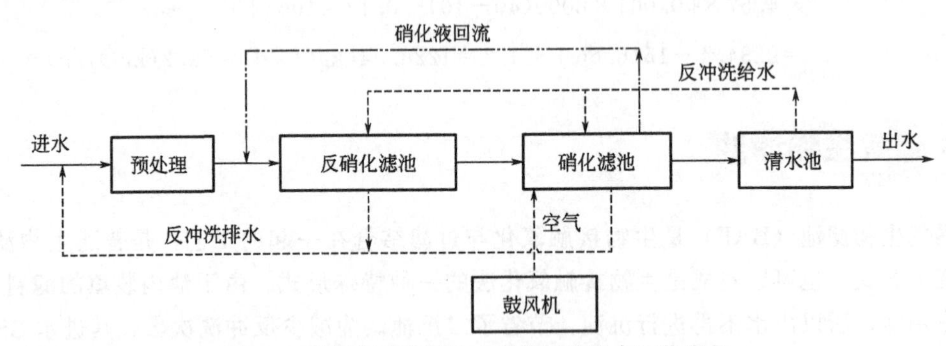

图 4-9　前置反硝化滤池＋硝化滤池组合工艺流程

当进水总氮含量高、碳源不足而出水对总氮要求较严时，可采用后置反硝化工艺，同时外加碳源，或采用如图 4-9 所示的前置反硝化滤池，同时外加碳源。前置反硝化生物滤池工艺中硝化液回流率可具体根据设计 NO_3^--N 去除率及进水碳氮比等确定，外加碳源的投加量需经过计算确定。

工艺流程中的预处理单元，应根据污水的水质条件，设置为沉砂池、初次沉淀池或混凝沉淀池，必要时还可设置除油池、厌氧水解池等预处理或前处理设施。曝气生物滤池进水的悬浮固体浓度一般不宜大于 60mg/L。

4.2.2　曝气生物滤池构造

曝气生物滤池的构造与污水三级处理的滤池基本相同，只是滤料不同，一般采用单一均粒滤料。根据污水在滤池运行中过滤方向的不同，曝气生物滤池可分为上向流和下向流滤池，除污水在滤池中的流向不同外，上向流和下向流滤池的池型结构基本相同。图4-10所示为上向流曝气生物滤池，其组成部分主要有滤池池体、滤料、承托层、布水系统、布气系统、反冲洗系统等。

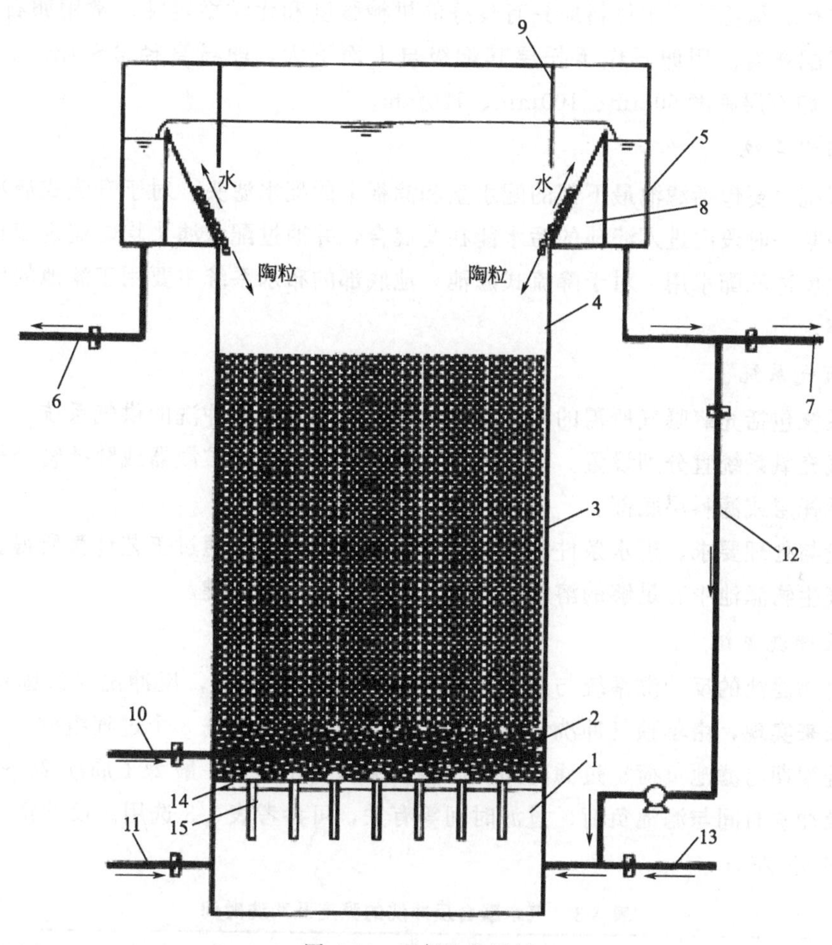

图4-10 曝气生物滤池

1—缓冲配水区；2—承托层；3—滤料层；4—出水区；5—出水槽；6—反冲洗排水管；7—净化水排出管；8—斜板沉淀区；9—栅型稳流板；10—曝气管；11—反冲洗供气管；12—反冲洗供水管；13—滤池进水管；14—滤料支撑板；15—长柄滤头

(1) 滤池池体

池体可采用圆形、正方形和矩形，结构形式有钢筋混凝土结构和钢制设备等。当处理水量小时多用圆形池体，水量大时宜采用钢筋混凝土正方形或矩形池型。

曝气生物滤池的池体高度宜为5～7m。它包括了曝气生物滤池的配水区、承托层、滤料层、清水区和超高等。

(2) 滤料

曝气生物滤池所采用的滤料主要有多孔陶粒、无烟煤、石英砂、膨胀页岩、轻质塑料等。实际工程中多选用粒径为2～10mm左右的球形轻质多孔陶粒或塑料球形颗粒。

曝气生物滤池的滤料要求：具有较好的强度、不易磨损、比表面积大、亲水性好、化学物理稳定性好、易挂膜、生物附着性强、耐冲洗和不易堵塞。

(3) 承托层

承托层主要是用来支撑生物填料，防止生物填料流失和堵塞滤头，同时还可以保持反冲洗的稳定进行。承托层所用材料应具有良好的机械强度和化学稳定性。常用卵石或磁铁矿，并按一定级配布置。用卵石作承托层其配级自上而下为：卵石直径 2～4mm、4～8mm、8～16mm，卵石层高度 50mm、100mm、100mm。

(4) 布水系统

布水系统主要包括滤池最下部的配水室和滤板上的配水滤头。对于升流式滤池，配水室的作用是使某一时段内进入滤池的污水能在此混合，并通过配水滤头均匀流进滤料层，同时也作为滤池反冲洗配水用。对于降流式滤池，池底部的布水系统主要用于滤池的反冲洗和处理水的收集。

(5) 布气系统

布气系统包括充氧曝气所需的曝气系统和进行气水联合反冲洗的供气系统。反冲洗供气系统和曝气充氧系统宜分别设置。曝气装置可采用单孔膜空气扩散器或穿孔管曝气器。曝气器可设在承托层或滤料层底部。

曝气量与处理要求、进水条件和滤料情况直接相关，一般通过工艺计算所得。布气系统是保持曝气生物滤池中有足够的溶解氧含量和反冲洗气量的关键。

(6) 反冲洗系统

曝气生物滤池的反冲洗系统与给水处理中的 V 形滤池类似，反冲洗通过固定在滤板上的长柄滤头来实现，由单独气冲洗、气水联合反冲洗和单独水洗 3 个过程组成。

反冲洗周期与滤池负荷、过滤时间及滤池水头损失相关，一般为 1 周期 24～72h。反冲洗的强度及冲洗时间与滤池负荷、过滤时间等有关，可参考表 4-3 选用。反冲洗水量一般为进水水量的 8%左右。

表 4-3　气水联合反冲洗的强度及冲洗时间

项目	单独气冲洗	气水联合反冲洗	单独水洗
强度/[L/(m^2·s)]	12～25	气:10～15 水:4～6	8～16
时间/min	3～10	3～5	3～10

4.2.3 曝气生物滤池设计计算

(1) 设计要点和设计参数

① 设计要点

a. 曝气生物滤池宜采用上向流进水方式。

b. 曝气生物滤池在滤池截面面积过大时应分格，分格数不应小于 2 格。单格滤池的截面积宜为 50～100m^2。

c. 曝气生物滤池一般采用小阻力布水系统并宜用专用滤头，安装于滤板上，其布置密度通常不小于36个/m^2。

d.曝气生物滤池宜分别设置曝气充氧系统和反冲洗供气系统；多格并联运行时，供氧风机宜采用一对一布置形式，并设置一定数量的备用风机。

e.碳氧化滤池和硝化滤池出水中的溶解氧宜控制为3.0～4.0mg/L。

f.曝气生物滤池出水系统可采用周边出水或单侧出水，反冲洗排水和出水槽（渠）宜分开布置。应设置出水堰板等装置，防止反冲洗时滤料流失并且调节出水平衡。

g.曝气生物滤池的污泥产量可按照去除有机物后的污泥增加量和去除悬浮物两项之和计算，依据负荷不同而不同，每去除1kg BOD_5 可参考产生0.18～0.75kg计算。

h.曝气生物滤池产生的泥水可排入缓冲池，沉淀后与整个处理工艺的污泥合并处理。

i.当曝气生物滤池出水悬浮物满足后续处理或排放要求时，可不设二次沉淀池或过滤设施。

② 设计参数　曝气生物滤池的容积负荷和水力负荷宜根据试验资料确定，无试验资料时，可采用经验数据或按表4-4的参数取值。

表4-4　曝气生物滤池工艺主要设计参数

种类	容积负荷	水力负荷(滤速)	空床水力停留时间
碳氧化滤池	3.0～6.0kg $BOD_5/(m^3 \cdot d)$	2.0～10.0$m^3/(m^2 \cdot h)$	40～60min
硝化滤池	0.6～1.0kg NH_3-N/$(m^3 \cdot d)$	3.0～12.0$m^3/(m^2 \cdot h)$	30～45min
碳氧化/硝化滤池	1.0～3.0kg $BOD_5/(m^3 \cdot d)$ 0.4～0.6kg NH_3-N/$(m^3 \cdot d)$	1.5～3.5$m^3/(m^2 \cdot h)$	80～100min
前置反硝化滤池	0.8～1.2kg NO_3^--N/$(m^3 \cdot d)$	8.0～10.0$m^3/(m^2 \cdot h)$ (含回流)	20～30min
后置反硝化滤池	1.5～3.0kg NO_3^--N/$(m^3 \cdot d)$	8.0～12.0$m^3/(m^2 \cdot h)$	20～30min

注：1.设计水温较低、进水浓度较低或出水水质要求较高时，有机负荷、硝化负荷、反硝化负荷应取下限。
2.反硝化滤池的水力负荷、空床水力停留时间均按含硝化液回流水量确定，反硝化回流比应根据总氮去除率确定。

（2）设计计算

① 池体计算　曝气生物滤池池体体积一般按容积负荷法计算，按水力负荷校核。

a.滤料体积。可按下式计算：

$$V=\frac{Q(X_0-X_e)}{1000L_{VX}} \tag{4-5}$$

式中　V——滤料体积（堆积体积），m^3；

Q——设计进水流量，m^3/d；

X_0——曝气生物滤池进水 X 污染物浓度，mg/L；

X_e——曝气生物滤池出水 X 污染物浓度，mg/L；

L_{VX}——X 污染物的容积负荷，碳氧化、硝化、反硝化时 X 分别代表 BOD_5、NH_3-N、NO_3^--N，取值见表4-4，kg $X/(m^3 \cdot d)$。

b.滤池总截面积。可按下式计算：

$$A_n=\frac{V}{H_1} \tag{4-6}$$

式中　A_n——滤池总截面积，m^2；

V——滤料体积（堆积体积），m^3；

H_1——滤料层高度，m。

c. 单格滤池截面积。可按下式计算：

$$A_0=\frac{A_n}{n} \tag{4-7}$$

式中　A_0——单格滤池截面积，m^2；

n——滤池格数，个；

A_n——滤池总截面积，m^2。

d. 水力负荷。可按下式计算：

$$q=\frac{Q}{A_n} \tag{4-8}$$

式中　q——水力负荷，$m^3/(m^2 \cdot h)$；

Q——设计进水流量，m^3/d；

A_n——滤池总截面积，m^2。

e. 滤池总高度。滤池总高度为滤料层高度、承托层高度、滤板厚度、配水区高度、清水区高度和滤池超高相加之和。可按下式计算：

$$H=H_1+H_2+H_3+H_4+H_5+H_6 \tag{4-9}$$

式中　H——滤池总高度，m；

H_1——滤料层高度，m，取2.5～4.5m；

H_2——承托层高度，m，取0.3～0.4m；

H_3——滤板厚度，m；

H_4——配水区高度，m，取1.2～1.5m；

H_5——清水区高度，m，取0.8～1.0m；

H_6——滤池超高，m，一般取0.5m。

② 曝气量计算

a. 单位需氧量。可按下式计算：

$$q_{Rc}=\frac{a\Delta S(BOD_5)+bX_0}{TBOD_5} \tag{4-10}$$

式中　q_{Rc}——单位质量的BOD_5所需的氧量，kg O_2/kg BOD_5；

$\Delta S(BOD_5)$——曝气生物滤池进水、出水BOD_5浓度差值，mg/L；

$TBOD_5$——曝气生物滤池进水BOD_5浓度值，mg/L；

X_0——曝气生物滤池进水悬浮物浓度值，mg/L；

a,b——需氧量系数，kg O_2/kg BOD_5，一般a取0.82，b取0.28。

b. 实际需氧量。可按下列公式计算。

碳氧化滤池实际需氧量：

$$R_S = R_C \tag{4-11}$$

硝化滤池实际需氧量：

$$R_S = R_N \tag{4-12}$$

同步碳氧化/硝化滤池实际需氧量：

$$R_S = R_C + R_N \tag{4-13}$$

前置反硝化工艺的后置碳氧化滤池实际需氧量：

$$R_S = R_C + R_N - R_{DN} \tag{4-14}$$

其中：

$$R_C = \frac{Qq_{Rc}\mathrm{TBOD_5}}{1000} \tag{4-15}$$

$$R_N = \frac{4.57Q\Delta S(\mathrm{TKN})}{1000} \tag{4-16}$$

$$R_{DN} = \frac{2.86Q\Delta S(\mathrm{TN})}{1000} \tag{4-17}$$

式中 R_S——单位时间曝气生物滤池的实际需氧量，kg O_2/d；

R_C——单位时间内曝气生物滤池去除 BOD_5 的实际需氧量，kg O_2/d；

R_N——单位时间内曝气生物滤池氨氮硝化的实际需氧量，kg O_2/d；

R_{DN}——单位时间内生物滤池反硝化抵消的需氧量，kg O_2/d；

Q——设计污水流量，m^3/d；

q_{Rc}——单位质量的 BOD_5 所需的氧量，kg O_2/kg BOD_5；

$TBOD_5$——曝气生物滤池进水 BOD_5 浓度值，mg/L；

ΔS(TKN)——硝化滤池进水、出水凯氏氮浓度差值，mg/L；

ΔS(TN)——硝化滤池进水、出水总氮浓度差值，mg/L；

4.57——每消耗 1g 氨氮需消耗 4.57g 氧；

2.86——每消耗 1gNO_3^--N 可节约 2.86g 氧。

4.2.4 曝气生物滤池设计计算实例

［例 4-2］ 碳氧化曝气生物滤池的设计计算

(1) 已知条件

设计处理污水量 Q=4000m^3/d。进水水质：BOD_5=160mg/L；SS=60mg/L。平均水温夏季 T=25℃，冬季 T=10℃。设计出水水质：BOD_5≤20mg/L；SS≤20mg/L。

(2) 设计计算

① 曝气生物滤池滤料体积 V 选用陶粒滤料，容积负荷 L_{VX} 选取 3.0kg BOD_5/(m^3·d)。

$$V = \frac{Q(X_0 - X_e)}{1000L_{VX}} = \frac{4000\times(160-20)}{1000\times3.0} = 186.7(m^3)$$

② 曝气生物滤池总截面积 A_n 滤池分为 2 格，设滤料高 H_1 为 3.5m。

$$A_n=\frac{V}{H_1}=\frac{186.7}{3.5}=53.3(m^2)$$

单格滤池截面积 A_0 为：

$$A_0=\frac{A_n}{n}=\frac{53.3}{2}=26.7(m^2)$$

③ 滤池尺寸　每格滤池采用方形，单格滤池边长 a 为：

$$a=\sqrt{A_0}=\sqrt{26.7}=5.2(m)$$

取承托层高度 H_2 为 0.3m，滤板厚度 H_3 为 0.1m，配水区高度 H_4 为 1.5m，清水区高度 H_5 为 0.9m，滤池超高 H_6 为 0.5m，则滤池总高为：

$$H=H_1+H_2+H_3+H_4+H_5+H_6=3.5+0.3+0.1+1.5+0.9+0.5=6.8(m)$$

④ 水力停留时间 t　空床水力停留时间为：

$$t=\frac{V}{Q}=\frac{2\times5.2\times5.2\times3.5}{4000}\times24=1.14(h)=68(min)$$

实际水力停留时间为：

$$t'=\varepsilon t=0.5\times1.14=0.57(h)=34(min)$$

式中　ε——滤料层孔隙率，一般为 0.5。

⑤ 校核水力负荷 q

$$q=\frac{Q}{A_n}=\frac{4000}{2\times5.2\times5.2}=74[m^3/(m^2\cdot d)]=3.1[m^3/(m^2\cdot h)]$$

水力负荷（滤速）符合 $2.0\sim10.0m^3/(m^2\cdot h)$ 的要求。

⑥ 需氧量

a. 单位需氧量 q_{Rc}。

$$q_{Rc}=\frac{a\Delta S(BOD_5)+bX_0}{TBOD_5}=\frac{0.82\times(160-20)+0.28\times60}{160}=0.82(kg\ O_2/kg\ BOD_5)$$

b. 实际需氧量 R_S。

$$R_S=R_C=\frac{Qq_{Rc}TBOD_5}{1000}=\frac{4000\times0.82\times160}{1000}=524.8(kg\ O_2/d)$$

根据实际需氧量可以换算求得标准需氧量，进而求出需气量 G_s，有关内容不再赘述。

⑦ 反冲洗系统　采用气水联合反冲洗。

a. 空气反冲洗计算。选用空气冲洗强度 $q_气$ 为 $12L/(m^2\cdot s)$，两格滤池轮流反冲洗，每格需气量 $Q_气$ 为：

$$Q_气=q_气A_0=12\times5.2\times5.2=324.48(L/s)=19.5(m^3/min)$$

b. 水反冲洗计算。选用水冲洗强度 $q_水$ 为 $8L/(m^2\cdot s)$，两格滤池轮流反冲洗，每格需水量 $Q_水$ 为：

$$Q_{水}=q_{水}A_0=8\times5.2\times5.2=216.32(\text{L/s})=13.0(\text{m}^3/\text{min})$$

冲洗水占进水量比为：

$$\frac{13.0\times30}{4000}\times100\%=9.8\%$$

滤池工作周期按 24h 计，水冲洗每次 30min。

⑧ 污泥量计算　可根据曝气生物滤池的 BOD_5 负荷，参照表 4-5 选取污泥产率。

表 4-5　曝气生物滤池污泥产率

BOD_5 负荷/[kg/(m³·d)]	1.0	1.5	2.0	2.5	3.0	3.6	3.9
污泥产率/(kg/kg BOD_5)	0.18	0.37	0.45	0.52	0.58	0.70	0.75

曝气生物滤池产生的污泥量为：

$$W_{泥}=YQ(S_0-S_e)+fQ(\text{SS}_0-\text{SS}_e)$$

$$=0.6\times4000\times(0.16-0.02)+0.6\times4000\times(0.06-0.02)=432(\text{kg SS/d})$$

⑨ 进水水管设计

a. 滤池布水系统。采用小阻力系统的长柄滤头，单个滤头缝隙宽度 2mm，缝隙面积 $320(\text{mm})^2$/个，共需 2218 个，安装密度 41 个/m^2，满足布置密度不小于 36 个/m^2 的要求。

b. 出水设施。采用单堰出水，出水边设 60°斜坡，并安装栅形稳流器，降低出水流速，同时阻止滤料流失。曝气生物滤池示意图如图 4-11 所示。

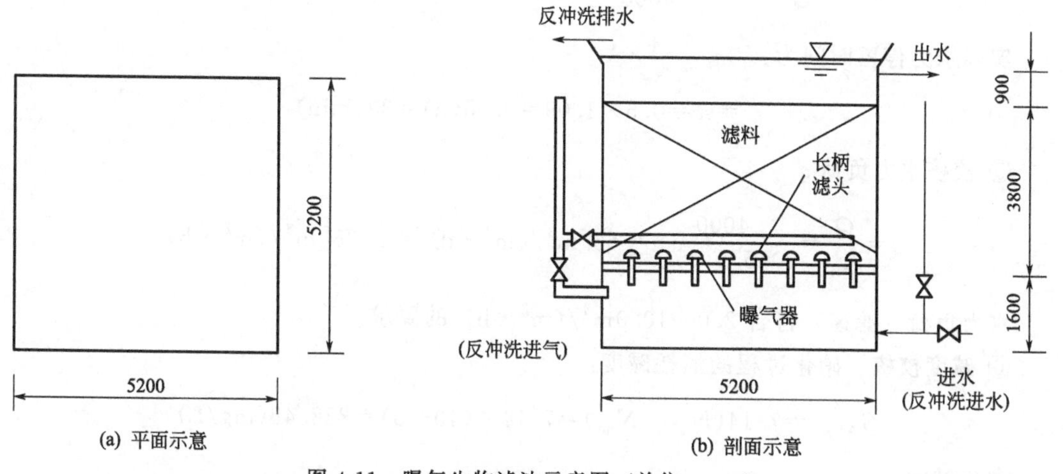

图 4-11　曝气生物滤池示意图（单位：mm）

[例 4-3]　硝化型曝气生物滤池的设计计算

（1）已知条件

污水量 $Q=4000\text{m}^3/\text{d}$。进水水质：$BOD_5=60\text{mg/L}$；SS=40mg/L；$NH_3$-N=40mg/L；碱度（以 $CaCO_3$ 计）为 350mg/L。平均水温夏季 $T=25$℃，冬季 $T=10$℃。设计出水水质：$BOD_5\leqslant20\text{mg/L}$；SS≤20mg/L；$NH_3$-N≤8mg/L。

(2) 设计计算

① 曝气生物滤池滤料体积V　选用陶粒滤料，容积负荷L_{VX}选取0.7kg NH_3-N/(m^3·d)。

$$V=\frac{Q(X_0-X_e)}{1000L_{VX}}=\frac{4000\times(40-8)}{1000\times0.7}=182.9(m^3)$$

② 曝气生物滤池总截面积A_n　滤池分为2格，设滤料高H_1为3m。

$$A_n=\frac{V}{H_1}=\frac{182.9}{3}=61.0(m^2)$$

单格滤池截面积A_0为：

$$A_0=\frac{A_n}{n}=\frac{61.0}{2}=30.5(m^2)$$

③ 滤池尺寸　每格滤池采用方形，单格滤池边长a为：

$$a=\sqrt{A_0}=\sqrt{30.5}=5.5(m)$$

取承托层高度H_2为0.3m，滤板厚度H_3为0.1m，配水区高度H_4为1.5m，清水区高度H_5为0.8m，滤池超高H_6为0.5m，则滤池总高为：

$$H=H_1+H_2+H_3+H_4+H_5+H_6=3.0+0.3+0.1+1.5+0.8+0.5=6.2(m)$$

④ 水力停留时间t　空床水力停留时间为：

$$t=\frac{V}{Q}=\frac{2\times5.5\times5.5\times3.0}{4000}\times24=1.09(h)=65.4(min)$$

实际水力停留时间为：

$$t'=\varepsilon t=0.5\times1.09=0.55(h)=33(min)$$

⑤ 校核水力负荷q

$$q=\frac{Q}{A_n}=\frac{4000}{2\times5.5\times5.5}=66[m^3/(m^2\cdot d)]=2.75[m^3/(m^2\cdot h)]$$

水力负荷（滤速）符合2.0～10.0$m^3/(m^2\cdot h)$的要求。

⑥ 碱度校核　硝化过程的消耗碱度：

$$S_{ALK1}=7.14(N_{a0}-N_{ae})=7.14\times(40-8)=228.48(mg/L)$$

剩余碱度：

$$S_{ALKe}=S_{ALK0}-S_{ALK1}=350-228.48=121.52(mg/L)>100(mg/L)$$

⑦ 需氧量计算　去除单位质量的BOD_5所需的氧量q_{Rc}为：

$$q_{Rc}=\frac{a\Delta S(BOD_5)+bX_0}{TBOD_5}=\frac{0.82\times(60-20)+0.28\times40}{60}=0.73(kg\ O_2/kg\ BOD_5)$$

每日去除BOD_5的实际需氧量R_C为：

$$R_C=\frac{Qq_{Rc}TBOD_5}{1000}=\frac{4000\times0.73\times60}{1000}=175.2(kg\ O_2/d)$$

每日氨氮硝化的实际需氧量 R_N 为：

$$R_N=\frac{4.57Q\Delta S(TKN)}{1000}=\frac{4.57\times4000\times(40-8)}{1000}=585.0(kg\ O_2/d)$$

总实际需氧量 R_S 为：

$$R_S=R_C+R_N=175.2+585.0=760.2(kg\ O_2/d)$$

第5章 污水自然生物处理单元设计

5.1 人工构筑湿地

人工构筑湿地是人们模拟天然湿地系统结构和功能而建造的可控制运行的湿地系统，由围护结构、人工基质、水生植物等部分构成。当水进入人工湿地时，其污染物被床体吸附、过滤、分解而达到水质净化作用。

5.1.1 人工构筑湿地类型与构成

(1) 人工构筑湿地的类型

按污水流动方式，人工构筑湿地分为表面流人工湿地、水平潜流人工湿地和垂直潜流人工湿地3种，如图5-1所示。

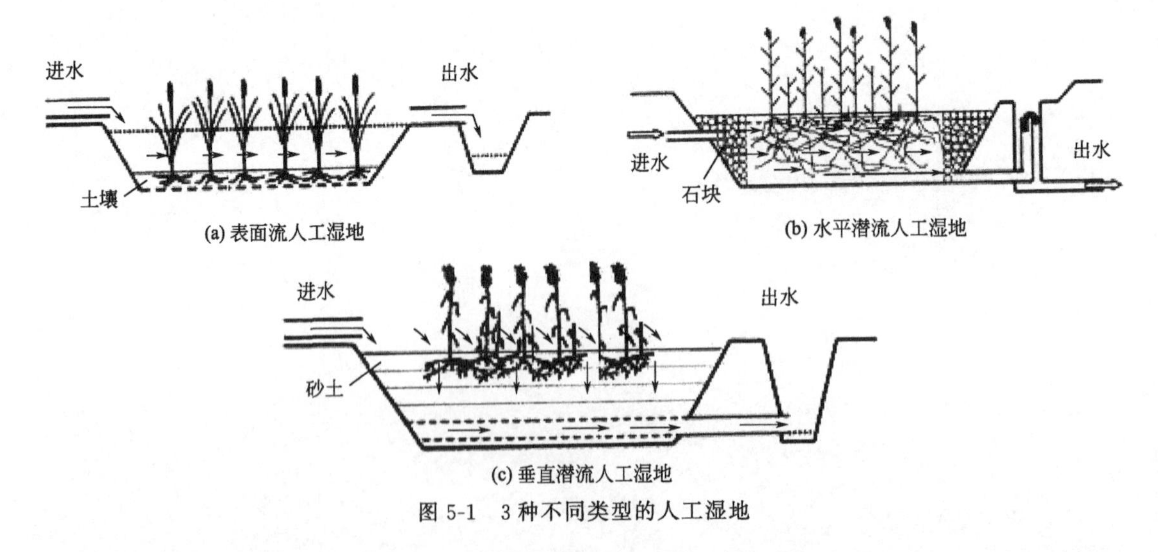

图5-1 3种不同类型的人工湿地

① 表面流人工湿地 表面流人工湿地是指污水在人工湿地基质层表面以上流动，依靠表层基质、植物根茎的拦截及其上的生物膜降解作用，使水净化的人工湿地［见图5-1(a)］。它与自然湿地最为接近，能维持一定的水层厚度，一般为10～30cm；水流呈推流式前进，流至终端而流出。污水投入湿地后，在流动过程中，与土壤、植物，特别是与植物根茎部生长的生物膜接触，通过物理的、化学的以及生物的反应过程而得到净化。这种湿地具有投资

少、操作简单以及运行费用低等优点，但是未能充分发挥填料和丰富的植物根系的作用、占地面积较大、水力负荷率较小，夏季易滋生蚊蝇，卫生条件不好。

② 水平潜流人工湿地　水平潜流人工湿地是指污水在基质层表面以下，从人工湿地池体进水端水平流向出水端，通过基质的拦截、植物根部及生物膜的降解作用，使污水净化的人工湿地［见图5-1(b)］。与表面流人工湿地相比，水平潜流人工湿地的水力负荷、污染负荷大，能充分利用整个系统的协同作用，对BOD、COD、SS和重金属等污染指标的去除效果好，卫生条件较好，占地小，但是控制相对复杂。

③ 垂直潜流人工湿地　垂直潜流人工湿地是指污水从人工湿地表面垂直流过人工湿地基质床而从底部排出，或从底部进入垂直流向基质表层并排出，使水得以净化的人工湿地［见图5-1(c)］。它的床体处于不饱和状态，氧可通过大气扩散和植物传输进入人工湿地系统，其硝化能力高于水平潜流湿地，可用于处理氨氮含量较高的污水，缺点是对有机物的去除能力不如水平潜流人工湿地系统。

(2) 人工构筑湿地的构成

人工构筑湿地主要由基质以及生长在基质上的水生植物、微生物构成。

① 基质　基质是提供人工湿地植物与微生物生长并对污染物起过滤、吸收作用的填充材料，包括土壤、砂、砾石、沸石、石灰石、页岩、塑料、陶瓷等。

对出水的氮、磷浓度有较高要求时，可使用功能性基质，如土壤能吸收污水中大部分的磷，采用中等颗粒的砂作基质，也可提高除磷效率。

② 水生植物　人工湿地宜选用耐污能力强、根系发达、去污效果好、具有抗病虫害及抗冻能力、有一定经济价值、容易管理的本土植物。

潜流人工湿地可选择芦苇、蒲草、荸荠、莲、水芹、茭白、水葱、香蒲、菖蒲、灯芯草等挺水植物。表流人工湿地可选择菖蒲、灯芯草等挺水植物，凤眼莲、浮萍、睡莲等浮水植物，伊乐藻、茨藻、金鱼藻、黑藻等沉水植物。

③ 微生物　湿地系统富集着大量的微生物，如细菌、真菌、原生动物以及较高等的动物。但仅附着于根茎部分的微生物对污水净化起主导作用。净化效果取决于停留时间、接触反应条件、供氧与需氧状况及水温等因素。

5.1.2　人工构筑湿地的净化效果

(1) 进水水质

污水进入人工湿地系统前应先经过预处理，其进水水质要求如表5-1所示。

表5-1　人工湿地系统的进水水质要求

人工湿地类型	BOD_5/(mg/L)	COD_{Cr}/(mg/L)	SS/(mg/L)	NH_3-N/(mg/L)	TP/(mg/L)
表面流人工湿地	≤50	≤125	≤100	≤10	≤3
水平潜流人工湿地	≤80	≤200	≤60	≤25	≤5
垂直潜流人工湿地	≤80	≤200	≤80	≤25	≤5

(2) 净化效果

人工湿地系统能有效地去除污水中的BOD_5、COD_{Cr}、SS、N、P以及微量有机物等。

在进水满足要求的条件下，人工湿地系统一般可达到的污染物去除效率如表5-2所示。

表5-2 人工湿地系统的污染物去除效率

人工湿地类型	BOD_5/%	COD_{Cr}/%	SS/%	NH_3-N/%	TP/%
表面流人工湿地	40～70	50～60	50～60	20～25	35～70
水平潜流人工湿地	45～85	55～75	50～80	50～75	60～80
垂直潜流人工湿地	50～90	60～80	50～80	50～75	60～80

5.1.3 场址选择

选择场址时应考虑：①符合当地总体发展规划的要求，以及综合考虑交通、土地权属、土地利用现状、发展扩建、再生水回用等因素；②应考虑自然背景条件，包括土地面积、地形、气象和水文状况、动物与植物生态因素等；③应不受洪水、潮水或内涝威胁，且不影响行洪安全；④宜选用自然坡度为0%～3%的洼地或塘，以及未利用土地。

5.1.4 设计参数和设计计算

(1) 设计参数

人工湿地面积一般按表面有机负荷确定，同时还应满足水力负荷要求。人工湿地的主要设计参数宜根据试验资料确定，无试验资料时，可采用经验数据或按表5-3的数据取值。

表5-3 人工湿地的主要设计参数

人工湿地类型	有机负荷/[kg BOD_5/(hm^2·d)]	水力负荷/[m^3/(m^2·d)]	水力停留时间/d
表面流人工湿地	15～50	<0.1	4～8
水平潜流人工湿地	80～120	<0.5	1～3
垂直潜流人工湿地	80～120	<1.0(建议值:北方:0.2～0.5;南方0.4～0.8)	1～3

(2) 设计计算

① 人工湿地面积

$$A=\frac{Q(S_0-S_e)\times 10^{-3}}{q_{os}} \tag{5-1}$$

式中 A——人工湿地面积，m^2；

Q——设计污水量，m^3/d；

S_0——进水BOD_5质量浓度，mg/L；

S_e——出水BOD_5质量浓度，mg/L；

q_{os}——表面有机负荷，kg BOD_5/(m^2·d)。

② 水力负荷

$$q_{hs}=\frac{Q}{A} \tag{5-2}$$

式中符号意义同前。

③ 水力停留时间

$$t=\frac{V\varepsilon}{Q} \tag{5-3}$$

式中　t——潜流人工湿地的水力停留时间，d；

V——人工湿地基质在自然状态下的体积，m^3；

ε——孔隙率，%。

(3) 几何尺寸设计

① 潜流人工湿地

a. 水平潜流人工湿地单元面积宜小于 $800m^2$，垂直潜流人工湿地单元面积宜小于 $1500m^2$。

b. 潜流人工湿地单元的长宽比宜控制在 3∶1 以下。

c. 规则的潜流人工湿地单元的长度宜为 20～50m。对于不规则潜流人工湿地单元，应考虑均匀布水和集水。

d. 水深宜为 0.4～1.6m。

e. 水力坡度宜为 0.5%～1%。

② 表面流人工湿地

a. 表面流人工湿地单元的长宽比宜控制在 3∶1～5∶1；

b. 水深宜为 0.3～0.5m；

c. 水力坡度宜小于 0.5。

(4) 工艺流程设计

按工程接纳的污水类型，常采用的基本工艺流程如下。

① 生活污水及与生活污水性质相近的其他污水处理工艺见图 5-2。

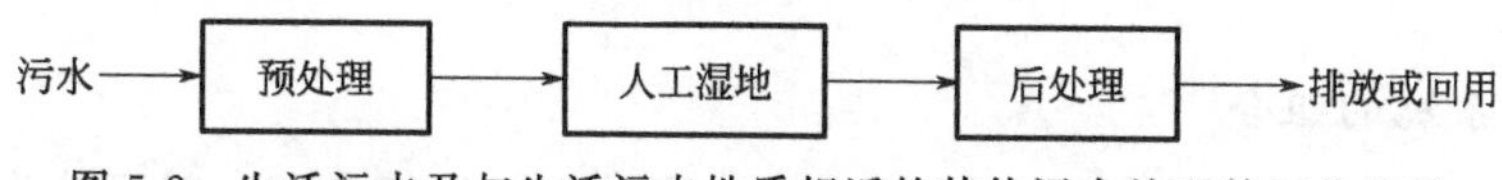

图 5-2　生活污水及与生活污水性质相近的其他污水处理的工艺流程

② 污水处理厂出水的处理工艺见图 5-3。

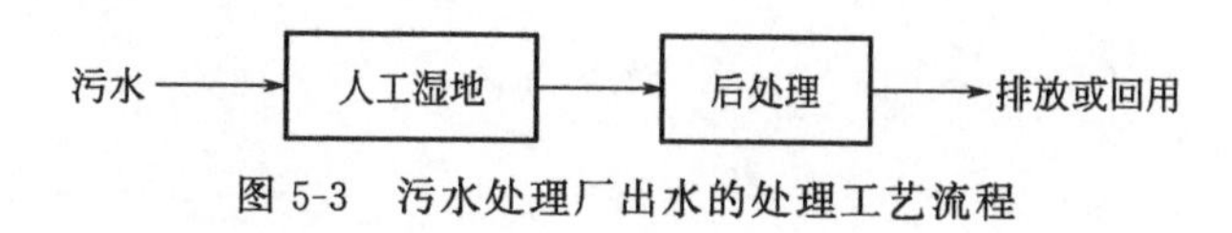

图 5-3　污水处理厂出水的处理工艺流程

5.1.5　预处理与后处理要求

(1) 预处理

为保证人工湿地处理效果，增加湿地处理寿命及处理能力，一般都要增设预处理单元。

预处理的程度和方式应综合考虑污水水质、人工湿地类型及出水水质要求等因素，可采用格栅、沉砂、均质等处理工艺，物化强化、AB法前段、水解酸化等一级强化处理工艺，以及SBR、A_NO、生物接触氧化等二级处理工艺。

(2) 后处理

应根据污水排放标准的要求选择是否设置消毒设施。当人工湿地出水作为再生水利用时，应符合《污水再生利用工程设计规范》(GB 50335—2002) 中的污水再生利用分类和水质控制指标等相关要求。

5.1.6 湿地系统的进出水布置与组合系统

(1) 湿地系统的进水与出水的布置

人工构筑湿地的进出水方式如图5-4所示。一般有推流式［图5-4(a)］、具有回流的推流式［图5-4(b)］、分级进水式［图5-4(c)］和分散进水-回流组合式［图5-4(d)］等。

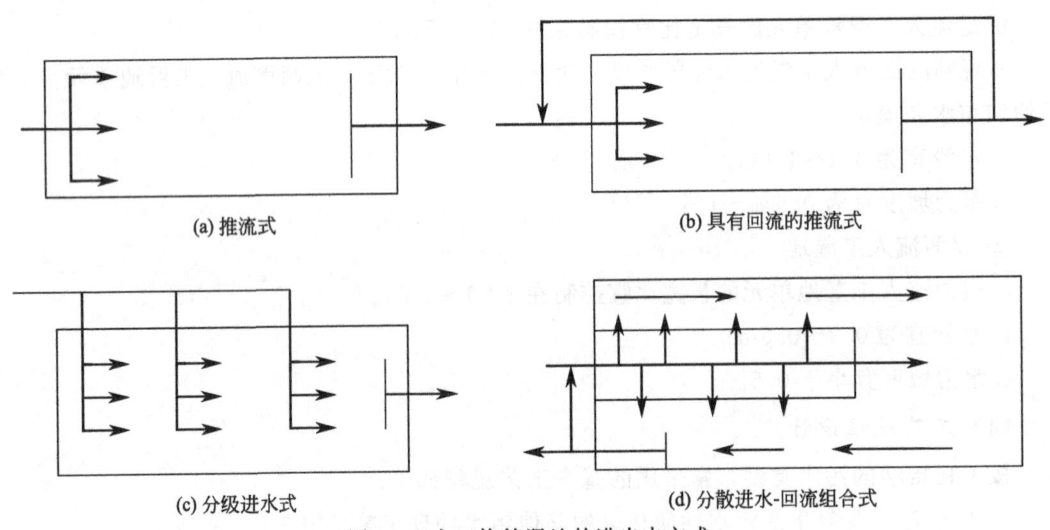

图5-4 人工构筑湿地的进出水方式

(2) 湿地系统的组合

根据处理规模的大小，人工湿地本身可进行多种方式的组合，一般可分为并联式、串联式和混合式等组合方式。

5.2 稳定塘

稳定塘又名氧化塘或生物塘，是土地经过人工适当修整，设围堤和防渗层的污水池塘，主要依靠水生生态系统的物理作用和生物作用对污水进行自然净化。当有可利用的池塘、沟谷等闲置土地或沿海滩涂等条件时，经环境影响评价和技术经济比较后，可采用稳定塘处理工艺。用作二级处理的稳定塘系统，处理规模不宜大于5000m^3/d。

稳定塘的类型主要有：好氧塘、兼性塘、厌氧塘、曝气塘、深度处理塘等。

5.2.1　好氧塘特性、分类及设计

（1）好氧塘的特性

好氧塘是一种菌藻共生的污水好氧生物处理塘，如图 5-5 所示。深度较浅，一般为 0.3～0.5m，有机负荷低。阳光可以直接射透到塘底，塘内存在着细菌、原生动物和藻类，由藻类的光合作用和风力搅动提供溶解氧，好氧微生物对有机物进行降解。由于整个塘水都处于好氧状态，BOD 降解效果好，去除率一般可达 80%以上。

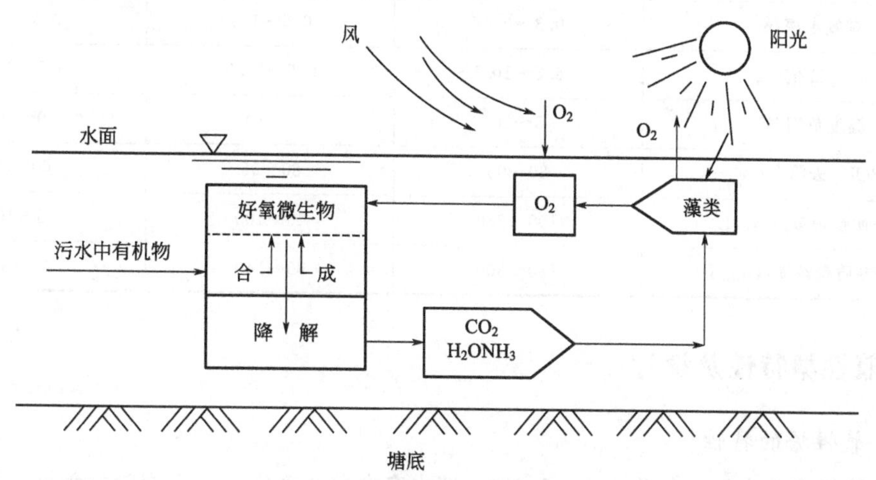

图 5-5　好氧塘内菌藻共生关系

（2）好氧塘的分类

① 高负荷好氧塘　有机负荷较高，水力停留时间较短，塘水的深度较浅。出水中藻类含量高。

② 普通好氧塘　有机负荷比前者低，水力停留时间较长。以处理污水为主要目的，起二级处理作用。

③ 深度处理好氧塘　有机负荷较低，水力停留时间也短。其目的是在二级处理系统之后，进行深度处理。

（3）好氧塘的设计计算

① 设计要点

a. 好氧塘应该建在温度适宜、光照充分、通风条件良好的地方。

b. 好氧塘既可以单独使用，又可以串联在其他处理系统之后，进行深度处理。如果用于单独处理污水，则在污水进入好氧塘之前必须进行彻底的预处理。

c. 好氧塘多采用矩形塘，长宽比为 3∶1～4∶1，塘堤内坡 1∶2～1∶3，外坡 1∶2～1∶5，堤顶 1.8～2.4m，超高 0.6～1.0m。

d. 塘数一般不少于 3 座，规模很小时不少于 2 座，单塘面积不宜超过 5000m^2。

e. 进水口应尽量使横断面上配水均匀，宜采用扩散管或多点进水，距出水口之间的直线距离尽可能大。

f. 出水应考虑投加混凝剂除藻。

② 设计方法　实际工程中多采用经验数据进行设计，即 BOD_5 表面负荷法。好氧塘的典型设计参数列于表 5-4。

表 5-4　好氧塘的典型设计参数

设计参数	高负荷好氧塘	普通好氧塘	深度处理好氧塘
BOD_5 表面负荷/[kg BOD_5/(10^4m^2·d)]	80～160	40～120	<5
水力停留时间/d	4～6	10～40	5～20
有效水深/m	0.3～0.45	0.5～1.5	0.5～1.5
pH 值	6.5～10.5	6.5～10.5	6.5～10.5
温度范围/℃	5～30	0～30	0～30
BOD_5 去除率/%	80～95	80～95	60～80
藻类质量浓度/(mg/L)	100～260	40～100	5～10
出水 SS 质量浓度/(mg/L)	150～300	80～140	10～30

5.2.2　兼性塘特性及设计

(1) 兼性塘的特性

兼性塘的有效水深一般为 1.0～2.0m，塘内存在着 3 个区域。上层为好氧区，阳光能透入，好氧菌与藻类共生，具有好氧塘的特点；底层为厌氧区，厌氧微生物占优势，积累在此区域内的固体杂质被厌氧菌充分分解；中部为好氧区与厌氧区之间的过渡区即兼性区，兼性微生物占优势，通过兼性微生物分解有机物，兼性塘内的生化反应过程十分复杂，反应产物的转化、生成也十分复杂，如图 5-6 所示。

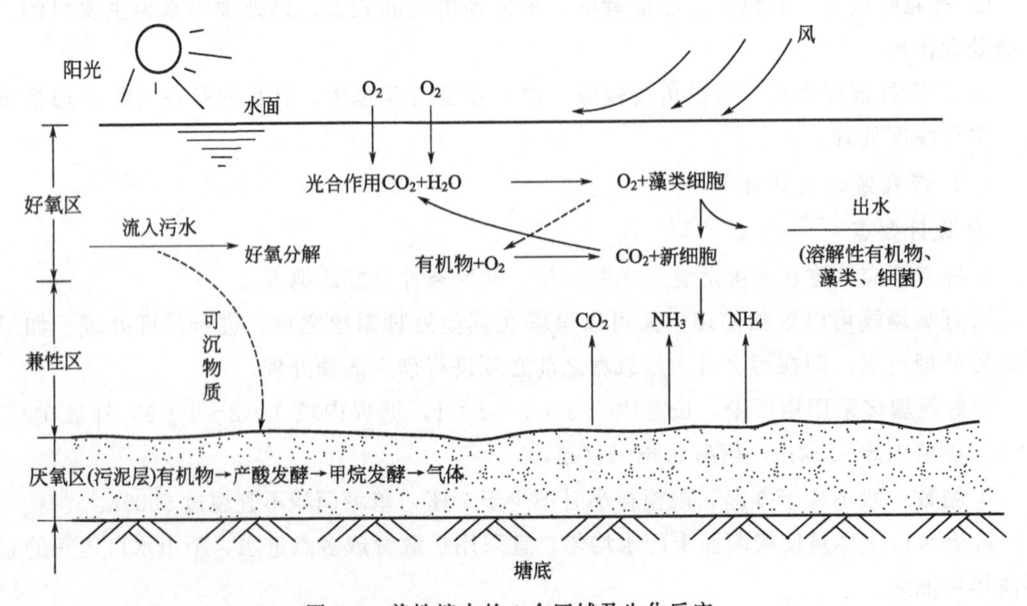

图 5-6　兼性塘内的 3 个区域及生化反应

兼性塘的出水水质，BOD_5 较低，SS 较高，通常清晨出水中含藻量最小，中午最大。由于兼性塘的净化机理比较复杂，因此兼性塘去除污染物的范围比好氧处理系统广泛，既可用来处理城市污水，也能用于处理石油化工、印染、造纸等工业废水。

(2) 兼性塘的设计

① 设计要点

a. 应该建在通风、无遮蔽的地方；

b. 长宽比为 3∶1～4∶1，塘堤内坡 1∶2～1∶3，外坡 1∶2～1∶5；

c. 塘内有效水深 1.2～2.5m，贮泥厚度不小于 0.3m，若考虑冬季冰盖厚度，总深可达 2.5～4.0m；

d. 塘数一般不少于 3 座，串联运行，单塘面积以 5000m^2 为宜；

e. 应使进出水口水流均匀分布，污泥若干年应清除一次；

f. 如果兼性塘作为第一级，则要求有一定的预处理措施。

② 设计方法　一般是采用经验方法进行计算，即 BOD_5 表面负荷法。设计参数的选取与冬季平均气温有很大关系，如表 5-5 所示。

表 5-5　城市污水兼性塘处理的 BOD_5 表面负荷和水力停留时间

冬季平均气温/℃	BOD_5 表面负荷/[kg BOD_5/(10^4m^2·d)]	水力停留时间/d
>15	70～100	≥7
10～15	50～70	7～20
0～10	30～50	20～40
−10～0	20～30	40～120
−20～−10	10～20	120～150
<−20	<10	150～180

兼性塘的设计方法还有奥斯沃尔德（W. J. Oswald）法、贝尼菲尔德（L. D. Benefeild）法以及国内提出的使用的方法，其主要技术参数如表 5-6 所示。

表 5-6　兼性塘的主要技术参数

主要技术参数	奥斯沃尔德法(W. J. Oswald)	贝尼菲尔德法(L. D. Benefeild)	国内使用的方法
BOD_5 表面负荷/[kg BOD_5/(10^4m^2·d)]	22.4～56.0	17.8～44.5	20～100
水力停留时间/d	7～30	7～50	7～30
有效水深/m	0.61～1.53	1.0～2.5	1.0～2.5
回流比	—	0.2～2.0	—
出水藻类质量浓度/(mg/L)	10～50	10～100	10～50
出水 SS 质量浓度/(mg/L)	—	100～350	—
BOD_5 去除率/%	70～85	70～95	35～75

5.2.3 厌氧塘特性及设计

(1) 厌氧塘的特性

厌氧塘的水深一般在2.0m以上，有机负荷高，全部塘水均无溶解氧，呈厌氧状态，有机物在厌氧微生物的代谢作用下缓慢分解，最后转化为甲烷和二氧化碳，同时释出H_2O及其他致臭物质，厌氧塘功能如图5-7所示。

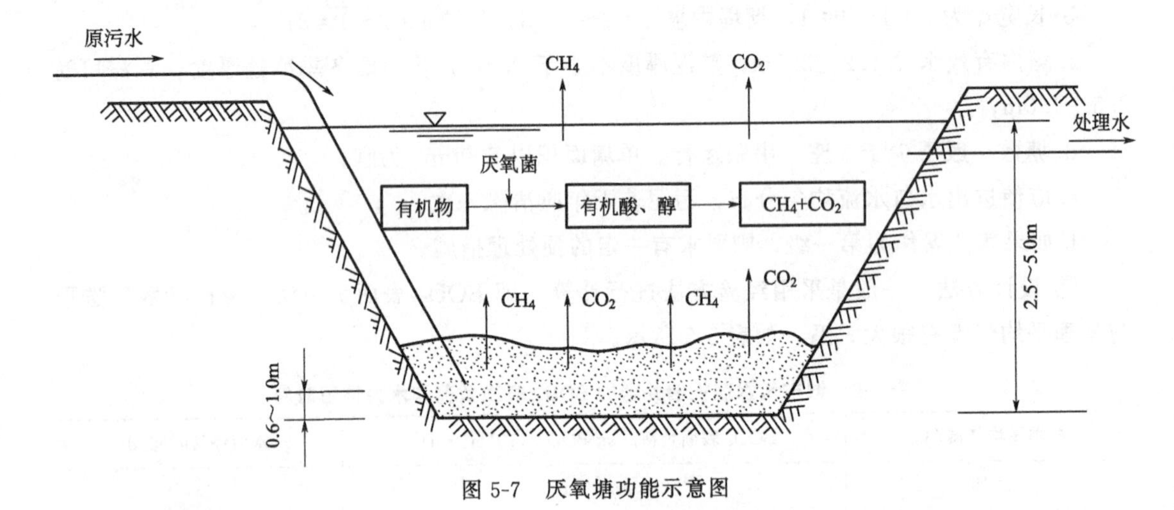

图5-7 厌氧塘功能示意图

厌氧塘多用于处理高浓度有机废水，如肉类加工、食品工业、牲畜饲养场等废水。此外，厌氧塘的处理水，有机物含量仍很高，需要进一步通过兼性塘和好氧塘处理。

(2) 厌氧塘的设计

① 设计要点

a. 厌氧塘一般为矩形，长宽比为2～2.5∶1，塘堤内坡1∶1.5～1∶3，外坡1∶2～1∶4；

b. 塘数不少于2座，面积不宜大于8000m^2，有效水深3～5m，保护高0.6～1m；

c. 厌氧塘一般位于稳定塘系统之首，宜设并联式，以便轮换清除污泥；

d. 塘底应采取防渗措施，平底或略具坡度，以利排泥，储泥深度不应小于0.6m；

e. 进口一般设在高于塘底0.6～1m处，出水口淹没式深入水下0.6m，不得小于冰层厚度或浮渣厚度；

f. 进水硫酸盐浓度不宜大于500mg/L，NH_3浓度大时，不利于厌氧消化；

g. 以多头进水、多头出水为好，应采用格栅、沉砂池做预处理。

② 设计方法 厌氧塘的设计通常是用经验数据，采用有机负荷法进行设计。厌氧塘的有机负荷有3种表示方式：BOD_5表面负荷，kg $BOD_5/(10^4m^2\cdot d)$；BOD_5容积负荷，kg $BOD_5/(m^3\cdot d)$；VSS容积负荷，kg $VSS/(m^3\cdot d)$。对于城市污水采用100～400kg $BOD_5/(10^4m^2\cdot d)$（冬季），500～1000kg $BOD_5/(10^4m^2\cdot d)$（夏季）；对于工业废水，设计负荷一般应通过试验确定。

厌氧塘的主要技术参数见表5-7。国外采用厌氧塘处理工业废水，已积累了不少经验，其技术参数见表5-8。

表 5-7 厌氧塘的主要技术参数

技术参数	数值	备注
塘深/m	2.5～4.0	也有大于5.0m乃至8.0m的超深厌氧塘
有机负荷/[kg BOD_5/(10^4m^2·d)]	100～1000	
水力停留时间/d	30～50	
BOD_5 去除率/%	50～70	

表 5-8 厌氧塘处理工业废水的技术参数（国外资料）

工业废水种类	塘内水深/m	水力停留时间/d	BOD_5 负荷/[kg/(10^4m^2·d)]	BOD_5 去除率/%
罐头加工废水	1.8	15	439	51
肉和家禽加工废水	2.2	16	1411	80
化工废水	1.1	65	60	89
造纸废水	1.8	18.4	388	50
制糖废水	1.8	3.5	1604	44
纺织废水	2.1	50	270	61
酿酒废水	2.1	8.8	—	—
炼油废水	1.9	245	179	37
制革废水	1.3	6.2	3360	68
马铃薯加工废水	1.2	3.9	—	—

5.2.4 曝气塘

曝气塘是通过人工曝气设备向塘内供氧的稳定塘。采用机械表面曝气或扩散器曝气，分为完全混合好氧曝气塘和部分混合兼性曝气塘两种。

塘深一般都在3～4m，最深达5m，塘水保持好氧状态。污水在塘中的水力停留时间为4～5d，BOD_5 负荷为0.03～0.06kg/(m^3·d)，BOD_5 去除率平均在70%以上。国外典型曝气塘设计与运行参数见表5-9。

表 5-9 国外典型曝气塘设计与运行参数

技术参数	曝气塘系统				
	A	B	C	D	E
塘总表面积/10^4m^2	4.45	2.3	2.8	8.4	2.5
平均深度/m	3.0	3.0	3.0	3.0	1.9
总有机负荷/(kg BOD_5/d)	386	336	467	361	374
表面有机负荷/[kg BOD_5/(10^4m^2·d)]	151	161	87	285	486
水力负荷/[m^3/(m^2·d)]	0.018	0.0221	0.0335	0.0563	0.109
进塘污水 BOD_5 浓度/(mg/L)	473	386	85	173	178
设计污水流量/(m^3/d)	1893	1514	2271	1670	1893

5.2.5 深度处理塘

深度处理塘又称三级处理塘，用来改善生物处理构筑物或其他类型稳定塘出水水质，使 BOD_5、SS、细菌和病毒、藻类或氮磷指标进一步降低，以满足受纳水体或回用要求。深度处理塘多采用好氧塘或曝气塘，少数也采用兼性塘。深度处理塘的设计技术参数见表 5-10。

表 5-10 深度处理塘的设计技术参数

类型	塘内有效水深/m	水力停留时间/d	BOD_5 负荷/[kg/(10⁴m²·d)]	BOD_5 去除率/%
好氧塘型	1.0～1.5	5～25	20～60	30～55
兼性塘型	1.2～2.5	3～8	100～150	40

5.2.6 稳定塘处理工艺流程的确定

常用的污水稳定塘处理工艺流程见表 5-11。

表 5-11 常用污水稳定塘处理工艺流程

<table>
<tr><th>序号</th><th colspan="3">处理工艺流程组合</th><th>适用条件</th></tr>
<tr><td>1</td><td>城市污水→</td><td>→沉砂池
→沉淀池→兼性塘→
→水解酸化池</td><td>→生物养殖塘
→农田灌溉
→贮存塘</td><td>寒冷地区、缺水地区、冬贮春灌地区</td></tr>
<tr><td>2</td><td colspan="3">低浓度城市污水→沉砂池→水生植物塘→芦苇塘→养鱼塘→农田灌溉</td><td>低浓度有机废水、城镇污水、乡村生活污水</td></tr>
<tr><td>3</td><td colspan="3">高浓度有机废水→沉砂池→厌氧塘→兼性塘→水生植物塘→养鱼塘→农田灌溉</td><td>屠宰废水、制糖废水、酿酒废水、石油炼制及石油化工废水等与城市污水的混合废水</td></tr>
<tr><td rowspan="2">4</td><td>组分复杂的废水</td><td>→沉砂池→
→厌氧塘→
→水解酸化池→</td><td>→厌氧塘→兼性塘</td><td rowspan="2">含有微量重金属及难降解的有机废水</td></tr>
<tr><td colspan="3">(养殖水葫芦)→兼性塘(菌藻)→芦苇塘→农田灌溉(经济作物)</td></tr>
</table>

表 5-12 列出了上述各类稳定塘的典型设计参数，在无试验资料时，根据污水水质、处理程度、当地气候和日照等条件，可参考表 5-12 的数据取值。

表 5-12 稳定塘典型设计参数

稳定塘类型		有机负荷/[kg BOD_5/(10⁴m²·d)]			单元塘水力停留时间/d			塘深/m	BOD_5 净化效率/%
		Ⅰ	Ⅱ	Ⅲ	Ⅰ	Ⅱ	Ⅲ		
厌氧塘		200	300	400	3～7	2～5	1～3	3～5	30～70
兼性塘		30～50	50～70	70～100	20～30	15～20	5～15	1.2～1.5	60～80
好氧塘	常规处理塘	10～20	15～25	20～30	20～30	10～20	3～10	0.5～1.2	60～80
	深度处理塘	<10	<10	<10	—	2～5	—	0.5～0.6	40～60

续表

稳定塘类型		有机负荷/[kg BOD_5/($10^4 m^2$·d)]			单元塘水力停留时间/d			塘深/m	BOD_5 净化效率/%
		Ⅰ	Ⅱ	Ⅲ	Ⅰ	Ⅱ	Ⅲ		
曝气塘	部分曝气塘	50～100	100～200	200～300	—	1～3	—	3～5	60～80
	完全曝气塘	100～200	200～300	200～400	—	1～15	—	3～5	70～90

注：Ⅰ、Ⅱ、Ⅲ分别指年平均气温在8℃、8～16℃、16℃以上的地区。

第6章 村镇污水处理单元设计

村镇污水处理应按照实用性、适用性、经济性和可靠性的原则，因地制宜地选择适合当地自然条件、经济条件和技术水平的工艺和技术。位于城镇污水处理厂服务范围内的村镇，应建设和完善污水收集系统，将污水纳入城镇污水处理厂进行处理；位于城镇污水处理厂服务范围外的村镇，可根据实际情况，连片或单片建设污水处理厂站。无条件的村庄，可采用分散处理方法。

6.1 设计水量和水质

村镇污水的水量、水质与城市污水存在较大差异，而不同地区村镇的生活习惯、气候条件、水源、水资源结构的差异，也使得不同村镇的污水排放量和水质差异较大。特别是村庄，由于人口密度低，居住分散，日常活动独立，因此村庄污水具有水量小、分散、排放无规律、水质水量日变化系数大等特征。

6.1.1 设计水量的确定

污水量包括生活污水量、生产废水量和养殖污水量。

(1) 生活污水量

生活污水量应根据实地调查数据确定。当缺乏实地调查数据时，应根据当地人口规模、用水现状、生活习惯、经济条件、地区规划等确定或根据其他类似地区排水量确定，也可根据表 6-1 的数值和排放系数确定。

表 6-1 农村居民日用水量参考值与排放系数

村庄类型	用水量/[L/(人·d)]
有水冲厕所,有淋浴设施	100～180
有水冲厕所,无淋浴设施	60～120
无水冲厕所,有淋浴设施	50～80
无水冲厕所,无淋浴设施	40～60

注：排水系数取用水量的 40%～80%。

(2) 综合生活污水量总变化系数

农村人口一般相对较少，同一地区生活方式基本相同，夜晚用水量很少，用水主要集中在早晨、中午和晚上做饭时间，因此规模越小的村庄，综合生活污水量总变化系数越大。通过调查分析，综合生活污水量总变化系数可按表6-2所列数据取值。

表6-2　综合生活污水量总变化系数

综合生活污水平均日流量/(L/s)	<2	5	15	40	70	100
总变化系数	4	2.5	2.2	1.9	1.8	1.6

注：1.当综合生活污水平均日流量为中间数值时，总变化系数用内插法求得。
2.当综合生活污水平均日流量大于100L/s时，总变化系数按《室外排水设计规范》(GB 50014—2006)（2016年版）取值。
3.当居住区有实际综合生活污水量变化资料时，可按实际数据采用。

（3）生产废水量及变化系数

应按产品种类、生产工艺特点及用水量确定，无相关资料时，也可按生产用水量的75%～90%进行计算。

（4）养殖污水量及变化系数

应按畜禽种类、冲洗方式及用水量确定，无相关资料时，宜通过实测分析确定。

6.1.2　设计水质的确定

生活污水水质应根据实地调查数据确定。当缺乏实地调查数据时，设计水质宜根据当地人口规模、用水现状、生活习惯、经济条件、地区规划等确定或根据其他类似地区排水水质确定。当农户未设置化粪池时，可按表6-3的数值确定。

表6-3　综合生活污水量总变化系数

主要指标	COD	BOD_5	氨氮	TN	TP	SS	pH值
建议取值范围	150～400	100～200	20～40	20～50	2.0～7.0	100～200	6.5～8.5

污水处理后出水水质应符合国家现行标准的有关规定。

6.2 村镇污水处理单元

目前农村地区污水处理所采用的工艺多种多样，但都是不同的污水处理单元技术组合。这些单元技术主要包括化粪池、污水净化沼气池、人工湿地、稳定塘、生物接触氧化池、序批式生物反应池（SBR）、膜生物反应池（MBR）和氧化沟等，但每种单元技术都有其特点和适用性。常见的村镇污水处理工艺单元技术特点如表6-4所示。

表6-4　常见的村镇污水处理工艺单元技术特点

工艺单元名称	处理效果	抗冲击性能	占地面积	运行管理方便程度	建设费用	运行费用	适用模式
化粪池	一般	一般	较小	方便	低	低	分散式
污水净化沼气池	一般	一般	较小	方便	低	低	分散式
人工湿地	一般	一般	较大	方便	低	低	分散和集中式
稳定塘	一般	一般	较大	方便	低	低	分散和集中式
生物接触氧化池	较好	一般	一般	一般	一般	一般	分散和集中式

续表

工艺单元名称	处理效果	抗冲击性能	占地面积	运行管理方便程度	建设费用	运行费用	适用模式
序批式生物反应池(SBR)	好	好	较小	自动化水平要求高	较高	高	集中式
氧化沟	好	好	一般	运行管理水平要求高	较高	高	集中式
膜生物反应池(MBR)	很好	一般	较小	运行管理水平要求高	很高	很高	分散和集中式

农村污水处理工艺技术的选择要结合当前农村需求，并充分考虑农村地区经济状况、基础设施、自然环境条件完备情况和排水去向等，选用既成熟可靠又适合农村特点的处理单元技术和工艺流程。将污水处理与农村村落微环境生态修复、生态堤岸净化、农村灌溉和景观用水需求等有机结合，根据不同情况对上述污水处理单元技术进行优化组合。以下主要介绍调节池、化粪池、一体化污水处理设备等。

6.2.1 调节池

由于村镇污水具有水量小、分散、排放无规律、水质水量日变化系数大等特征，因此应在污水处理系统前端设置调节池，以调节水量和均衡水质。调节池设计应注意以下几点：

① 调节池的有效容积应根据污水流量变化曲线确定，并适当留有余地。

② 调节时间宜为4～8h。当采用污水处理设施间歇进水时，应满足一次进水需要的水量。

③ 调节池可单独设置，也可与进水泵房的集水池合并设置。

④ 调节池应设置冲洗、溢流、放空、防止沉淀、排出漂浮物的设施。

6.2.2 化粪池

化粪池是一种利用沉淀和厌氧微生物发酵的原理，以去除粪便污水中悬浮性有机物和病原微生物的小型污水预处理构筑物。污水通过化粪池的沉淀作用可去除大部分悬浮物，通过微生物厌氧发酵作用可降解部分有机物，池底沉积的污泥可用作有机肥料。粪便污水通过化粪池的预处理，可有效防止管道堵塞，并可有效降低后续处理单元的有机污染负荷。但化粪池处理效果有限，出水水质差，一般不能直接排入水体，还需经后续好氧生物处理单元或生态处理单元进一步处理。

(1) 化粪池的设计要点

① 化粪池宜用于使用水厕的场合，设置在接户管下游且便于清掏的位置。

② 化粪池可每户单独设置，也可相邻几户集中设置。

③ 化粪池应设在室外，其外壁距建筑物外墙不宜小于5m，并不得影响建筑物基础。如受条件限制设置于机动车道下时，池顶和池壁应按机动车荷载核算。

④ 化粪池距离地下取水构筑物不得小于30m。

⑤ 化粪池的构造，应符合下列要求：

a. 化粪池的长度不宜小于1.0m，宽度不宜小于0.75m，有效深度不宜小于1.3m，圆形化粪池直径不宜小于1.0m。

b. 双格化粪池第一格的容量宜为总容量的75%；三格化粪池第一格的容量宜为总容量的50%，第二格和第三格宜分别为总容量的25%。

c. 化粪池格与格、池与连接井之间应设通气孔洞。

d. 化粪池进出水口应设浮渣挡板。

e. 化粪池应设有人孔和盖板。

f. 化粪池池壁、池底应进行防渗漏处理。

⑥ 化粪池可采用钢筋混凝土、砖、浆砌石块等材料砌筑，并宜进行防渗处理。

⑦ 常用的化粪池结构形式、适用条件可按《国家建筑标准图集》选用。

(2) 化粪池的设计计算

① 化粪池的有效容积

$$V=V_1+V_2 \tag{6-1}$$

式中　V——化粪池的有效容积，m^3；

V_1——化粪池的污水区有效容积，m^3；

V_2——化粪池的污泥区有效容积，m^3。

② 化粪池的污水区有效容积

$$V_1=\frac{anq_1t_1}{24\times1000} \tag{6-2}$$

式中　a——实际使用化粪池的人数与设计总人数的百分比，%，可参考表 6-5 取值；

n——化粪池的设计总人数，人；

q_1——每人每天生活污水量，L/(人·d)，当粪便污水和其他生活污水合并流入时为 100～170L/(人·d)，当粪便污水单独流入时为 20～30L/(人·d)；

t_1——污水在化粪池内的停留时间，h，一般为 24～36h。

表 6-5　化粪池使用人数百分比 a

建筑物类别	百分比/%
家庭住宅	100
村镇医院、养老院、幼儿园(有住宿)	100
村镇企业生活间、办公楼、教学楼	50

③ 化粪池的污泥区有效容积

$$V_2=\frac{anq_2t_2(1-b)(1-d)(1+m)}{1000(1-c)} \tag{6-3}$$

式中　q_2——每人每天生活污泥量，L/(人·d)，当粪便污水和其他生活污水合并流入时为 0.8L/(人·d)，当粪便污水单独流入时为 0.5L/(人·d)；

t_2——化粪池内污泥清掏周期，d，一般取 90～360d；

b——新鲜污泥含水率，%，取 95%；

d——粪便发酵后污泥体积减量，%，取 20%；

m——清掏后污泥遗留量，%，取 20%；

c——化粪池内浓缩污泥含水率，%，取 90%。

其他符号意义同前。

6.2.3 一体化污水处理设备

目前市场上的一体化污水处理设备非常多，采用的工艺基本涵盖了污水处理所有工艺技术。村镇一体化污水处理设备的选择应根据进水水质和出水水质要求，并结合农村实际情况和当地管理水平等，选择适合当地的一体化污水处理设备。

一体化污水处理设备的选择应满足以下要求：

① 根据农村污水水量、进水水质和出水水质要求选择一体化污水处理设备，设计规模按近期水量考虑，并预留远期设备安装场地。

② 根据当地管理水平，宜选择工艺简单、操作方便、运行成本低、检修维护方便的一体化污水处理设备。

③ 应具有良好的结构安全性能和防腐性能，其合理设计使用年限不应低于 10 年。

6.2.4 村镇污水处理组合工艺

经济条件较差以及排放水质要求较为宽松的地区，可采用化粪池等工艺单元，经化粪池处理后的污水直接利用，由于化粪池的出水污染物浓度较高，不宜直接排入村镇水体。当污水处理后排放水质要求较高或处理水回用时，需要采用组合工艺进行处理。

村镇污水处理常用的组合工艺流程如下。

① 有较多土地资源可以利用，对排放水质要求较高的村镇，可采用化粪池＋人工湿地、稳定塘等组合工艺，其工艺流程如图 6-1 所示。

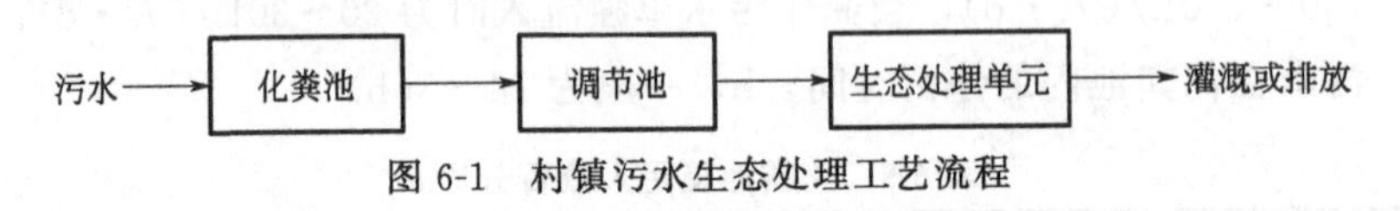

图 6-1 村镇污水生态处理工艺流程

② 经济较发达但用地紧张，且对排放水质要求较高的村镇，可采用化粪池＋生物接触氧化池、SBR、MBR、氧化沟等组合工艺，其工艺流程如图 6-2 所示。

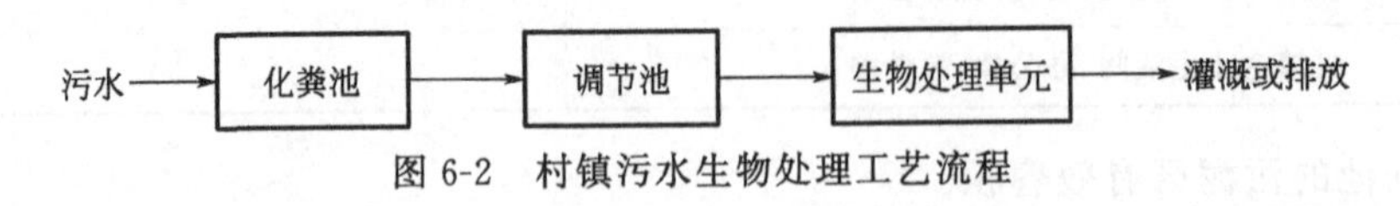

图 6-2 村镇污水生物处理工艺流程

③ 经济条件允许，对排放水质要求严格且处理水回用的村镇，可采用化粪池＋生物接触氧化池、SBR、MBR、氧化沟等＋人工湿地、稳定塘等组合工艺，其工艺流程如图 6-3 所示。

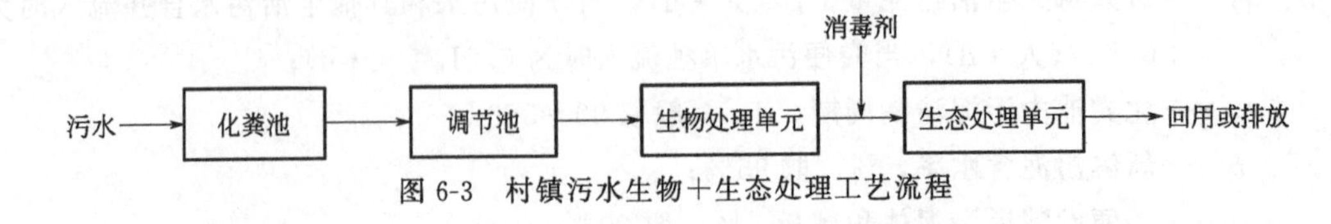

图 6-3 村镇污水生物＋生态处理工艺流程

6.2.5 污泥处理处置

村镇污水处理厂站产生的污泥经检测达到国家现行标准的应进行综合利用。当污泥用作肥料时，应进行堆肥化处理，有害物质含量应符合《农用污泥污染物控制标准》(GB 4284—2018) 中规定的限值。

村镇污水处理厂站产生的污泥宜采用重力浓缩等方式处理，当采用机械脱水时，可将多个污水处理厂站的污泥进行集中处理，也可设置移动脱水机巡回脱水。

村镇污水处理厂站产生的污泥进行堆肥化处理时，其设计要点如下：

① 污泥堆肥的选址应与周边居民区有一定的卫生防护距离，应选择在村镇夏季主导风向的下风侧。

② 污泥堆肥使用的填充料可因地制宜，利用当地的废料，如农作物秸秆、牛羊及家禽粪便等，或发酵后的熟料，达到综合利用和处理的目的。

③ 污泥堆肥的供氧方式应根据当地的实际情况选择，宜优先选择自然通风方式，自然通风能耗低、操作简单。

④ 污泥堆肥肥料宜用于林业、土壤改造等方面，用于农业用途应符合《农用污泥污染物控制标准》(GB 4284—2018) 的要求。

第7章 污泥处理单元设计

污泥处理的目的是实现减量化、稳定化和无害化，尽量回收和利用污泥中的能源和资源。在设计中应根据污泥特性和处理要求，选择适宜的污泥处理工艺和单元设备。

7.1 污泥产量

在污水处理过程中会产生大量污泥，其数量约占处理水量的0.3%～0.5%（以含水率97%计）。这些污泥中含有的固体物质可以是污水中原已存在的悬浮物质，也可以是污水生物处理和化学处理过程中由原来的溶解性物质和胶体物质转化而形成的悬浮物质。此外，还包括进行化学处理时，投加化学药剂所产生的各种固体物质。

7.1.1 污泥的分类

污泥的组成、性质和数量主要取决于污水的来源，同时还与污水处理工艺密切相关。根据废水处理工艺的不同，也即污泥来源的不同，污泥可分为以下几类。

① 初次沉淀污泥　来自初次沉淀池，其性质因污水的成分而异。正常情况下为棕褐色，含固率为2%～4%，有机物含量为55%～70%。

② 腐殖污泥与剩余活性污泥　来自生物膜法和活性污泥法后的二次沉淀池，前者称为腐殖污泥，后者称为剩余活性污泥。剩余活性污泥外观通常为黄褐色，有土腥味，含固率一般为0.5%～0.8%，有机物含量通常在70%～85%之间，受工艺类型和运行参数影响较大。

③ 消化污泥　初次沉淀污泥、腐殖污泥、剩余活性污泥经厌氧消化处理后产生的污泥称为消化污泥。由于厌氧消化过程产生的硫化物和铁锰离子生成的黑色沉淀，厌氧消化污泥一般为黑色并有臭味。

④ 化学污泥　用混凝、化学沉淀等化学方法处理污水所产生的污泥称为化学污泥。多数情况下化学污泥气味较小，易于脱水。

7.1.2 污泥的基本特性

污泥的基本特性可用以下几个指标来表征。

(1) 污泥含水率

污泥中水的质量分数称为污泥含水率。由于多数污泥都由亲水固体组成，因此污泥的含水率一般都很高。污泥含水率对污泥特性有重要影响。不同的污泥含水率差别很大。污泥的体积、质量、所含固体质量浓度及含水率之间的关系，可表示为：

$$\frac{V_1}{V_2}=\frac{W_1}{W_2}=\frac{100-p_2}{100-p_1}=\frac{C_2}{C_1} \tag{7-1}$$

式中 p_1,V_1,W_1,C_1——污泥含水率为 p_1 时的污泥体积、质量与固体质量浓度；

p_2,V_2,W_2,C_2——污泥含水率为 p_2 时的污泥体积、质量与固体质量浓度。

由式(7-1) 可知，当污泥含水率由99%降至98%，或由98%降至96%，或由97%降到94%时，污泥体积均能减少1/2。也即污泥含水率越高，降低污泥含水率时减容作用则越大。

式(7-1) 适用于含水率大于65%的污泥。污泥含水率低于65%以后，污泥内出现很多气泡，体积与质量不再符合式(7-1) 的关系。

(2) *污泥固体浓度*

污泥中的总固体包括溶解固体和悬浮固体两部分。总固体、溶解固体和悬浮固体又各分为挥发固体和稳定固体。挥发固体是指污泥中的有机物含量，即在600℃下能被氧化，并以气体产物逸出的那部分固体；剩余的那部分是稳定固体，也称灰分，用于表示无机物含量。污泥固体浓度常用mg/L表示，也可用质量分数表示。

(3) *污泥相对密度*

污泥的相对密度是污泥质量与同体积水质量的比值，而污泥质量等于其中含水分质量与干固体质量之和，污泥相对密度可用下式计算：

$$S=\frac{100S_1S_2}{pS_1+(100-p)S_2} \tag{7-2}$$

式中 S——污泥相对密度；

p——污泥含水率，%；

S_1——污泥中固体的平均相对密度；

S_2——水的相对密度。

污泥的相对密度主要取决于污泥含水率和固体的平均相对密度。固体的平均相对密度越大，污泥含水率越低，则污泥的相对密度就越大。城市污水污泥的 $S_1\approx2.5$，由式(7-2) 可知，若污泥含水率为99%，则 $S=1.006$。

7.1.3 污泥产量计算

污水处理过程中产生的污泥主要有初沉污泥和剩余污泥，其数量取决于原污水的水量、水质、处理工艺及去除率等因素。

(1) *初沉污泥量 V_1*

初次沉淀池的污泥量可根据污水中悬浮物浓度、污水流量、去除率及污泥含水率用下式计算：

$$V_1=\frac{100C_0\eta Q}{10^3(100-p)\rho} \tag{7-3}$$

式中 V_1——初次沉淀污泥体积，m^3/d；

Q——污水流量，m^3/d；

C_0——进水悬浮物浓度，mg/L；

η——去除率，%，一般取 40%～50%；

p——污泥含水率，%，一般取 95%～97%；

ρ——沉淀污泥密度，以 $1000kg/m^3$ 计。

初次沉淀池的污泥量也可按每人每天产泥量计算：

$$V_1=\frac{NS}{1000(1-p)\rho} \tag{7-4}$$

式中 N——城市人口数，人；

S——产泥量，g/(d・人)，一般采用 16～36g/(d・人)。

其他符号意义同式(7-3)。

(2) 剩余污泥量 V_2

在污水生物处理系统中，微生物对可生物降解的有机物进行氧化，并将氧化过程产生的能量用于合成新的细胞物质，同时微生物内源呼吸使细胞物质减少，这两项生理活动的结果，使系统内活性污泥量发生变化。这两项生理活动的差值为活性污泥的净增量，也就是每日排出系统的剩余污泥量。

不同的污水处理工艺，有机物生物降解和微生物内源呼吸的程度不同。因此，剩余污泥量的计算方法也不尽相同。

(3) 消化污泥量 V_d

污泥经消化处理后，污泥中有机物被分解为 CH_4、CO_2、H_2O 等，污泥体积会有所减小。消化后污泥体积可用下式计算：

$$V_d=\frac{(100-p)V}{100-p_d}\times\left(1-\frac{p_vR_d}{10000}\right) \tag{7-5}$$

式中 V_d——污泥消化后的体积，m^3/d；

p——生污泥的含水率，%；

p_d——消化污泥的含水率，%；

V——生污泥的体积，m^3/d；

R_d——污泥可消化程度，%；

p_v——生污泥有机物的含量，%。

7.1.4 污泥产量计算实例

[例 7-1] 消化污泥量计算

(1) 已知条件

某污水厂产生的混合污泥 $450m^3/d$，含水率为 96%，有机物含量为 65%，采用厌氧消化做稳定处理，消化后熟污泥的有机物含量为 50%。消化池无上清液排除设备，求消化污泥量。

(2) 设计计算

① 污泥可消化程度 R_d　生污泥中有机物含量 $p_{v1}=65\%$，无机物含量 $p_{f1}=35\%$，熟污泥中有机物含量 $p_{v2}=50\%$，无机物含量 $p_{f2}=50\%$，则：

$$R_d=\left(1-\frac{p_{v2}p_{f1}}{p_{v1}p_{f2}}\right)\times100\%=\left(1-\frac{50\times35}{65\times50}\right)\times100\%=46.2\%$$

② 消化污泥体积 V_d　设污泥消化后含水率为 97%，则：

$$V_d=\frac{(100-p)V}{100-p_d}\times\left(1-\frac{p_vR_d}{10000}\right)$$

$$=\frac{(100-96)\times450}{100-97}\times\left(1-\frac{65\times46.2}{10000}\right)=420(m^3/d)$$

7.2 污泥浓缩单元设计

初次沉淀污泥含水率一般为 95%～97%，剩余活性污泥含水率达 99%以上。因此，污泥的体积非常大，而污泥浓缩的主要目的是减少污泥体积，以便于后续单元的操作。如后续厌氧消化，则消化池的容积、加热量和搅拌能耗都可大大降低；如机械脱水，则调整污泥的混凝剂投加量和机械脱水的容量都可减少。

污泥浓缩的工艺主要有重力浓缩法、气浮浓缩法和离心浓缩法等。工程中以重力浓缩最为常用。生物除磷工艺的剩余污泥，不宜采用重力浓缩。

7.2.1　重力浓缩法单元

重力浓缩法单元处理构筑物称为污泥浓缩池。根据运行方式不同，可分为连续式和间歇式两种类型。间歇式主要用于污泥量较小的场合，而连续式则应用于污泥量较大的场合。

(1) 间歇式污泥浓缩池

间歇式污泥浓缩池可建成矩形或圆形，如图 7-1 所示。运行时，应先排出浓缩池中的上清液，腾出池容，再投入待浓缩的污泥。因此，应在池深度方向的不同高度设上清液排出管。浓缩时间，一般不宜小于 12h。

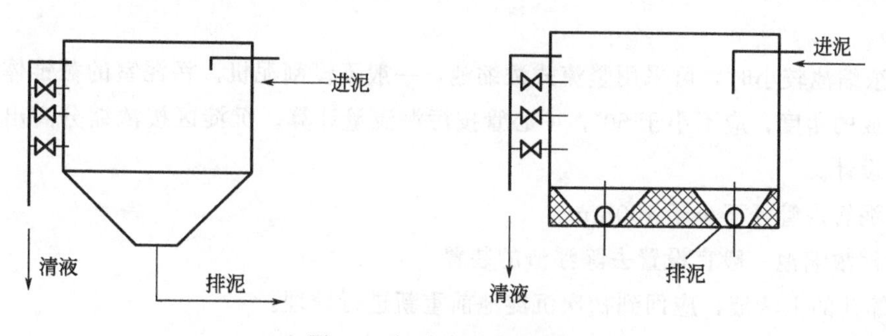

图 7-1　间歇式污泥浓缩池

(2) 连续式污泥浓缩池

带刮泥机和搅拌装置的连续式浓缩池如图 7-2 所示。污泥由中心管连续进入池内，上清液由溢流堰流出，浓缩污泥用刮泥机缓缓刮至池中心的污泥斗，并从污泥管排出。刮泥机上装有搅拌栅，随着刮泥机转动的栅条形成微小涡流可促进污泥颗粒之间的絮凝，并可造成空穴，以便污泥颗粒的空隙水和气泡逸出，增强浓缩效果。

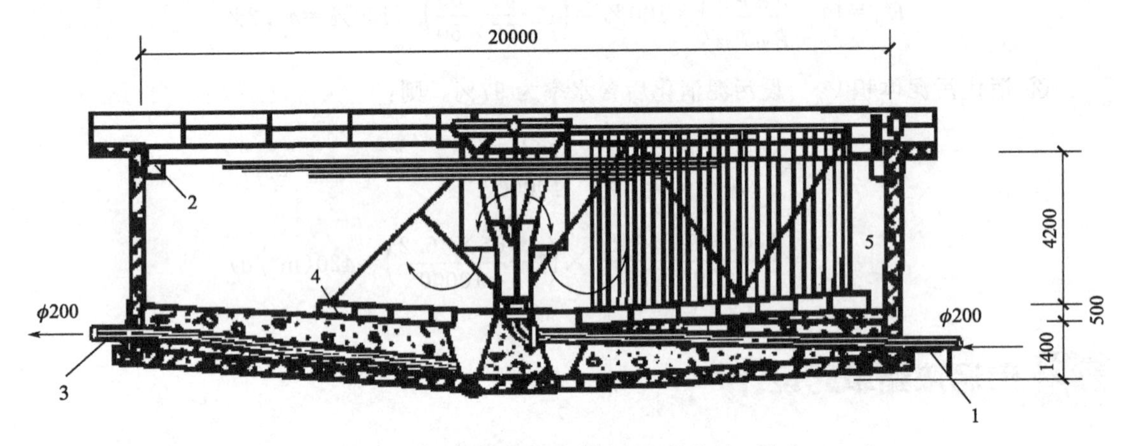

图 7-2　有刮泥机及搅动栅的连续式污泥浓缩池（单位：mm）
1—中心进泥管；2—上清液溢流堰；3—排泥管；4—刮泥机；5—搅动栅

(3) 重力浓缩池设计要点及参数

① 设计要点

a. 连续式污泥浓缩池可采用沉淀池的形式，一般为竖流式或辐流式。

b. 浓缩池的有效水深，一般为 4m。当采用竖流式浓缩池时，其水深按沉淀部分上升流速不大于 0.1mm/s 计算。浓缩池的浓缩时间不宜小于 12h，但也不要超过 24h。

c. 污泥室容积应根据排泥方法和两次排泥间隔时间而定，当采用定期排泥时，两次排泥间隔一般可采用 8h。

d. 辐流式污泥浓缩池的集泥装置，当采用吸泥机时，池底坡度可采用 0.003；当采用刮泥机时，不宜小于 0.01。不设刮泥设备时，池底一般设有泥斗，泥斗与水平面的倾角应不小于 50°。刮泥机的回转速度为 0.75～4r/h，吸泥机的回转速度为 1r/h。在水面设除浮渣装置。

e. 采用栅条浓缩池时，其外缘线速度一般宜为 1～2m/min，池底坡向泥斗的坡度不宜小于 0.05。

f. 当浓缩池较小时，可采用竖流式浓缩池，一般不设刮泥机，污泥室的截锥体斜壁与水平面所形成的角度，应不小于 50°，中心管按污泥流量计算。沉淀区按浓缩分离出来的污水流量进行设计。

g. 排泥管内管径不小于 150mm。

h. 污泥浓缩池一般宜设置去除浮渣的装置。

i. 浓缩池的上清液，应回到初次沉淀池前重新进行处理。

② 设计参数　在无试验数据时，可参考表 7-1 中的数据。

表 7-1　重力浓缩池设计参数表

污泥种类	进泥含水率/%	出泥含水率/%	水力负荷/[$m^3/(m^2 \cdot d)$]	固体负荷/[$kg/(m^2 \cdot d)$]	溢流 TSS/(mg/L)
初沉池污泥	95～97	92～95	24～33	80～120 (90～144)	300～1000
剩余污泥	99.2～99.6	97～98	2.0～4.0	30～60	200～1000
混合污泥	98～99	94～96	4.0～10.0	25～80	300
生物膜	96～99	94～98	2.0～6.0	35～50	200～1000

注：括号内为参考值。

(4) 重力浓缩池设计计算

① 浓缩池总面积

$$A=\frac{QC}{M} \tag{7-6}$$

式中 A——滤池总面积，m^2；

Q——污泥量，m^3/d；

C——污泥固体质量浓度，kg/m^3；

M——污泥固体负荷，$kg/(m^2 \cdot d)$。

② 单池面积

$$A_1=\frac{A}{n} \tag{7-7}$$

式中 A_1——单池面积，m^2；

n——浓缩池数量，个。

③ 浓缩池直径

$$D=\sqrt{\frac{4A_1}{\pi}} \tag{7-8}$$

式中 D——浓缩池直径，m。

④ 浓缩池工作部分有效水深高度

$$h_1=\frac{TQ}{24A} \tag{7-9}$$

式中 T——浓缩时间，$12<T<24h$；

h_1——浓缩池工作部分有效水深高度，m。

⑤ 刮泥设备所需池底坡度造成的深度

$$h_4=\frac{D}{2}\times i \tag{7-10}$$

式中 h_4——刮泥设备所需池底坡度造成的深度，m；

i——池底坡度，根据排泥设备取 0.003～0.01，常用 0.05。

⑥ 浓缩池总深度

$$H=h_1+h_2+h_3+h_4+h_5 \tag{7-11}$$

式中 H——浓缩池总深度，m；

h_2——浓缩池超高，m；

h_3——缓冲层高度，m。

h_5——泥斗深度，m。

7.2.2 气浮浓缩法单元

重力浓缩法比较适合于重质污泥，如初沉污泥等，对于密度接近于1的轻污泥，如活性污泥或发生膨胀的污泥则效果不佳。在此情况下，最好采用气浮浓缩法。气浮浓缩是依靠微小气泡与污泥颗粒的黏附作用，使污泥颗粒的密度小于水而上浮得到浓缩。

部分澄清水回流溶气的气浮浓缩的工艺流程如图7-3所示。澄清水从池底引出，一部分用水泵回流，另一部分外排。通过空压机或水射流器将空气引入溶气罐内加压溶气，溶气水通过减压阀从底部回流到进水室，与流入该室的新污泥混合。溶气水减压后释放的微小气泡携带污泥颗粒进入气浮池，形成浮渣层，由刮泥机刮出池外。

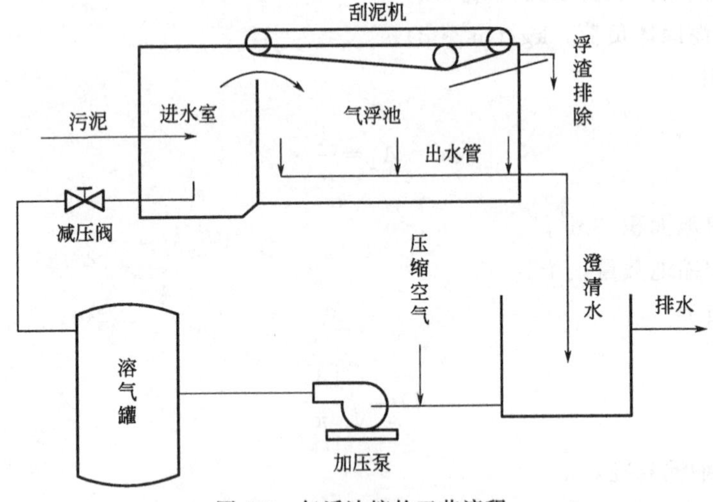

图7-3 气浮浓缩的工艺流程

气浮浓缩系统最主要的设计参数是气固比，可按下式计算：

$$\frac{A}{B}=\frac{(QS_a-QRfS_ap)-(R+1)QS_a}{QC_0}=\frac{RS_a(fp-1)}{C_0} \tag{7-12}$$

式中 A——气浮池释放的气体量，kg/h；

B——流入的污泥固体量，kg/h；

Q——流入的污泥量，m^3/h；

C_0——污泥质量浓度，kg/m^3；

R——回流比，一般采用 $R\geqslant1$；

S_a——常压下空气在回流中的饱和质量浓度，kg/m^3，20℃时，$S_a=24mg/L$；

p——溶气罐压力（绝对压力），一般采用 0.3MPa；

f——空气在溶气水中的饱和质量浓度，一般气浮系统中 $f=0.5\sim0.8$，最高可达 0.95。

气浮浓缩效果随气固比增高而提高，一般以 0.03～0.1 为宜。回流水在溶气罐内的停留时间约为 1～3min。

气浮池的工艺参数如下：固体负荷为 2.5～25kg/(m^2·h)；水力负荷为 0.22～0.9m^3/(m^2·h)；停留时间约为 30～120min。当投加聚合电解质时，获得的固体平均浓度为 5.8%，固体回收率可达 98%；不投加凝聚剂时，分别为 4.6%和 90%。

7.2.3　离心浓缩法单元

离心浓缩法对于轻质污泥，也能获得较好的处理效果。它是基于污泥中的固体颗粒和水的密度不同，在高速旋转的离心机中，由于所受离心力大小不同从而使二者得到分离。离心浓缩法的最大优点是效率高，需时短，占地少，卫生条件好。

各种浓缩方法的比较如表 7-2 所示。

表 7-2　各种浓缩方法的比较

方法	优点	缺点
重力浓缩	贮存污泥的能力高，操作要求低，运行费用低，尤其是能耗低	占地面积大，且会产生臭气，对剩余污泥浓缩效果差
气浮浓缩	比重力浓缩占地面积少，臭气问题少。浓缩后污泥含水率较低，浓缩污泥中不含砂砾，能去除油脂	运行费用较高，比离心浓缩占地大，污泥贮存能力小，操作要求高
离心浓缩	占地少，处理能力高，没有臭气问题	要求专用的离心机，能耗高，对操作人员要求高

7.2.4　污泥浓缩单元设计计算实例

［例 7-2］　用污泥固体负荷设计连续式重力浓缩池

（1）已知条件

某污水厂日产剩余污泥量 $Q=1800m^3/d$，含水率为 99.2%，即固体浓度 $M=8kg/m^3$，浓缩后使污泥含水率下降为 97%，试设计连续式重力浓缩池。

（2）设计计算

① 浓缩池面积 A　浓缩污泥为剩余污泥量，根据表 7-1 污泥固体负荷选用 30kg/(m^2·d)。浓缩池面积 A 用式(7-6) 计算：

$$A=\frac{QC}{M}=\frac{1800\times 8}{30}=480(m^2)$$

② 浓缩池直径 D　设计采用 2 个圆形辐流浓缩池，单池面积 A_1 为：

$$A_1=\frac{A}{n}=\frac{480}{2}=240(m^2)$$

浓缩池直径 D 为：

$$D=\sqrt{\frac{4A_1}{\pi}}=\sqrt{\frac{4\times 240}{3.14}}=17.49(m)$$

取 $D=18m$。

③ 浓缩池总深度 H 取浓缩时间 $T=16h$，则浓缩池工作部分有效水深高度 h_1 为：

$$h_1=\frac{TQ}{24A}=\frac{16\times1800}{24\times480}=2.5(m)$$

浓缩池超高 $h_2=0.3m$，缓冲层高度 $h_3=0.3m$，浓缩池设机械刮泥设备，池底坡度 $i=0.05$，污泥斗下底直径 $D_1=1.0m$，上底直径 $D_2=2.4m$。刮泥设备所需池底坡度造成的深度 h_4 为：

$$h_4=\left(\frac{D}{2}-\frac{D_2}{2}\right)\times i=\left(\frac{18}{2}-\frac{2.4}{2}\right)\times0.05=0.39(m)$$

污泥斗深度 h_5 为：

$$h_5=\left(\frac{D_2}{2}-\frac{D_1}{2}\right)\times\tan55°=\left(\frac{2.4}{2}-\frac{1.0}{2}\right)\times\tan55°=1.0(m)$$

浓缩池总深度 H 为：

$$H=h_1+h_2+h_3+h_4+h_5=2.5+0.3+0.3+0.39+1.0=4.49(m)$$

设计计算简图如图 7-4 所示。

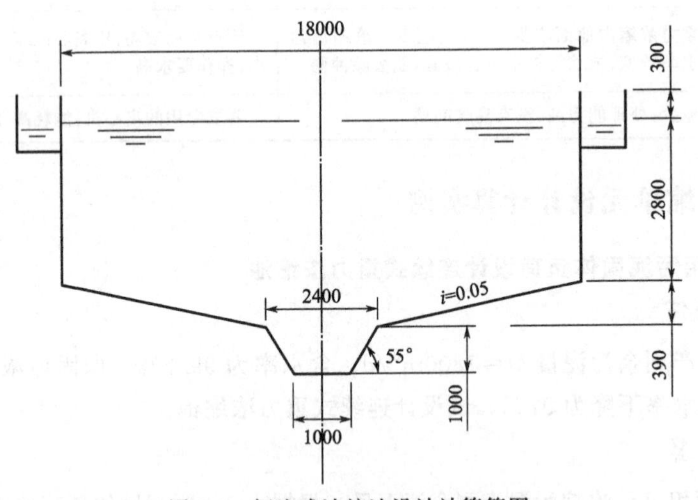

图 7-4 辐流式浓缩池设计计算简图

7.3 污泥厌氧消化单元设计

污泥厌氧消化是在无氧条件下，利用兼性菌和专性厌氧菌进行生化反应，将污泥中的有机物（或细胞体）转化为 CO_2 和 CH_4 等，从而使污泥得到稳定的一种处理工艺。

7.3.1 污泥厌氧消化工艺

污泥厌氧消化工艺主要有一级消化、二级消化、二相厌氧消化等工艺。

（1）一级消化工艺

一级消化工艺是污泥在单级（单个）消化池内进行搅拌和加热，完成污泥消化过程，使用的消化池称为传统消化池。目前一级消化工艺很少采用，而普遍采用二级消化工艺。

（2）二级消化工艺

二级消化工艺为两个消化池串联运行，原污泥先连续或分批投入一级消化池中并进行搅拌和加热，污泥温度保持33～35℃。污泥中的有机物主要在一级消化池中分解，产气量占总产气量的80%。继之污泥排入二级消化池，二级消化池可不加热、不搅拌，利用余热继续消化，消化温度可保持在20～26℃。二级厌氧消化的产气量约占总产气量的20%。此工艺中的一级消化池称为高速消化池。二级消化工艺如图7-5所示。

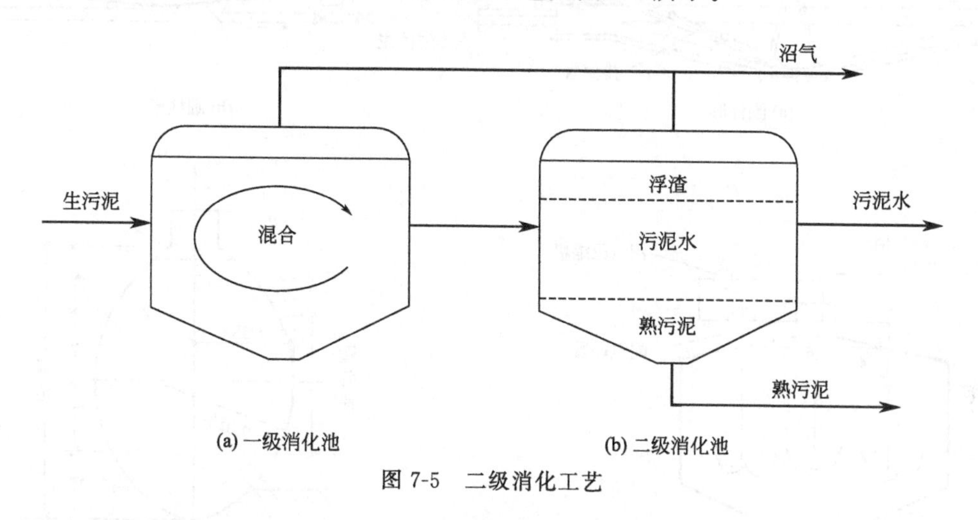

图7-5　二级消化工艺

（3）二相厌氧消化工艺

二相厌氧消化工艺是根据消化理论进行设计的，即将厌氧消化的第一、第二阶段与第三阶段分别在两个消化池中进行，使各相消化池更适合于消化过程。三个阶段各自的细菌种群生长繁殖都有最佳环境条件，因此二相消化具有池容积小、加泥与搅拌能耗少、运行管理方便、污泥消化更彻底等特点。

7.3.2　厌氧消化池的结构

厌氧消化池的基本池形有圆柱形和蛋形两种，如图7-6所示。

图7-6中（a）、（b）、（c）为圆柱形，池径一般为6～35m，视污水厂规模而定，池总高与池径之比取0.8～1.0，池底、池盖倾角一般取15°～20°，池顶集气罩直径取2～5m，高1～3m；（d）为蛋形，大型消化池可采用蛋形，容积可做到10000m^3以上。

蛋形消化池在工艺与结构方面具有如下优点：①搅拌充分、均匀、无死角，池底部与顶部的截面积较小，污泥不会在池底固结，也不易产生浮渣层；②在容积相等的条件下，池子总表面积比圆柱形小，散热面积小，易于保温；③结构与受力条件最好，只承受轴向与径向压力、张力，如采用钢筋混凝土结构，可节省材料；④防渗水性能好，聚集沼气效果也好。

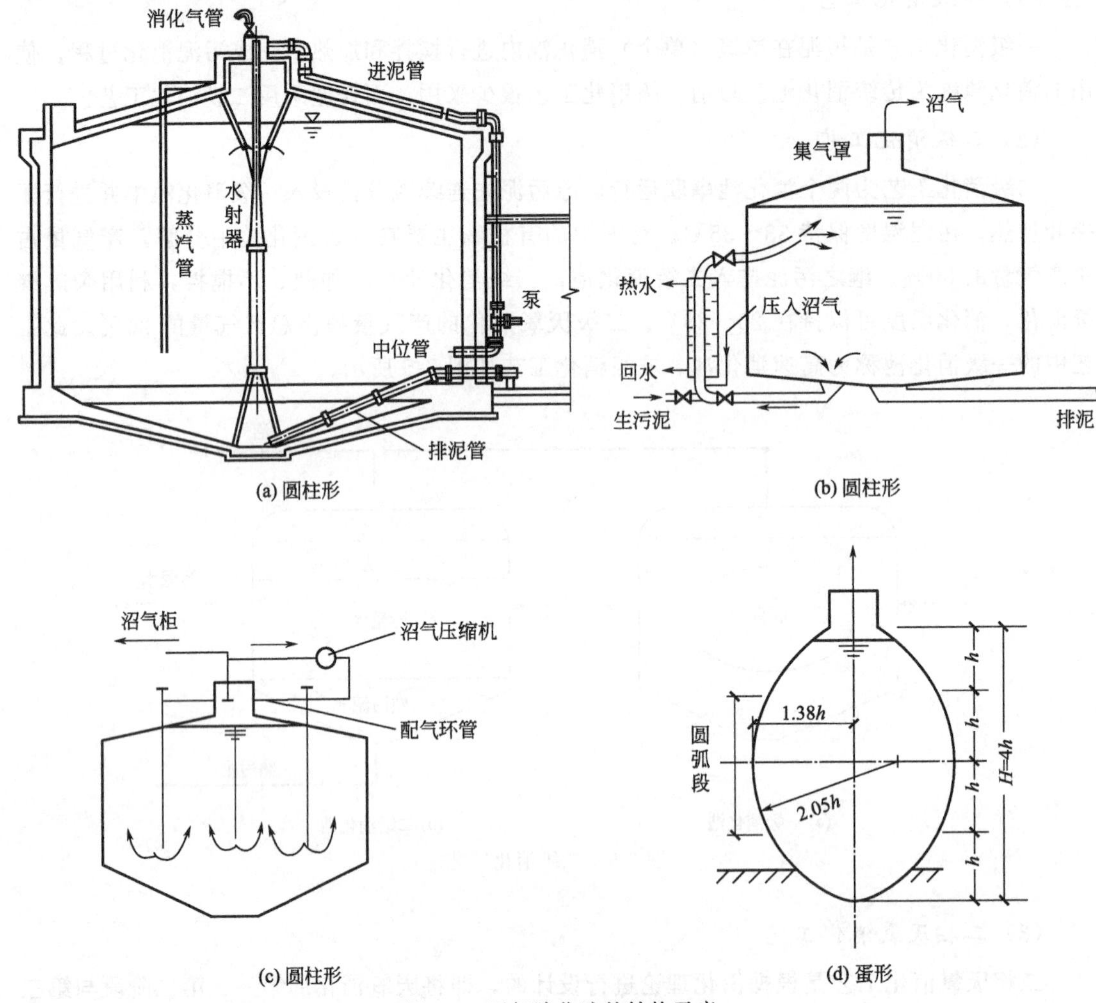

图 7-6　厌氧消化池的结构示意

7.3.3　设计规定及设计参数

① 消化温度与时间　一般采用中温消化，污泥温度应保持 33～35℃。中温消化时间以 20～30d（即投配率 3.33%～5%）为宜。污泥经消化处理后，其挥发性固体去除率大于 40%。

② 有机负荷与产气量　中温消化挥发性有机负荷 0.6～1.5kg VSS/(m^3·d)，产气量 1.0～1.3m^3/(m^3·d)。

③ 两级消化中一级、二级消化池的容积比　可采用 1∶1、2∶1 或 3∶1，通常采用的是 2∶1。

④ 搅拌与混合　搅拌可使消化池内消化细菌与有机物充分接触，增加产气量。

⑤ 污泥浓度　污泥固体含量设计值一般采用 3%～4%，最大可行范围为 10%～12%。两级消化后的污泥含水率一般可达 92%左右。

⑥ pH 值和碱度　消化系统中应保持碱度（以 $CaCO_3$ 计）在 2000mg/L 以上，使其具

有足够的缓冲能力，可有效地防止pH值下降。消化液中的脂肪酸是甲烷发酵的产物，其质量浓度应保持在2000mg/L左右。

⑦ C/N 要求C/N以（10～20）：1为宜。

⑧ 有毒物质 主要是重金属离子、S^{2-}、NH_3^+，其他物质的毒阈浓度较高。

⑨ 污泥的投配方式 有间歇投配和连续投配两种方式。间歇投配一般每天2～3次，消化环境不够稳定。连续投配相对均匀稳定，但管理水平要求较高。

7.3.4 污泥厌氧消化池单元设计

消化池的设计内容包括：工艺确定、池体设计、加热保温系统设计和搅拌设备设计。下面主要介绍消化池池体设计。

厌氧消化池的总有效容积可根据厌氧消化时间或挥发性固体容积负荷计算。挥发性固体容积负荷定义为单位时间单位消化池容积所承担的挥发性固体（VSS）污泥量。

① 按消化时间计算消化池的总有效容积，计算公式如下：

$$V=Q_0 t_d \tag{7-13}$$

式中 V——消化池的总有效容积，m^3；

Q_0——每日投入消化池的原污泥量，m^3/d；

t_d——消化时间，d，宜为20～30d。

② 按挥发性固体容积负荷计算消化池的有效容积，计算公式如下：

$$V=\frac{W_S}{L_V} \tag{7-14}$$

式中 W_S——每日投入消化池的原污泥中挥发性干固体质量，kg VSS/d；

L_V——消化池挥发性固体容积负荷，kg VSS/(m^3·d)，重力浓缩后的原污泥宜采用0.6～1.5kg VSS/(m^3·d)，机械浓缩后的高浓度污泥不应大于2.3kg VSS/(m^3·d)。

7.3.5 污泥厌氧消化池单元设计实例

［例7-3］ 消化池容积及产气量计算

（1）已知条件

某污水厂产生的混合污泥经浓缩后含水率为96%，污泥量为450m^3/d，挥发性固体VSS含量为65%。采用中温消化，消化后VSS去除50%，试验测得甲烷产量为0.62m^3/kg VSS。试设计消化池各部分尺寸，并计算产气量。

（2）设计计算

① 污泥消化池总有效容积计算 采用固体容积负荷计算消化池的有效容积V。

根据已知条件，污泥含水率为96%，则污泥固体含量为4%，其中挥发性固体VSS含量占65%，则：

$$W_S=4\%\times65\%\times450\times1000=11700(kg/d)$$

取L_V=1.3kg/(m^3·d)，根据式(7-14)计算，消化池总有效容积V为：

$$V=\frac{W_S}{L_V}=\frac{11700}{1.3}=9000(\text{m}^3)$$

② 池体设计　采用中温两级消化，容积比一级：二级＝2：1，则一级消化池容积为 6000m^3，用 2 座池，单池容积为 3000m^3。二级消化用 1 座池，容积为 3000m^3。采用圆柱形消化池，一、二级消化池池形相同，计算简图如图 7-7 所示。

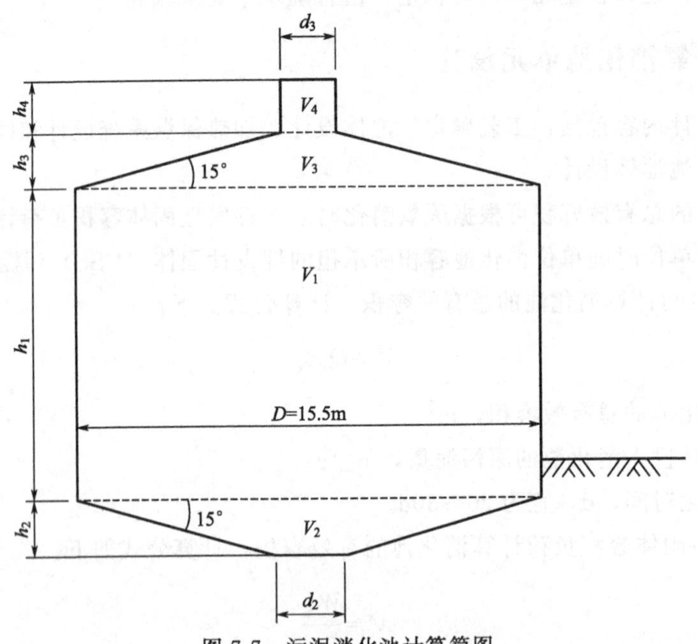

图 7-7　污泥消化池计算简图

消化池直径 D 采用 15.5m，集气罩直径 $d_3=2\text{m}$，高 $h_4=2\text{m}$，池底锥底直径 $d_2=2\text{m}$，锥角采用 15°，则：

$$h_2=h_3=\frac{15.5-2}{2}\times\tan15°=1.8(\text{m})$$

消化池柱主体高度 $h_1=D=15.5\text{m}$。

消化池各部分容积计算如下。

集气罩容积 V_4 为：

$$V_4=\frac{\pi d_3^2}{4}\times h_4=\frac{3.14\times2^2}{4}\times2=6.28(\text{m}^3)$$

上盖容积 V_3 为：

$$V_3=\frac{1}{3}\pi h_3\left(\frac{D^2}{4}+\frac{Dd_3}{4}+\frac{d_3^2}{4}\right)$$

$$=\frac{1}{3}\times3.14\times2.0\times\left(\frac{15.5^2}{4}+\frac{15.5\times2}{4}+\frac{2^2}{4}\right)=144.0(\text{m}^3)$$

下锥体容积等于上盖容积，即 $V_2=V_3=144.0(\text{m}^3)$。

柱体容积 V_1 为：

$$V_1=\frac{\pi D^2}{4}\times h_1=\frac{3.14\times 15.5^2}{4}\times 15.5=2923.2(\mathrm{m}^3)$$

故消化池有效容积 V 为：

$$V=V_1+V_2+V_3=2923.2+144.0+144.0=3211.2(\mathrm{m}^3)>3000(\mathrm{m}^3)$$

③ 沼气产量计算　污泥消化的产气量主要与污泥中挥发性有机物的含量及各种有机物的比率有关。我国城市污水处理厂污泥中有机物含量、产气量及可消化程度如表7-3所示。

表7-3　我国城市污水处理厂污泥中有机物含量、产气量及可消化程度

有机物种类	碳水化合物	蛋白质	脂肪	平均
初次沉淀池污泥/%	43～47	14～29	8～20	
剩余活性污泥/%	20～61	36～56	1～24	
消化1g产沼气量/mL	790	704	1250	
沼气中 CH_4 体积/mL	390	500	850	
CH_4 体积分数/%	50	71	68	53～56
可消化程度	35～40			

由试验测得的甲烷产量为 $0.62\mathrm{m}^3/\mathrm{kg}$ VSS，污泥含固率为4%，VSS含量为65%，则污泥中VSS为：

$$\mathrm{VSS}=4\%\times 65\%\times 450\times 1000=11700(\mathrm{kg/d})$$

由于污泥消化后VSS去除50%，则降解的VSS为：

$$\mathrm{VSS}=11700\times 50\%=5850(\mathrm{kg/d})$$

甲烷产量为：

$$5850\times 0.62=3627(\mathrm{m}^3)$$

根据表7-3，甲烷占沼气的体积分数以54.5%计，则沼气产量为：

$$\text{沼气产量}=\frac{3627}{54.5\%}=6655(\mathrm{m}^3)$$

7.4 污泥好氧消化单元设计

污泥好氧消化是对污泥进行持续曝气，促使污泥中的微生物细胞分解，从而降低挥发性悬浮固体含量的方法。在好氧消化过程中，有机污泥经氧化可以转化成二氧化碳、氨以及氢等气体产物。好氧消化过程包含完全的生物链和复杂的生物群，与厌氧消化比较反应速度快，也不易受条件变化而被破坏，所以效果比较稳定。

7.4.1 污泥好氧消化分类和特点

(1) 污泥好氧消化的分类

好氧消化过程分为普通好氧消化和自热高温好氧消化两类。

自热高温好氧消化与普通好氧消化的区别是能利用微生物氧化有机物时所释放的热量对污泥加热，可以使污泥达到自热高温消化的目的。根据运行条件不同，污泥温度可达40～70℃。该法与普通好氧消化相比具有反应速度快、停留时间短、基建费用低、污泥脱水性能好、病原微生物杀灭率高等优点。自热高温好氧消化池需要加盖保温，以便将热损失降到最小。

(2) 污泥好氧消化的特点

① 优点：a. 消化程度高，剩余污泥量少。污泥好氧消化过程微生物处于内源呼吸阶段，进行自身氧化，因此微生物机体的可生物降解部分（约占MLVSS的80%）可被氧化去除。b. 消化污泥的肥分高，易被植物吸收，上清液BOD浓度低。c. 运行管理方便简单，污泥易脱水，处置方便。d. 好氧消化过程对有毒物质不敏感，控制较容易。

② 缺点：a. 运行能耗大，不能回收沼气，长时间曝气会使污泥指数增大而难于浓缩。b. 因好氧消化不加热，所以污泥有机物分解程度随温度波动大。c. 对致病微生物和寄生虫的去除效果差，污泥处理量也不能太大。

7.4.2 好氧消化池构造与工艺单元设计

(1) 好氧消化池的构造

好氧消化池的构造与完全混合式活性污泥法曝气池相似，见图7-8。主要构造包括好氧消化室，进行污泥消化；泥液分离室，使污泥沉淀回流并把上清液排除；消化污泥排除管；曝气系统，由压缩空气管、中心导流筒组成，提供氧气并起搅拌作用。消化池坡底 i 不小于0.25，水深取决于鼓风机的风压，一般采用3～4m。

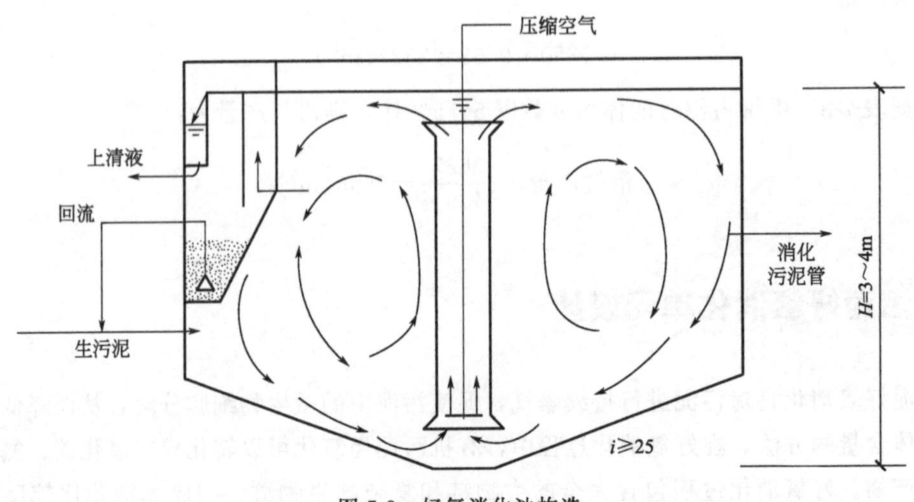

图7-8 好氧消化池构造

（2）好氧消化池的工艺单元设计

通常以挥发性有机负荷为设计参数计算好氧消化池的有效容积，计算公式如下：

$$V=\frac{Q_0X_0}{S} \tag{7-15}$$

式中　V——消化池的总有效容积，m^3；

Q_0——进入消化池的原污泥流量，m^3/d；

X_0——原污泥中挥发性悬浮固体浓度，kg VSS/m^3；

S——挥发性有机负荷，kg $VSS/(m^3 \cdot d)$。

好氧消化池的有关设计参数见表7-4，可供设计计算时参考。

表7-4　好氧消化池的设计参数

序号	参数名称		数值
1	污泥停留时间/d	活性污泥	10～15
		初沉污泥或初沉污泥与活性污泥混合	15～20
2	有机负荷/[kg $VSS/(m^3 \cdot d)$]		0.38～2.0
3	空气需要量/[$m^3/(m^3 \cdot min)$]	活性污泥	0.02～0.04
		初沉污泥或初沉污泥与活性污泥混合	≥0.06
4	最低溶解氧/(mg/L)		2
5	温度/℃		>15
6	挥发性固体(VSS)去除率/%		50左右

7.5 污泥机械脱水单元设计

7.5.1 带式压滤脱水

（1）带式压滤机的构造与特点

带式压滤机如图7-9所示，上下两条张紧的滤带同向回转移动，污泥由一端进入，在向另一端移动的过程中先经过浓缩段，主要依靠重力过滤，使污泥失去流动性，然后进入压榨段，由两条滤带夹着污泥层，从一连串按规律排列的辊压筒中呈S形弯曲经过，靠滤带本身的张力形成对污泥层的压榨力和剪切力，将污泥层中的毛细水挤压出来，获得含固量较高的泥饼，从而实现污泥脱水。这种脱水设备的特点是将压力直接施加到滤布上，用滤布的压力或张力使污泥脱水，出泥含水率低且稳定，能耗少、噪声小、管理控制较容易，并可连续运行，目前被污水处理厂广泛采用。

（2）处理能力的确定

带式压滤机的处理能力分别为进泥量和进泥固体负荷。进泥量是指每米带宽在单位时间内所能处理的湿污泥量，单位$m^3/(m \cdot h)$，常用q表示；进泥固体负荷是指每米带宽在单位时间内所能处理的总干污泥量，单位$kg/(m \cdot h)$，用q_s表示。

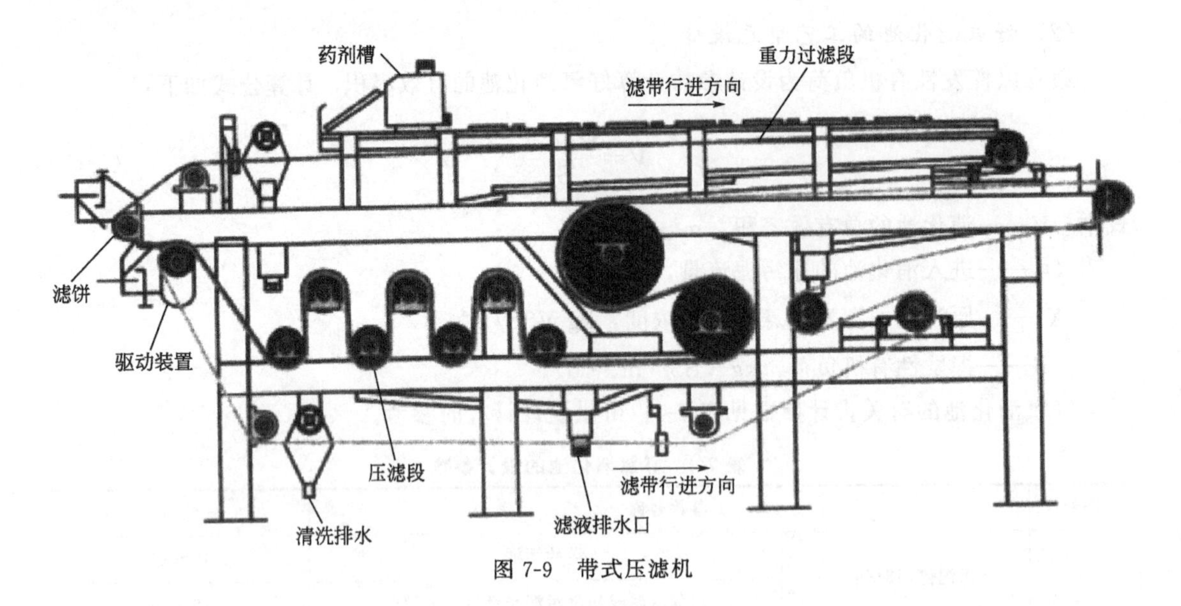

图 7-9 带式压滤机

进泥量 q 和进泥固体负荷 q_s 取决于脱水机的带速、滤带张力及污泥的调质效果，而带速、张力和调质效果又取决于所要求的脱水效果，即泥饼含固率和固体回收率。在污泥性质和脱水效果一定时，q 和 q_s 也是一定的，如果进泥量太大或进泥固体负荷太高，将降低脱水效果。一般来说，q 可达到 $4\sim7m^3/(m \cdot h)$，q_s 可达到 $150\sim250kg/(m \cdot h)$。不同规格的脱水机带宽也不同，但一般不超过 3m，否则，污泥不容易摊布均匀。q 和 q_s 乘以脱水机带宽，即为脱水机的实际允许进泥量和进泥固体负荷。

运行中，运行人员应根据所处理的污泥泥质和脱水效果要求，通过反复调整带速、张力和加药量等参数，得到 q 和 q_s，以方便运行管理。各种污泥进行带式压滤脱水的性能参数见表 7-5，可供设计时参考。

表 7-5 污泥带式压滤脱水的性能参数

污泥种类		进泥含固率/%	进泥固体负荷/[kg/(m·h)]	PAM 加药量/(kg/t)	泥饼含固率/%
生污泥	初沉污泥	3～10	200～300	1～5	28～44
	活性污泥	0.5～4	45～150	1～10	20～35
	混合污泥	3～6	100～200	1～10	30～35
厌氧污泥	初沉污泥	3～10	200～400	1～5	25～36
	活性污泥	3～4	40～135	2～10	12～22
	混合污泥	3～9	150～250	2～8	18～44
好氧污泥	混合污泥	1～3	50～200	2～8	12～20

7.5.2 离心脱水

(1) 离心脱水机的构造与特点

离心脱水机的构造如图 7-10 所示，主要由转筒和带空心转轴的螺旋输送器组成。

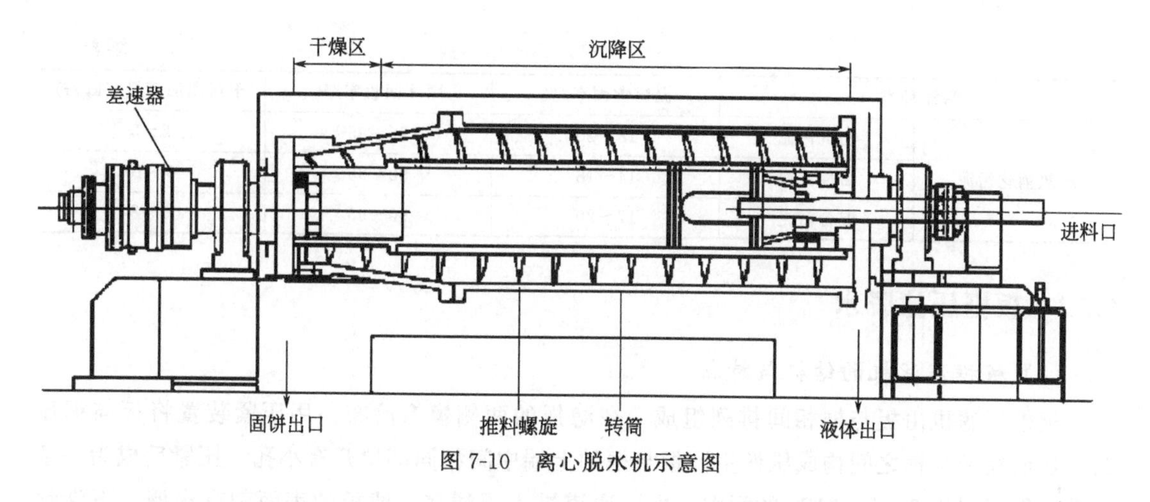

图 7-10 离心脱水机示意图

污泥由空心转轴送入转筒后，在高速旋转产生的离心力作用下，立即被抛入转筒腔内。污泥颗粒由于密度大，离心力也大，被抛在转筒内壁上，形成固体层，因为呈环状，称为固环层；而水分由于密度较小，离心力小，只能在固环层内侧形成液体层，称为液环层。固环层的污泥在螺旋输送器的缓慢推动下，被送到转筒的锥端，经转筒周围的出口连续排出；液环层的液体则由堰口连续“溢流”排至转筒外，形成分离液，然后汇集起来，靠重力排出脱水机外。离心脱水机利用离心力作用将泥水分离，其特点是结构紧凑，占地面积小，附属设备少，操作条件好（密封、无气味），不需要过滤介质，冲洗水消耗少，且能长期自动连续运转。但设备噪声较大，能耗高，易磨损，对污泥的预处理要求高。

（2）离心脱水机对各种污泥的脱水效果

离心脱水机一般均采用有机高分子混凝剂，其投加量与污泥性质有关，应根据试验确定。

① 初沉污泥与活性污泥的混合生污泥　挥发性固体≤75%时，其有机高分子混凝剂投加量一般为污泥干重的0.1%～0.5%，脱水后的污泥含水率可达75%～80%。

② 初沉污泥与活性污泥的混合消化污泥　挥发性固体≤65%时，其有机高分子混凝剂投加量一般为污泥干重的0.25%～0.55%，脱水后的污泥含水率可达75%～85%。

③ 投加的有机高分子混凝剂应事先配制成一定浓度的水溶液　当采用阴离子、非离子型的有机高分子混凝剂时，其调配浓度一般为0.05%～0.1%；当采用阳离子型的有机高分子混凝剂时，其调配浓度一般为0.2%～0.4%。

④ 有机高分子混凝剂的投药点　当为阳离子型时，可直接加入离心机转鼓的液槽中；当为阴离子型时，可加在进料管中或提升的泥浆泵前。设计时可多设几处投药点，以利于运转时选用。

离心脱水机的生产率、最佳工艺参数和操作参数，应根据进泥量及污泥性质，按设备说明书的资料采用。各种污泥的离心脱水效果如表7-6所示。

表 7-6　各种污泥的离心脱水效果

污泥种类		泥饼含固率/%	固体回收率/%	干污泥加药量/(kg/t)
生污泥	初沉污泥	18～20	90～95	2～3
	活性污泥	14～18	90～95	6～10
	混合污泥	17～20	90～95	3～7

续表

污泥种类		泥饼含固率/%	固体回收率/%	干污泥加药量/(kg/t)
厌氧消化污泥	初沉污泥	18～20	90～95	2～3
	活性污泥	14～18	90～95	6～10
	混合污泥	17～20	90～95	3～8

7.5.3 板框压滤脱水

(1) 板框压滤机的结构与特点

板框压滤机由板与框相间排列组成，在滤板的两侧覆有滤布，用压紧装置将板与框压紧，从而在板与框之间构成压榨室。板与框的上端中间相同部位开有小孔，压紧后成为一条通道，加压到0.2～0.4MPa的污泥，由该通道进入压滤室，滤板的表面刻有沟槽，下端钻有供滤液排出的孔道，在滤液的压力下，通过滤布沿沟槽与孔道排出压滤机，使污泥脱水。普通板框压滤机如图7-11所示。

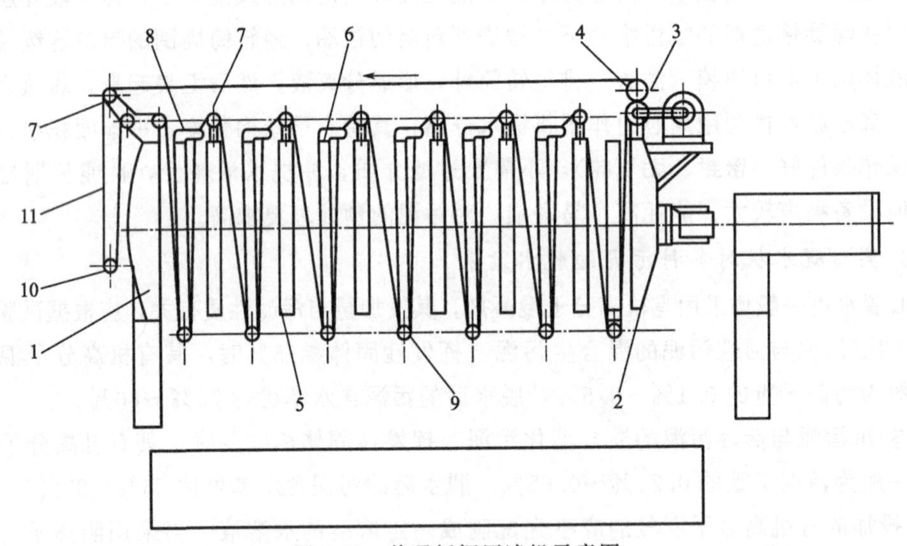

图7-11 普通板框压滤机示意图

1—固定压板；2—活动压板；3—传动辊；4—压紧辊；5—滤框；6—滤板；7,9—托辊；8—刮板；10—张紧辊；11—滤布

压滤机可分为人工板框压滤机和自动板框压滤机两种。前者劳动强度大、效率低，操作环境差；后者由于主要操作过程自动进行，劳动强度降低，效率有所提高。目前应用较多的是隔膜式板框压滤机。它与普通板框压滤机的主要不同之处是在滤板与滤布之间加装了一层弹性隔膜膜板。运行过程中，当入料结束后，可将高压流体介质注入滤板和隔膜之间，这时整张隔膜就会鼓起压迫滤饼，从而使滤饼进一步脱水，实现压榨过滤。

板框压滤机是利用压力进行污泥脱水，其特点是设备紧凑、过滤面积大而占地面积小、操作压力高、滤饼含水率低、对各种物料的适用能力强。它的缺点是间断运行、拆装频繁、滤布易坏、管理麻烦。

(2) 运行参数

板框压滤可以实现污泥的深度脱水，使污泥含水率达到55%～65%，脱水后的污泥一般呈硬块状。实现深度脱水一般采用板框压滤机，相关调理方法也应满足高压力脱水机械的要求。

一般情况下应采用无机药剂调理。选用 $FeCl_3$ 和石灰调理时，对于脱水性能较差的污泥也能达到良好的脱水效果。不同性质的污泥经调理后可以达到的脱水效果如表 7-7 所示。

表 7-7　不同性质的污泥调理和脱水效果

污泥类型	浓缩(无污泥调理)	采用不同脱水方式的脱水能力		
		带式压滤机①和离心脱水机（采用高分子药剂调理）	板框压滤机（采用金属盐或高分子药剂调理）	
			不投加石灰	投加石灰
	含水率/%	含水率/%	含水率/%	含水率/%
具有良好的浓缩和脱水性	<93	<70	<62	<55
具有一般的浓缩和脱水性	96～93	82～70	72～62	65～55
具有较差的浓缩和脱水性	>96	>78	>72	70～65②

① 进泥含水率<97%。
② 通过增加石灰的投加量。

主要调理要求如下：

① $FeCl_3$ 和石灰的投加量分别为污泥干固体的 3%～15%和 10%～50%，调理后污泥的 pH 值宜大于 7，必要时应在试验室进行试验或生产性试验。

② 无机药剂与污泥的反应时间与所采用的药剂类型有关，如单独采用铁盐时，反应时间为 5～10min；若补充投加石灰时，反应时间至少为 10min；如果在机械设备前无浓缩池，则反应时间至少为 30～90min。

③ 药剂与污泥的混合宜采用缓慢转动的浆片或转鼓式设备，药剂与污泥混合时，避免产生剪切力和涡流，以免破坏污泥絮体。

④ 污泥输送宜采用隔膜泵或螺杆泵。

⑤ 当被调理的污泥为未被消化的新鲜污泥时，应注意避免污泥发酵，否则污泥的过滤阻力会成倍增加，导致药剂投加量大幅度增加。

第8章 污水再生利用工程单元设计

8.1 污水再生利用处理对象和典型工艺

8.1.1 处理对象

运行正常的二级污水处理厂出水中的污染物可分为有机物、无机物、颗粒状固体和病原微生物等4类。污水再生利用时的处理对象就是这4类物质，为了进一步去除二级处理未能完全去除的污水中的杂质，达到不同用途的再生水水质要求，需要将各种污水深度处理单元技术进行有机组合。常用的污水深度处理单元技术功能和特点如表8-1所示。

表8-1 常用的污水深度处理单元技术功能和特点

序号	单元技术		主要功能及特点
1	混凝沉淀		辅助除磷，强化SS、胶体颗粒、有机物、色度和总磷(TP)的去除，保障后续单元处理效果
2	气浮		去除难沉降SS，对胶体及大分子污染物处理效果优于混凝沉淀
3	活性炭吸附		去除难生物降解的溶解性有机物、色度等，脱色效果好，但成本较高，应在砂滤之后使用
4	离子交换		去除铵及其他离子，多与软化处理联合，较少单独使用
5	介质过滤	砂滤	进一步过滤去除SS、TP，稳定、可靠，占地和水头损失较大
		滤布滤池	进一步过滤去除SS、TP，稳定、可靠，占地和水头损失较小
		生物过滤	进一步去除氨氮或总氮以及部分有机污染物
6	膜处理	膜生物反应器	传统生物处理工艺与膜分离相结合以提高出水水质，占地小，成本较高
		微滤/超滤膜过滤	高效去除SS和胶体物质，占地小，成本较高
		反渗透	高效去除各种溶解性无机盐和有机物，水质好，但对进水水质要求高，能耗较高
7	氧化	臭氧氧化	氧化去除色度、嗅味和部分有毒有害有机物
		臭氧-过氧化氢	比臭氧具有更强的氧化能力，对水中色度、嗅味和有毒有害有机物进行氧化去除
		紫外-过氧化氢	比臭氧具有更强的氧化能力，对水中色度、嗅味和有毒有害有机物进行氧化去除。比臭氧-过氧化氢反应时间长

8.1.2　典型工艺

城市污水再生利用工艺有多种，以下为典型的污水再生利用工艺，其中图 8-1～图 8-5 为常规深度处理工艺，图 8-6～图 8-13 为高新技术深度处理工艺。

（1）直接过滤

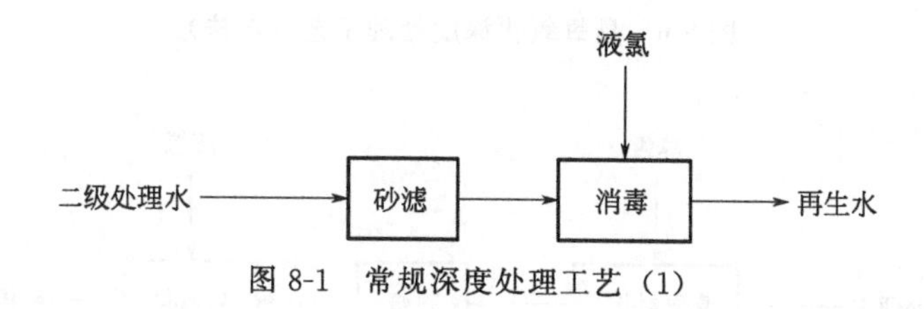

图 8-1　常规深度处理工艺（1）

（2）微絮凝过滤

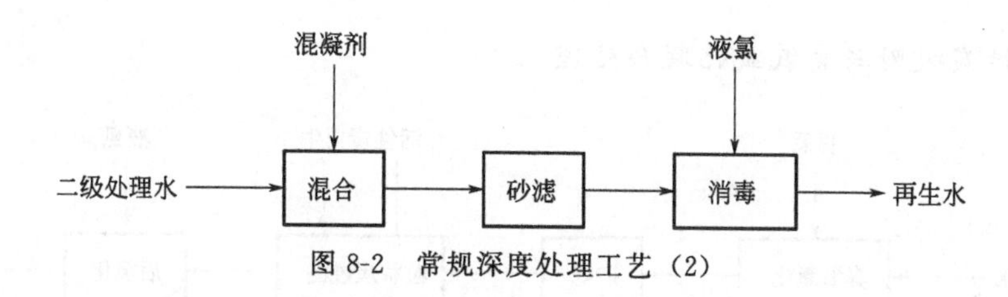

图 8-2　常规深度处理工艺（2）

（3）沉淀（澄清、气浮）过滤

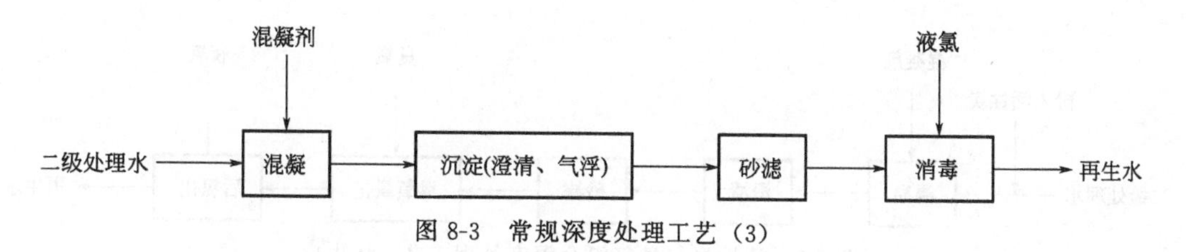

图 8-3　常规深度处理工艺（3）

（4）活性炭吸附

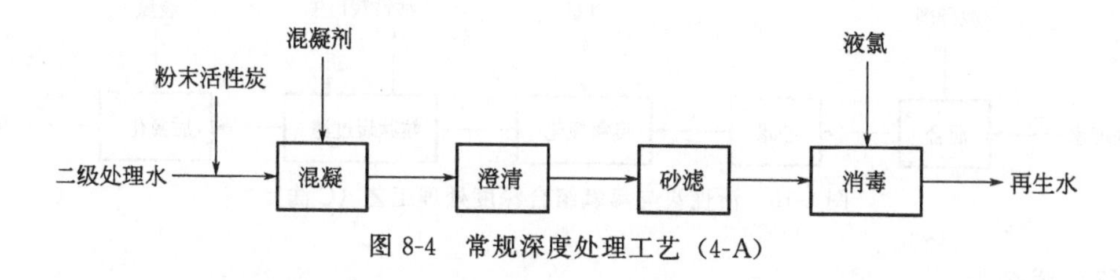

图 8-4　常规深度处理工艺（4-A）

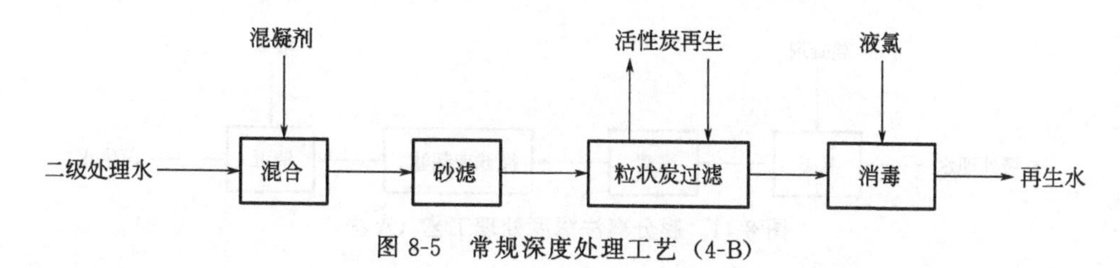

图 8-5　常规深度处理工艺（4-B）

(5) 臭氧氧化

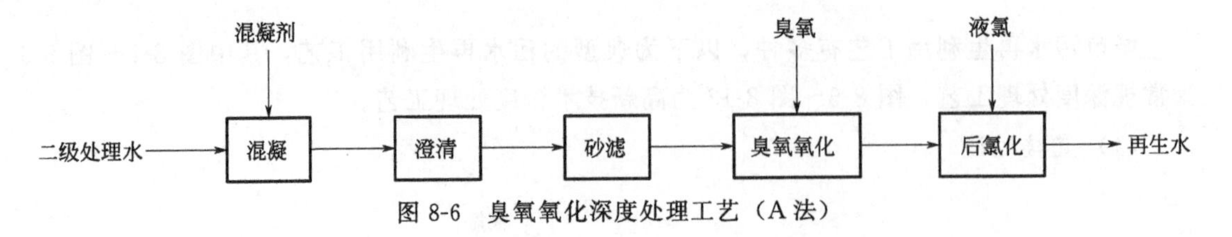

图 8-6　臭氧氧化深度处理工艺（A 法）

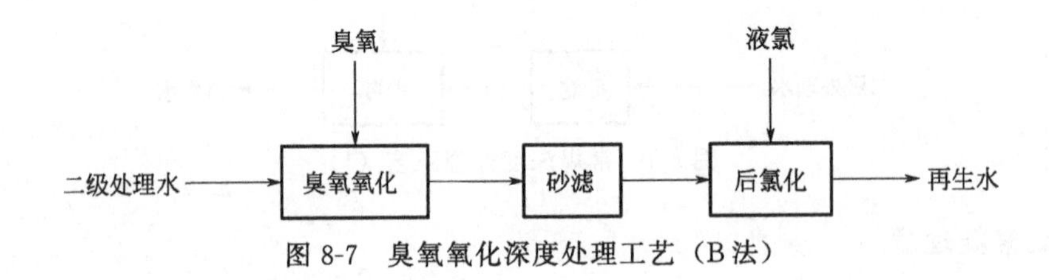

图 8-7　臭氧氧化深度处理工艺（B 法）

(6) 活性炭吸附与臭氧氧化联合处理

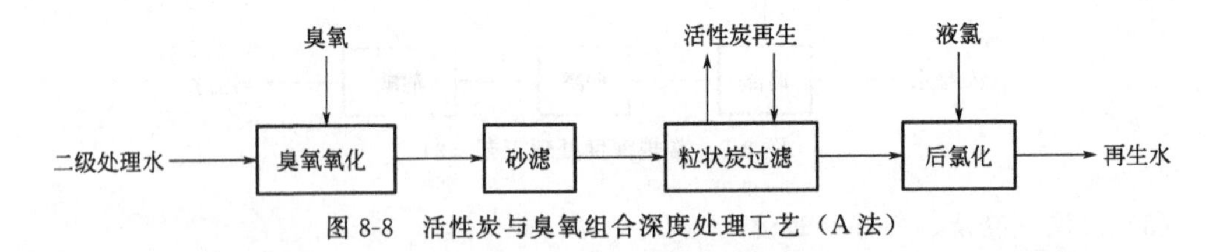

图 8-8　活性炭与臭氧组合深度处理工艺（A 法）

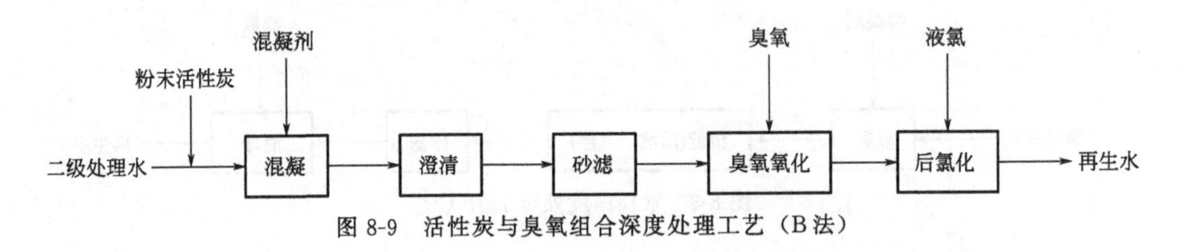

图 8-9　活性炭与臭氧组合深度处理工艺（B 法）

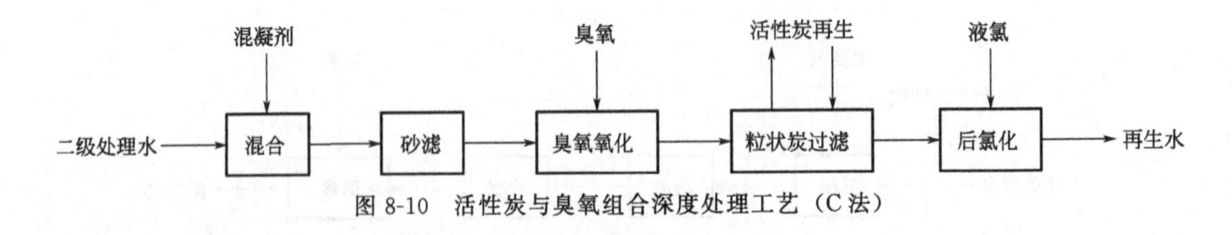

图 8-10　活性炭与臭氧组合深度处理工艺（C 法）

(7) 膜分离

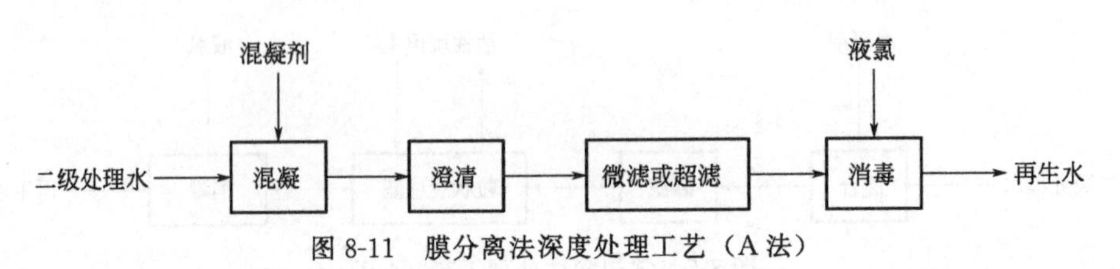

图 8-11　膜分离法深度处理工艺（A 法）

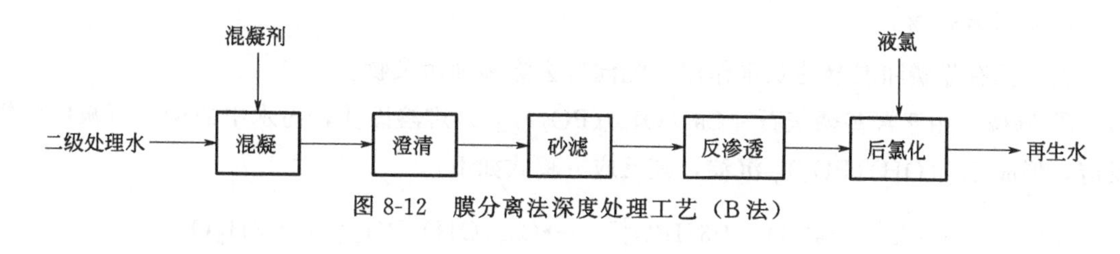

图 8-12　膜分离法深度处理工艺（B 法）

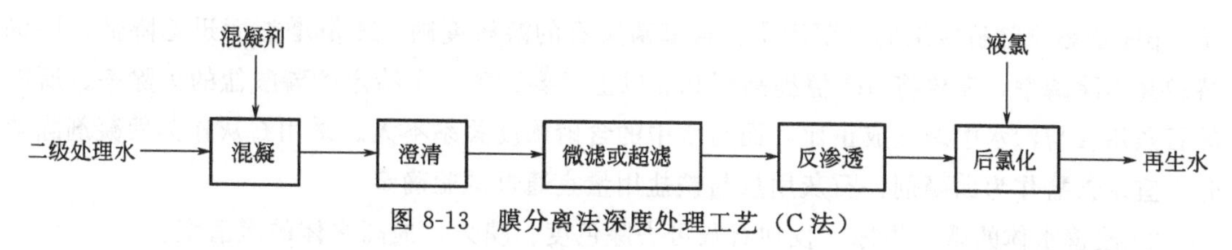

图 8-13　膜分离法深度处理工艺（C 法）

8.2 单元处理工艺及设计要点

污水再生利用主要依靠三级处理（又称深度处理、高级处理）工艺，单元处理技术的组合原则主要考虑以下几个因素：①污水中污染物的特性；②处理后污水的用途；③单元处理技术相互之间的兼容性；④经济可行性。

8.2.1　混凝及化学除磷

混凝单元主要具有去除悬浮颗粒和化学除磷两个作用，化学除磷是通过混凝剂与污水中的磷酸盐反应，生成难溶的化合物，使污水中的磷分离出来。

（1）铝盐、铁盐除磷

① 铝盐除磷　当使用硫酸铝作为混凝剂除磷时，其反应的化学方程式为：

$$Al_2(SO_4)_3+2PO_4^{3-}\longrightarrow 2AlPO_4\downarrow+3SO_4^{2-}$$

铝盐除磷的最佳 pH 值约为 6。

除硫酸铝外，除磷使用的铝盐还有聚合氯化铝（PAC）等。聚合氯化铝与磷产生的反应与硫酸铝相同。反应形成的絮凝体宜通过重力沉淀加以去除。

② 铁盐除磷　铁盐中的铁离子有二价和三价，三价铁离子与磷的反应和铝离子与磷的反应相同，形成难溶的磷酸铁。二价铁离子与磷的反应要复杂一些，需要对二价铁离子加以氧化。当 pH 值为 5 时，$FePO_4$ 的溶解度最小。常用的铁盐混凝剂有硫酸亚铁、氯化硫酸铁和三氯化铁。

采用铝盐或铁盐作为混凝剂除磷时，药剂投加量可以按给定的、所要求的出水总磷浓度进行设计，一般去除 1mol 磷（P）至少需要 1mol 铁（Fe）或 1mol 铝（Al），并应乘以 2～3 倍的系数，该系数宜通过试验确定。

铝盐、铁盐除磷的产泥量取决于沉淀剂的品种、沉淀剂的单位用量，还要考虑附带产生的其他沉淀物。在实际应用中，可按每千克用铁产生 2.5kg 污泥或每千克用铝产生 4.5kg 污泥来计算产泥量。

(2) *石灰混凝*

石灰具有除磷和混凝的双重作用，能同时去除多种污染物。

① 除磷　由于羟基磷灰石［$Ca_5(OH)(PO_4)_3$］是难溶固体，污水中的磷与石灰中的钙反应，形成 $Ca_5(OH)(PO_4)_3$ 沉淀，其反应方程式如下：

$$5Ca^{2+} + 4OH^- + 3HPO_4^{2-} \longrightarrow Ca_5(OH)(PO_4)_3 \downarrow + 3H_2O$$

pH 是影响除磷效果的主要因素，羟基磷灰石的溶解度随 pH 值增加而迅速降低，要保持较高的除磷率，需要将 pH 值提高到 9.5 以上。要达到一个给定的磷酸盐的去除率，所需的石灰用量与污水中碱度成正比，而与水中的含磷浓度关系不大。采用石灰作为絮凝剂除磷时，宜用铁盐作为助凝剂，石灰用量与铁盐用量宜通过试验确定。

② 改善水体的感官指标　投加石灰可去除色度、嗅味，提高水体的澄清度。

③ 杀菌　由于投加石灰之后水的 pH 值往往高达 10.5 以上，对大肠杆菌等菌类有很强的杀灭效果，有助于降低后续消毒工艺的加氯量。

④ 去除有机物　利用石灰的混凝作用以及 $Ca(OH)_2$ 与污水中 HCO_3^- 结合生成 $CaCO_3$ 的絮凝作用，降低出水的 COD_{Cr}、BOD_5 等指标。

⑤ 去除钙、镁、硅及氟化物：

$$Ca^{2+} + F^- \longrightarrow CaF_2 \downarrow$$

⑥ 去除某些金属及非金属离子　包括 Cu^{2+}、Zn^{2+}、Ni^{2+}、Mn^{2+}、Al^{3+}、Ag^+、CrO_4^-、Pb^{2+}、MoO_4^{2-}、$B_4O_7^{2-}$ 等。

$$Ni^{2+} + 2OH^- \longrightarrow Ni(OH)_2 \downarrow$$

$$Ca^{2+} + MoO_4^{2-} \longrightarrow CaMoO_4 \downarrow$$

当污水经二级处理后，其出水总磷达不到要求时，可采用混凝化学除磷工艺。混凝剂的投加点可以设在沉砂池、初沉池的入口处，曝气池中、曝气池出水处或二沉池进水处，或设在处于二沉池之后的混合池中。沉淀、絮凝及其絮凝体的分离将在生物处理之后的一个独立单元中来完成。

(3) *设计要点*

混凝单元的设计应根据深度处理流程的竖向水力衔接条件考虑选择工艺形式，当深度处理前设置提升泵站时，可采用水泵混合、静态混合等方式。当流程水力衔接的水头较小时，首先考虑采用桨板式机械混合装置，而尽量避免采用隔板混合池，以防止因隔板上大量滋生生物膜而影响出水水质。

在反应单元的设计中，同样应首先选用机械絮凝池和水力旋流絮凝池，而尽量避免采用隔板式絮凝池、折板絮凝池、网格栅条絮凝池。

8.2.2 固液分离

污水中含有的悬浮物，其粒径从数十毫米至 1μm 以下，是多种多样的，经二级处理后，在处理水中残留的悬浮物是粒径从数毫米至 10μm 的生物絮凝体和未被凝聚的胶体颗粒，二

级处理水 BOD_5 值的50%～80%都来源于这些颗粒。去除这些颗粒可提高二级处理水的稳定度，也是提高脱氮除磷效果的必要条件。

去除二级处理水中的悬浮物，采用的处理技术要根据悬浮物的状态和粒径而定。粒径在1μm以上的颗粒，一般采用砂滤去除；粒径从几十纳米到几十微米的颗粒，采用微滤技术去除；粒径在100nm至零点几纳米的颗粒，应采用反渗透法加以去除；呈胶体状的颗粒，则采用混凝沉淀法去除。

(1) 混凝沉淀

混凝沉淀是污水深度处理常用的一种技术。混凝沉淀工艺去除的对象是污水中呈胶体的和微小悬浮状态的有机和无机污染物，从而去除污水的色度和浊度。混凝沉淀还可以去除污水中某些溶解性物质，如砷、汞等，也能有效地去除导致水体富营养化的氮、磷等。

城市污水二级处理水中残余的生物絮体沉淀性能较差，宜采用混凝沉淀单元技术。混凝剂的正确选用是混凝沉淀技术的关键环节，一般需要通过试验才能选定出适当的混凝剂种类和投加的剂量。

采用混凝工艺去除污水中的有机污染物效果良好，投药量以硫酸铝计算通常需要50～100mg/L，并且会产生大量含水率较高的污泥。

混凝反应过程形成的絮凝体的分离，除沉淀外，还可以用澄清池加以分离。给水处理工程已有成熟经验，在污水深度处理领域都可以在考虑本身特点的基础上加以参考利用。

(2) 气浮

活性污泥具有易流动、难沉淀的特性，而利用气浮工艺在深度处理系统中往往有较好的效果，另外，气浮工艺中的溶气过程还有利于提高处理水体的溶解氧值，避免水质恶化，所以目前在给水与污水处理过程中应用较为广泛。使用较为普遍的是部分回流压力溶气气浮流程。

设计中可参考采用如下参数：①溶气水回流比为10%～20%；②气浮池表面负荷为3.6～5.4$m^3/(m^2 \cdot h)$，上升流速为1.0～1.5mm/s；③停留时间为20～40min，聚合氯化铝投药量为20～30mg/L。

(3) 过滤

过滤能去除生化过程和化学沉淀中未能去除的颗粒和胶体物质，还能作为水质把关单元保证后续工序的正常运转。

二级处理水过滤处理的主要对象是生物处理工艺残留在水中的生物污泥絮体。过滤处理技术的设计要点是：

① 虽然处理水中的絮凝体具有良好的可滤性，但由于水中的胶体污染物难以去除，滤后水的浊度去除效果不佳，所以应考虑投加一定的化学药剂。如处理水中含有溶解性有机物，还应考虑采用活性炭去除。

② 因二级处理水中的悬浮物多是生物絮凝体，在滤料层表面易形成一层滤膜，致使水头损失迅速上升，过滤周期大为缩短。絮体贴在滤料表面，不易脱离，因此需要辅助冲洗，即加表面冲洗或用气水共同冲洗。空气强度为20$L/(m^2 \cdot s)$，冲洗水强度为10$L/(m^2 \cdot s)$。

③ 滤料应适当加大颗粒，以加大单位体积滤料的截泥量。

一般情况下，用于水处理的过滤设备和各种滤料都适用于二级处理水的深度处理。

8.2.3 活性炭吸附

利用活性炭吸附可以除臭、脱色、去除微量元素以及放射性污染物质，而且还能吸附多种类型的有机物。通过活性炭吸附，可以去除一般的生化和物化处理单元难以去除的微量污染物。

(1) 活性炭的类型

活性炭一般有粉状、粒状和块状三种，以粉状活性炭和粒状活性炭较为常见。但是粉状炭和粒状炭的使用方法及吸附装置完全不同，粉状活性炭常与混凝剂联合使用，投加于絮凝单元中，粒状活性炭则往往作为滤料使用。污水深度处理多使用粒状活性炭。

(2) 吸附装置

在活性炭吸附装置中，使用最多的是滤床类吸附装置。滤床类吸附装置又可分为固定床、移动床和流化床等，固定床的构造、工作方式、反冲洗方式等都与普通快滤池十分相似，只是将砂滤层换成了粒状活性炭。移动床和流化床的工作方式类似于水质软化的离子交换装置。

(3) 吸附试验

当选用粒状活性炭吸附处理工艺时，应进行静态选炭及炭柱动态试验，根据被处理水水质和再生水水质要求，确定用炭量、接触时间、水力负荷与再生周期等有关设计参数。活性炭的吸附能力不仅取决于自身的品质，也取决于水中污染物的组分构成。通常吸附试验应比较两种以上的活性炭产品；对滤床设计，还应比较 3 种以上的滤速。

(4) 设计要点

在无试验资料时，活性炭吸附罐宜采用下列设计参数：

① 接触时间　通常可根据活性炭的柱容来计算接触时间。对于深度处理，当出水要求的 COD 为 20～30mg/L 时，接触时间可采用 20～30min；要求出水 COD 为 5～10mg/L 时，则接触时间为 30～50min。

② 吸附滤速　活性炭床的吸附滤速与砂滤池相似，滤速一般为 6～15m/h。

③ 操作压力　操作压力通常为每 30cm 炭层厚不大于 7.0kPa，相当于采用 3m 高炭柱时，操作压力不超过 71kPa。

④ 炭层厚度　一般为 4～8m，单柱炭床的炭层厚度一般为 1.2～2.4m。炭床多为串联工作，运行时依次顺序冲洗、再生，一组串联床数通常不多于 4 个。并联组数不应少于两组，以便活性炭再生或维修时，不至于停产影响水质。

⑤ 反冲洗　经常性冲洗强度为 15～20L/(m^2·s)，冲洗历时 10～15min，冲洗周期 3～5 天，冲洗膨胀率为 30%～40%。除经常性冲洗外，还应定期采用大流量冲洗。冲洗水可用砂滤水或炭滤水，冲洗水浊度＜5NTU。

⑥ 预处理及其他　在活性炭吸附处理之前，应对原水进行必要的预处理，以延长活性炭的使用寿命。吸附装置中由于有微生物存活，部分有机物被微生物所分解，能够显著地提高去除溶解性有机物的功能。

8.2.4　臭氧氧化

臭氧既是一种强氧化剂，也是一种有效的消毒剂。利用臭氧氧化可以去除水中的臭、味、色度，提高和改善水的感官性状；降低高锰酸盐指数，使难降解有机物得到氧化、降解；杀灭水中的病毒、细菌和病原微生物等。臭氧与活性炭去除有机物的机理不同，去除的有机污染物组分也有所差异。活性炭主要侧重于吸附溶解性有机物，而臭氧则主要侧重于氧化难降解的高分子有机物。

（1）臭氧接触装置

臭氧接触装置是保证臭氧氧化效果的关键单元设备，为保证接触装置设计合理、可靠，应通过模拟试验去选定设计参数。由于在深度处理中使用臭氧侧重于其对有机物的氧化功能，并且介质中的有机物浓度和细菌总数也都高于一般的地面水，因此在设计中按深度处理的水质条件来确定臭氧投加量和接触时间，并根据这一特点来选择适宜的气液接触装置。

（2）设计要点

深度处理的臭氧氧化单元可参考采用以下经验参数设计。

① 降解 COD

a. 臭氧消耗量。降解 1mg/L COD 消耗 4mg/L O_3（臭氧化气）。

b. 接触时间为 10～15min。

② 消毒

a. 臭氧投加量为 5～15mg/L 水。

b. 接触时间为 10～15min。

（3）尾气处置与利用

在臭氧氧化接触后排出的尾气含有低浓度臭氧，会影响环境和人畜安全，难以达到排放要求，因而必须对尾气进行进一步处理。

在污水深度处理中，当采用氧气来制取臭氧时，可考虑将经过分解的臭氧氧化尾气引入生化二级处理单元，提高其曝气质量和系统的动力效率。

8.2.5　膜分离技术

深度处理中，采用膜分离技术去除的主要污染物是难降解、难分离的高分子有机污染物以及重金属离子等，主要包括基于微滤和超滤的固液分离技术，以及基于反渗透的脱盐及溶解性污染物去除技术。具体包括：膜生物反应器（MBR）技术、微滤/超滤膜过滤技术、反渗透（RO）技术等。膜法城市污水深度处理是城市污水资源化的一种重要手段，主要流程为混凝沉淀、过滤、活性炭吸附等前处理过程，以及后续的膜分离技术。

（1）膜生物法及设计要点

将膜分离技术与活性污泥生物处理单元相结合，以膜过滤取代传统二沉池的水处理技术，适用于以城市污水为水源的污水再生处理。常用组件类型主要有板式和中空纤维两种，需进行定期在线清洗和离线清洗，膜组件采用中空纤维时更换周期一般为 3～5 年，采用板式时更换周期一般为 5～8 年。

以城市污水为处理对象，操作压力宜小于0.05MPa，膜通量一般为10～20L/(m^2·h)，气水比宜为10～30。出水COD_{Cr}<30mg/L，浊度<1NTU。

（2）微滤/超滤膜过滤及设计要点

利用微滤膜或超滤膜去除水中SS和胶体物质的处理技术，主要包括外置式和浸没式两种应用方式。常用组件类型主要有板式、管式和中空纤维三种，需定期进行在线和离线化学清洗，膜组件更换周期约为3～5年。适用于城市污水二级处理出水的深度处理，可替代常规的沉淀-过滤工艺。

设计运行参数与膜的过滤方式有关。外置式：操作压力宜≤0.2MPa，膜通量宜为40～70L/(m^2·h)，反冲洗周期宜为30～60min。浸没式：操作压力宜≤0.05MPa，膜通量宜为30～50L/(m^2·h)，反冲洗周期宜为30～60min。COD_{Cr}去除率约为5%～30%，浊度<0.2NTU，水回收率≥90%。

（3）反渗透技术及设计要点

利用只能透过水而不能透过溶质的反渗透膜进行水中溶解性物质去除的膜分离技术，多用于对溶解性无机盐类和有机物含量有特殊要求的再生水生产。反渗透对预处理要求高，一般要求有超滤或微滤预处理，并使用一次性的保安过滤器（一般采用5μm滤元）；反渗透膜用于污水再生处理容易产生膜污染问题，每年需进行2～6次膜的化学清洗，3～5年需更换膜组件。

反渗透处理工艺的核心部件是半渗透膜，其中主要有醋酸纤维素膜和芳香聚酰胺膜。在形式上有管式、平板式、螺旋卷式和中空纤维式等。表8-2所示为各种形式半渗透膜的各项技术特征。

表8-2　反渗透工艺用各种形式半渗透膜的技术特征

项目	管式	平板式	螺旋卷式	中空纤维式
单位容积膜面积/(m^2/m^3)	小（33～330）	中（180～360）	大（830～1660）	特大（33000～66000）
单位容积透过水量	小	中	大	大
要求的前处理程度	低	中	高	高
膜面冲洗难易程度	易	中	较难	难

以城市污水二级处理水为对象，进水污染指数（SDI15）<3，运行压力≤2.0MPa，一级两段反渗透产水率可大于70%，一级RO系统的脱盐率可大于95%，二级RO的脱盐率可大于97%。

8.2.6　常用消毒方法

城市污水经二级处理后，水质得到改善，细菌含量也大幅度减少，但细菌的绝对值仍很高，还可能存在病原微生物，因此消毒是再生水生产环节的必备单元。

污水消毒的主要方法是向污水中投加消毒剂。可以采用液氯、次氯酸盐、二氧化氯、紫外线、臭氧等技术或其组合技术等消毒。当采用液氯消毒时，加氯量按微生物指标和余氯量控制，宜连续投加，接触时间应大于30min。

8.3 污水再生处理构筑物设计要点

① 污水再生处理构筑物的生产能力应按最高日供水量加自用水量确定，自用水量可采用平均日供水量的 5%～15%。

② 各处理构筑物的个（格）数不应少于 2 个（格），并宜按并联系列设计。任一构筑物或设备进行检修、清洗或停止工作时，仍能满足供水要求。

③ 再生水厂应设清水池，清水池容积应按供水和用水曲线确定，一般不宜小于日供水量的 10%。

④ 再生水厂和工业用户，应设置加药间、药剂仓库。药剂仓库的固定储备量可按最大投药量的 30 天用量计算。

⑤ 在寒冷地区，各处理构筑物应有防冻措施。

第9章 污水处理工程总体设计

9.1 污水收集和提升

9.1.1 城市排水系统的组成

城市污水主要为城市下水道系统收集到的各种污水，通常由生活污水、工业废水和城市降水径流等三部分组成，是一种混合污水。城市污水的收集、输送、提升、处理和再生利用以及排放等工程设施以一定方式组合成排水系统，包括城市污水排水系统、工业企业内部废水排水系统和雨水排水系统等。

(1) 城市污水排水系统的主要组成部分

城市污水排水系统由室内污水管道系统及设备、室外排水管道系统及设备、污水泵站及压力管道、污水处理厂和出水口及事故排出口组成。

① 室内污水管道系统及设备　室内污水管道系统的作用是收集生活污水，并将其排送至室外居住小区污水管道中去。主要包括：室内卫生设备、排水横管、排水立管、出户管、检查井、化粪池以及室外连接管道等。

② 室外污水管道系统及设备　室外排水管道系统由居住小区污水管道系统（也称作庭院或街坊污水管网）、街道污水管道系统以及管道上的附属构筑物组成。

街道污水管道系统敷设在街道下，用以排除居住小区管道流来的污水，它由排水支管、干管和主干管组成。管道系统上的附属构筑物有各种检查井、跌水井、倒虹管等。

③ 污水泵站及压力管道　污水一般以重力排除，有时受到地形的限制，需要在管道系统中设置污水泵站。污水泵站分为局部泵站、中途泵站和总泵站等。从污水泵站出来的污水至高地自流管道或至污水处理厂的承压管段，称为压力管道。

④ 污水处理厂　用于处理和利用污水、污泥的一系列构筑物和附属建筑物组成的污水处理系统。

⑤ 出水口及事故排出口　出水口是城市污水排入水体的终点构筑物。事故排出口是在排水系统的中途或在某些易发生故障的局部前设置的辅助性出水口，一旦发生故障，污水就通过事故排出口直接排入水体。城市污水排水系统如图 9-1 所示。

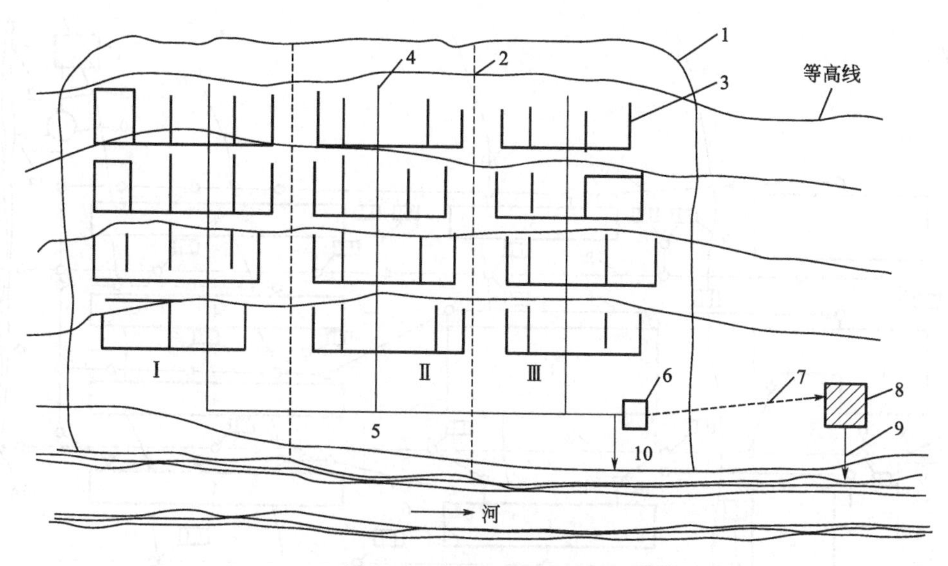

图 9-1　城市污水排水系统

Ⅰ，Ⅱ，Ⅲ—排水流域

1—城市边界；2—排水流域分界线；3—支管；4—干管；5—主干管；6—总泵站；7—压力管道；8—城市污水处理厂；9—出水口；10—事故排放口

(2) 工业企业内部废水排水系统的主要组成部分

在工业企业中，由于废水的成分和性质非常复杂，宜采用分质分流、清污分流等多种管道系统来分别排除不同性质的废水。对于含有特殊污染物质的有害生产污水，不允许与生活或其他生产污水直接混合排放，应在车间内设置局部处理设施。冷却废水经冷却后在生产中循环使用。某些工业废水如能够满足《污水排入城镇下水道水质标准》(GB/T 31962—2015) 的要求，可直接排入城市污水管道。工业企业内部废水排水系统一般由下列几个主要部分组成：①车间内部管道系统和设备；②厂区排水管道系统；③污水泵站及压力管道；④废水处理站。

工业区排水系统总平面示意如图 9-2 所示。

(3) 雨水排水系统的主要组成部分

雨水排水系统主要部分组成：①建筑物的雨水管道系统，主要收集工业、公共或大型建筑的屋面雨水，并将其排入室外的雨水管渠系统中；②居住小区或工厂雨水管渠系统；③街道雨水管渠系统；④雨水泵站；⑤排洪沟；⑥出水口。

9.1.2　污水管网水力计算及工程设计

9.1.2.1　污水管网的水力计算

(1) 污水设计流量的确定

污水管道常采用最大日最大时的污水流量为设计流量，其单位为 L/s。它包括生活污水设计流量和工业废水设计流量，在地下水位较高的地区，应适当考虑入渗地下水量。

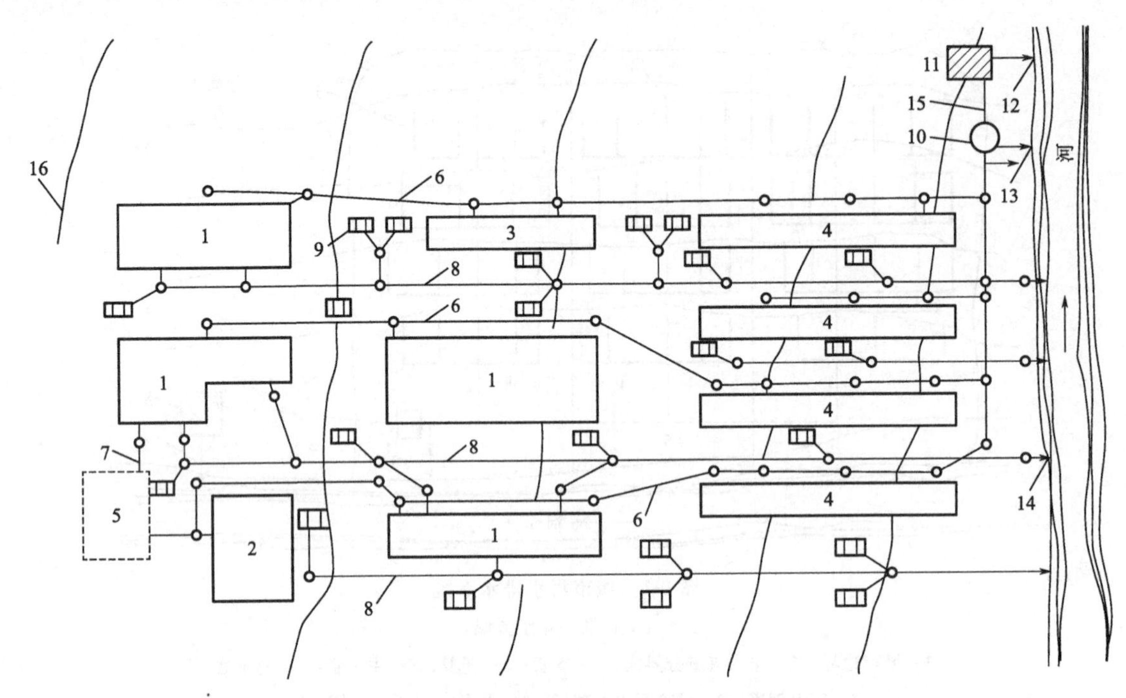

图 9-2　工业区排水系统总平面示意

1—生产车间；2—办公楼；3—值班宿舍；4—职工宿舍；5—废水利用车间；6—生产与生活污水管道；7—特殊污染生产污水管道；8—生产废水与雨水管道；9—雨水口；10—污水泵站；11—废水处理站；12—出水口；13—事故排放口；14—雨水出水口；15—压力管道；16—等高线

生活污水设计流量由居住区生活污水设计流量和工厂生产区的生活污水设计流量两部分组成。计算生活污水设计流量时，需要先确定设计标准、变化系数和设计人口等重要参数。

① 污水量设计标准

a. 居住区生活污水量设计标准。居住区生活污水量设计标准可依据居民生活污水定额或综合生活污水定额确定。

居民生活污水指居民日常生活中洗涤、冲厕、洗澡等产生的污水。

综合生活污水指居民生活污水和公共设施排水两部分的综合。

居民生活污水定额和综合生活污水定额应根据当地采用的用水定额，结合建筑物内部给排水设施和排水系统的完善程度等因素确定。对给排水系统完善的地区可按用水定额的90%计，一般地区可按用水的80%计。《室外给水设计标准》（GB 50013—2018）规定的居民生活用水定额和综合生活用水定额如表 9-1 和表 9-2 所示。

表 9-1　居民生活用水定额　　单位：L/(人·d)

分区	特大城市	大城市	中、小城市
一	140～210	120～190	100～170
二	110～160	90～140	70～120
三	110～150	90～130	70～110

表 9-2　综合生活用水定额　　单位：L/(人·d)

分区	特大城市	大城市	中、小城市
一	210～340	190～310	170～280
二	150～240	130～210	110～180
三	140～230	120～200	100～170

注：1. 特大城市：市区和近郊区非农业人口 100 万及以上的城市。大城市：市区和近郊区非农业人口 50 万及以上，不满 100 万的城市。中、小城市：市区和近郊区非农业人口不满 50 万的城市。

2. 一区：湖北、湖南、江西、浙江、福建、广东、广西、海南、上海、江苏、安徽、重庆。二区：四川、贵州、云南、黑龙江、吉林、辽宁、北京、天津、河北、山西、河南、山东、宁夏、陕西、内蒙古河套以东和甘肃黄河以东的地区。三区：新疆、青海、西藏、内蒙古河套以西和甘肃黄河以西的地区。

3. 经济开发区和特区城市，根据用水实际情况，用水定额可酌情增加。

4. 当采用海水或污水再生水等作为冲厕用水时，用水定额相应减少。

b. 工业区内生活污水量。工业企业生活污水量和淋浴污水量的确定，应与现行国家标准《建筑给水排水设计标准》（GB 50015—2019）的有关规定协调。

c. 工业区内工业废水量。工业废水量可按单位产品的废水量计算，或按工艺流程和设备的排水量计算，也可按实测数据计算，但应与国家现行的工业用水量有关规定协调。

② 污水量变化系数

a. 污水量变化系数的定义。污水量的变化程度通常用变化系数表示。变化系数分日、时和总变化系数：

日变化系数（K_d）指一年中最大日污水量与平均日污水量的比值；

时变化系数（K_h）指最大日最大时污水量与该日平均时污水量的比值；

总变化系数（K_z）指最大日最大时污水量与平均日平均时污水量的比值。

3 个变化系数之间的关系为：

$$K_z = K_d K_h \tag{9-1}$$

b. 居住区综合生活污水量总变化系数。综合生活污水量总变化系数可按当地实际综合生活污水量变化资料采用，没有测定资料时，可按表 9-3 采用。

表 9-3　综合生活污水量总变化系数

平均日流量/(L/s)	5	15	40	70	100	200	500	≥1000
总变化系数	2.3	2.0	1.8	1.7	1.6	1.5	1.4	1.3

注：当污水平均日流量为中间数值时，总变化系数可用内插法求得。

c. 工业废水量的变化系数。工业区内工业废水量总变化系数应根据生产工艺特点和生产性质确定，并与国家现行的工业用水量有关规定协调。

③ 污水量设计计算

a. 居住区生活污水量

$$Q_s = \frac{nNK_z}{24 \times 3600} \tag{9-2}$$

式中　Q_s——居住区生活污水量，L/s；

n——居住区生活污水定额，L/(人·d)；

N——设计人口数；

K_z——生活污水量总变化系数。

b. 工业废水量

$$Q_g=\frac{mMK_z}{3600T} \tag{9-3}$$

式中 Q_g——工业废水量，L/s；

m——生产过程中单位产品的废水量，L/单位产品；

M——产品的平均日产量；

T——每日生产时数，h；

K_z——总变化系数。

c. 工业企业生活污水量

$$Q_{gs}=\frac{A_1B_1K_1+A_2B_2K_2}{3600T} \tag{9-4}$$

式中 Q_{gs}——工业企业生活污水量，L/s；

A_1——一般车间最大班职工人数，人；

A_2——热车间最大班职工人数，人；

B_1——一般车间职工生活污水定额，以 25L/(人·班) 计；

B_2——热车间职工生活污水定额，以 35L/(人·班) 计；

K_1——一般车间生活污水量时变化系数，以 3.0 计；

K_2——热车间生活污水量时变化系数，以 2.0 计。

d. 工业企业沐浴用水量

$$Q_{gl}=\frac{C_1D_1+C_2D_2}{3600} \tag{9-5}$$

式中 Q_{gl}——工业企业沐浴用水量，L/s；

C_1——一般车间最大班使用淋浴的职工人数，人；

C_2——热车间及污染严重车间最大班使用淋浴的职工人数，人；

D_1——一般车间的淋浴污水定额，以 40L/(人·班) 计；

D_2——高温、污染严重车间的淋浴污水定额，以 60L/(人·班) 计。

(2) 污水管道的水力计算

① 水力计算的基本公式　污水管道水力计算的目的，在于合理地经济地选择管道断面尺寸、坡度和埋深。

污水管道一般是采用重力流，污水靠管道两端的落差从高流向低处。重力流管道中的水流可分为两种流态，管道中的水经转弯、交叉、变径、跌水等处时，水流状态发生改变，自然流速和流量也在变化，此时污水管道内的水流状态为明渠非均匀流。但是，当在管道坡度和管径不变的直线管段（设计管段），污水流量沿程不变或变化很小，管内污水流态接近于均匀流（图 9-3），可采用稳定均匀流公式进行水力计算。

污水管道水力计算的基本公式如下。

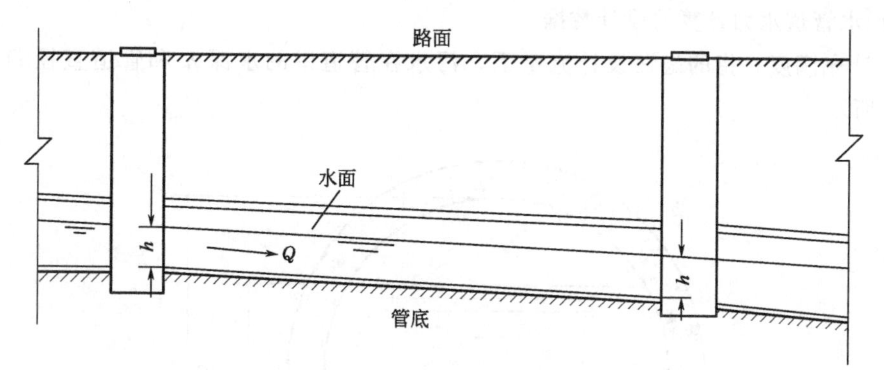

图 9-3　均匀流管段示意

流量公式：

$$Q=Av \tag{9-6}$$

流速公式：

$$v=C\sqrt{RI} \tag{9-7}$$

式中　Q——流量，m^3/s；

A——过水断面面积，m^2；

v——流速，m/s；

R——水力半径（过水断面面积与湿周的比值），m；

I——水力坡度（等于水面坡度，也等于管底坡度）；

C——流速系数或称谢才系数。

C 值一般按曼宁公式计算，即：

$$C=\frac{1}{n}R^{1/6} \tag{9-8}$$

将式(9-8) 代入式(9-7) 和式(9-6)，得：

$$v=\frac{1}{n}R^{2/3}I^{1/2} \tag{9-9}$$

$$Q=\frac{1}{n}AR^{2/3}I^{1/2} \tag{9-10}$$

式中　n——粗糙系数，宜按表 9-4 采用。

表 9-4　排水管渠粗糙系数

管渠类别	粗糙系数/n	管渠类别	粗糙系数/n
UPVC 管、PE 管、玻璃钢管	0.009～0.011	浆砌砖渠道	0.015
石棉水泥管、钢管	0.012	浆砌块石渠道	0.017
陶土管、铸铁管	0.013	干砌块石渠道	0.020～0.025
混凝土管、钢筋混凝土管、水泥砂浆抹面渠道	0.013～0.014	土明渠(包括带草皮)	0.025～0.030

② 污水管道水力计算的设计数据

a. 设计充满度。指的是在设计流量下，污水在管道中的水深 h 和管道直径 D 的比值，如图 9-4 所示。

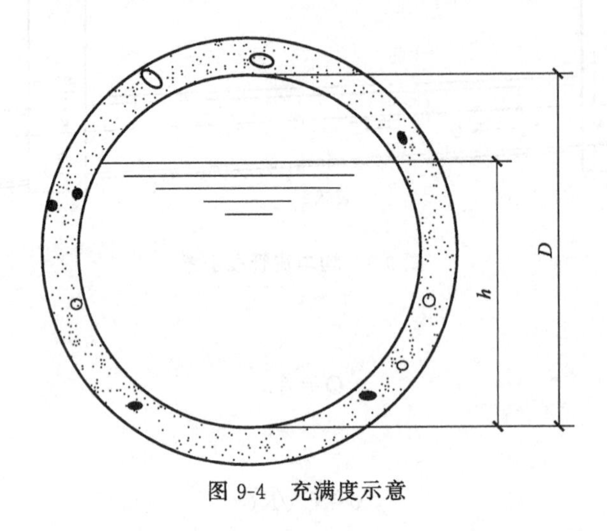

图 9-4 充满度示意

《室外排水设计规范》规定，污水管道应按不满流设计，其设计最大充满度应按表 9-5 采用。

表 9-5 最大设计充满度

管径(D)或渠高(H)/mm	最大设计充满度$\left(\frac{h}{D}或\frac{h}{H}\right)$
200～300	0.55
350～450	0.65
500～900	0.70
≥1000	0.75

注：在计算污水管道充满度时，不包括短时突然增加的污水量，但当管径小于或等于 300mm 时，应按满流复核。

污水管道按不满流设计，是考虑为未预见水量的增长留有余地，防止污水外溢，而且管道不满流利于管道内的通风，可排除有害气体，同时便于管道的疏通和维护。

b. 设计流速。指的是管道中的流量达到设计流量时，与设计充满度相应的水流平均速度。为了防止管道中产生淤积或冲刷现象，设计流速不宜过小或过大，应在最大和最小设计流速范围之内。

《室外排水设计规范》规定，污水管道在设计充满度下的最小设计流速为 0.6m/s，明渠为 0.4m/s。含有金属、矿物质固体或重油杂质的生产污水管道，其最小设计流速宜适当加大。金属排水管道的最大设计流速为 10m/s，非金属管道为 5m/s。压力管道的设计流速应采用 0.7～2.0m/s。

在平坦地区，设计流速可以结合当地具体情况，对《室外排水设计规范》规定的最小流速做合理的调整。当设计流速低于最小设计流速时，应考虑清淤措施。

c. 最小管径。为避免管道堵塞，当污水上游管段的设计流量很少，计算出的管径较小时，应根据经验确定一个允许的最小管径。如按计算确定的管径小于最小管径时，应采用《室外排水设计规范》规定的污水管道的最小管径，如表9-6所示。

表9-6 最小管径与相应最小设计坡度

管道类别	最小管径/mm	相应最小设计坡度
污水管	300	塑料管0.002,其他管0.003
雨水管和合流管	300	塑料管0.002,其他管0.003
雨水口连接管	200	0.01

d. 最小设计坡度。最小设计坡度指的是与最小设计流速相应的坡度。式(9-9)反映了坡度和流速之间的关系，在给定的设计充满度下，管径越大，相应的最小设计坡度值越小。

当设计流量很小而采用最小管径的设计管段称为不计算管段。由于这种管段不进行水力计算，没有设计流速，因此就直接采用规定的管道最小设计坡度，见表9-6。

管道坡度不能满足表9-6的要求时，应有防淤、清淤措施。

③ 污水管道水力计算的方法

a. 水力计算的内容。污水管道水力计算，通常是在设计流量已知的情况下，计算管道的断面尺寸和敷设坡度。经计算所选择的管道断面尺寸，应在规定的设计充满度和设计流速的情况下，能够排泄设计流量。管道坡度应参照地面坡度和最小坡度的规定确定。既要使管道尽可能与地面平行敷设以减少埋深，又要保证管道坡度不小于最小设计坡度，以免管道内的流速达不到最小设计流速而产生淤积。此外，为了防止管壁受到冲刷，应避免管道的坡度太大而使流速大于最大设计流速。

b. 水力计算方法。在具体计算中，已知设计流量 Q 及管道粗糙系数 n，需要求管径 D、水力半径 R、充满度 h/D、管道坡度 I 和流速 v。在式(9-6)和式(9-9)这两个方程式中，有5个未知数，因此必须先假定3个求其他2个，计算极为复杂。一般情况下，为了简化计算，常采用水力计算表（见有关设计手册）或水力计算图。

实际工程中为便于计算，将流量、管径、坡度、流速、充满度、粗糙系数等各水力因素之间的关系绘制成水力计算图。对每一张计算图而言，D 和 n 是已知数，图9-5的曲线表示 Q、v、I、h/D 之间的关系。这4个因素中，只要知道2个就可以查出其他2个。

水力计算也可采用水力计算表进行计算。表9-7为摘录的圆形管道（不满流，$n=0.014$，$D=300$mm）水力计算表的部分数据。

表9-7 圆形管道水力计算表的部分数据

$\frac{h}{D}$	$I=$(‰)									
	2.5		3.0		4.0		5.0		6.0	
	Q	v	Q	v	Q	v	Q	v	Q	v
0.9	0.94	0.25	1.03	0.28	1.19	0.32	1.33	0.36	1.45	0.39
0.15	2.18	0.33	2.39	0.36	2.76	0.42	3.09	0.46	3.38	0.51
0.20	3.93	0.39	4.31	0.43	4.97	0.49	5.56	0.55	6.09	0.61

续表

$\frac{h}{D}$	I=(‰)									
	2.5		3.0		4.0		5.0		6.0	
	Q	v	Q	v	Q	v	Q	v	Q	v
0.25	6.15	0.45	6.74	0.49	7.78	0.56	8.70	0.63	9.53	0.69
0.30	8.79	0.49	9.63	0.54	11.12	0.62	12.43	0.70	13.62	0.76
0.35	11.81	0.54	12.93	0.59	14.93	0.68	16.69	0.75	18.29	0.83
0.40	15.13	0.57	16.57	0.63	19.14	0.72	21.40	0.81	23.44	0.89
0.45	18.70	0.61	20.49	0.66	23.65	0.77	26.45	0.86	28.97	0.94
0.50	22.45	0.64	24.59	0.70	28.39	0.80	31.75	0.90	34.78	0.98
0.55	26.30	0.66	28.81	0.72	33.26	0.84	37.19	0.93	40.74	1.02
0.60	30.16	0.68	33.04	0.75	38.15	0.86	42.66	0.96	46.73	1.06
0.65	33.69	0.70	37.20	0.76	42.96	0.88	48.03	0.99	52.61	1.08
0.70	37.59	0.71	41.18	0.78	47.55	0.90	53.16	1.01	58.23	1.10
0.75	40.94	0.72	44.85	0.79	51.79	0.91	57.90	1.02	63.42	1.12
0.80	43.89	0.72	48.07	0.79	55.51	0.92	62.06	1.02	67.99	1.12
0.85	46.26	0.72	50.68	0.79	58.52	0.91	65.43	1.02	71.67	1.12
0.90	47.85	0.71	52.42	0.78	60.53	0.90	67.67	1.01	74.13	1.11
0.95	48.24	0.70	52.85	0.76	61.02	0.88	68.22	0.98	74.74	1.08
1.00	44.90	0.64	49.18	0.70	56.79	0.80	63.49	0.90	69.55	0.98

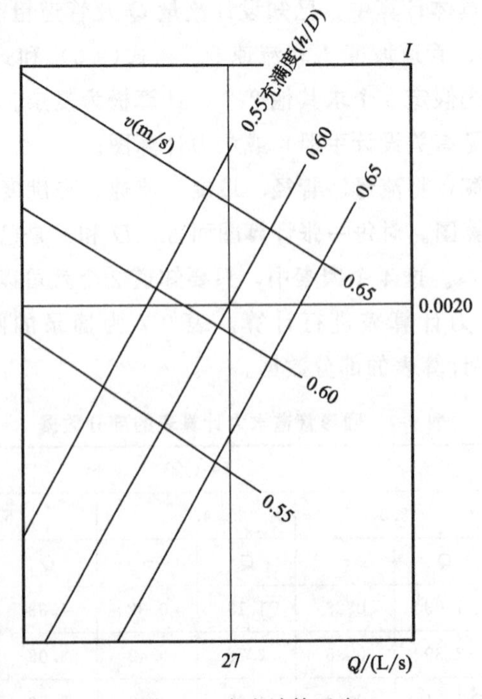

图 9-5 水力计算示意

每一张水力计算表的管径 D 和粗糙系数 n 均是已知的，和查图计算法一样，表中 Q、v、h/D、I 4 个因素，知道其中任意 2 个便可求出另外 2 个。

9.1.2.2　污水管道的工程设计

（1）污水管道系统的平面布置

污水管道系统平面布置包括：确定排水区界，划分排水流域；选择污水厂和出水口的位置；污水管道的布置与定线；确定需要提升的排水区域和设置泵站的位置等。

① 确定排水区界，划分排水流域　排水区界是污水排水系统设置的界线，是根据城镇总体规划设计规模决定的。在排水区界内应根据地形及城市和工业企业的竖向规划，划分排水流域。一般来说，在丘陵地区与地形起伏地区，可以按等高线划分分水线，流域边界与分水线相符合；在地形平坦无显著分水线的地区，可依据面积大小划分。

② 选择污水厂和出水口的位置　污水厂和出水口位置影响污水主干管的走向。污水厂和出水口一般布置在城市河流的下游或城市夏季主导风向的下风侧，并便于处理后出水回用和安全排放。

③ 污水管道的布置与定线　确定污水管道的位置和走向，称为污水管道系统的定线。管道定线一般按主干管、干管和支管的顺序依次进行。定线的主要原则是：尽可能地在管线较短和埋深较小的情况下，让最大区域的污水能自流排出。

《室外排水设计规范》规定，排水管道系统应根据城市规划和建设情况统一布置，分期建设。管道平面位置和高程，应根据地形、土质、地下水位、道路情况、原有的和规划的地下设施、施工条件以及养护管理方便等因素综合考虑确定。

a. 污水干管和主干管平面布置的一般原则

ⅰ. 排水区域与汇水面积划分。依据地形并结合街坊布置或小区规划进行划分；相邻系统统筹考虑，排水面积分担合理。

ⅱ. 排水出路选定。利用天然排水系统或已建排水干线为出路；要在流量和高程两个方面都保证能够顺利排出。

ⅲ. 管道定线。服从城市总体规划的统筹安排；尽量避免穿越不容易通过的地带和构筑物；污水主干管布置要考虑地质条件，尽量布置在坚硬密实的土壤中。

b. 街区内污水支管的平面布置。一般情况下，地形是影响管道平面布置走向的主要因素。街区内污水支管的平面布置取决于地形及建筑物特征，并应便于用户接管排水。街区内污水管道布置通常有低边式布置、周边式布置和穿坊式布置等几种形式，如图 9-6 所示。

④ 确定需要提升的排水区域和设置泵站的位置　排水管道系统中的污水提升泵站，根据其位置和功能可分为中途泵站、局部泵站和终点泵站。当管道埋深接近最大埋深时，为提高下游管道的管位而设置的泵站，称为中途泵站。若是将局部低洼地区的污水抽至地势较高地区的管道中，或是将高层建筑地下室、地铁、其他地下建筑的污水抽送至附近管道系统中，所设置的泵站称局部泵站。因为污水管道系统终点的埋深通常很大，而污水处理厂的处理构筑物设置在地面上，需将污水抽升至第一个处理构筑物，这类泵站称为终点泵站或总泵站。

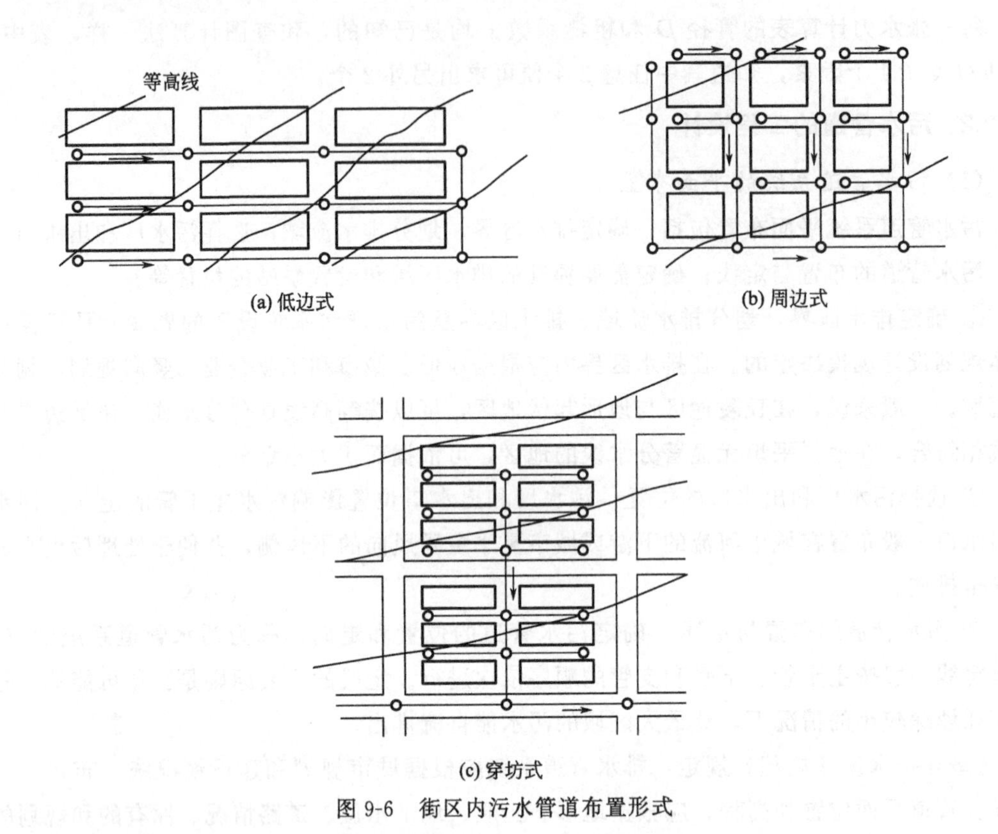

图 9-6　街区内污水管道布置形式

(2) 污水管道系统控制点标高的确定

在污水排水区域内，对管道系统的埋深起控制作用的地点称为污水管道系统控制点。控制点埋深影响整个污水管道系统的埋深。控制点的位置有可能在以下几个地点：

① 管道的起点，起点离出水口最远，或起点本身为低洼地；

② 管段中的某一点，管段中具有相当深度的支管接入点或个别低洼地区也有可能成为控制点；

③ 具有相当深度的工厂排出口。

控制点的标高确定，一方面，应根据城市的竖向规划，保证排水区域内各点污水都能够排出，并考虑发展，在埋深上适当留有余地；另一方面，不能因照顾个别控制点而增加整个管道系统的埋深。

(3) 设计管段及设计流量的确定

① 设计管段及其划分　设计管段是指两个检查井之间的管段，采用同样的管径和坡度使其设计流量不变。在排水管道系统中并非所有两检查井之间都是设计管段。在划分设计管段时，估计管径和坡度不改变的连续管段都可以划为设计管段，污水在旁侧管流入的检查井或坡度改变的检查井均可作为设计管段的起点。

② 设计管段的设计流量　每一设计管段的污水设计流量可包括下列几种流量：

a. 本段流量。从管段沿线街坊流入本段的污水流量。

b. 转输流量。从上游管段和旁侧管段流入设计管段的污水流量。

c. 集中流量。从工业企业或其他大型公共建筑物流来的污水量。

为了安全和计算方便，通常假定本段设计污水流量集中在起点进入设计管段，而且流量不变。

本段流量计算公式：

$$q_1=Fq_0K_z \tag{9-11}$$

式中　q_1——设计管段的本段流量，L/s；

F——设计管段的本段街坊服务面积，hm^2；

K_z——生活污水量总变化系数；

q_0——单位面积的本段平均流量，即比流量，$L/(s \cdot hm^2)$，可用下式计算：

$$q_0=\frac{np}{86400} \tag{9-12}$$

式中　n——居住区生活污水定额，L/(人·d)；

p——人口密度，人/hm^2。

从上游管段和旁侧管段流来的平均流量以及集中流量对本设计管段来说是不变的。

(4) 污水管道的衔接

污水管道在管径、坡度、高程和方向发生变化及支管接入的地方都需要设置检查井，在设计时必须考虑在检查井内上下游管道衔接时的高程关系问题。

① 管段在衔接时应遵循的原则　检查井上下游的管段在衔接时应遵循的原则是：a. 尽可能提高下游管段的高程，以减少管道埋深，降低造价；b. 避免在上游管段中形成回水造成淤积。

② 污水管道衔接方式　污水管道衔接的方式通常有水面平接和管顶平接两种，如图9-7所示。在特殊情况下可使用跌水连接方式。

a. 水面平接即在水力计算中，使上游管段终端和下游管段起端在指定的设计充满度下的水面相平。其优点是可以减小下游管段的埋深，不利之处是有可能因管道中流量的变化而产生回水。

b. 管顶平接即在水力计算中，使上游管段终端和下游管段起端的管顶标高相同。其优点是不太会产生回水现象，但可能会增加埋深。

c. 当地面坡度很大时，管道坡度可能会小于地面坡度，为保证管段的最小覆土深度、控制管道流速以及减少上游管段的埋深，上下游管道可采用跌水连接的方式。

在旁侧管道与干管交汇前，如果两条管道的管底标高相差较大，则需在具有较高标高的管道上先设跌水井，再进行管道衔接。

(5) 污水管道的设计计算步骤

① 排水系统总平面设计　首先确定污水厂位置和排水出路，其次在城市或小区平面图上布置排水干管、支管以及进行街区编号并计算干管的汇水面积。

② 干、支管线的平面设计　确定干、支管线的准确位置及各干、支管的井位、井号，并划分设计管段。

③ 确定设计标准　确定设计标准、设计人口数和设计污水量定额。

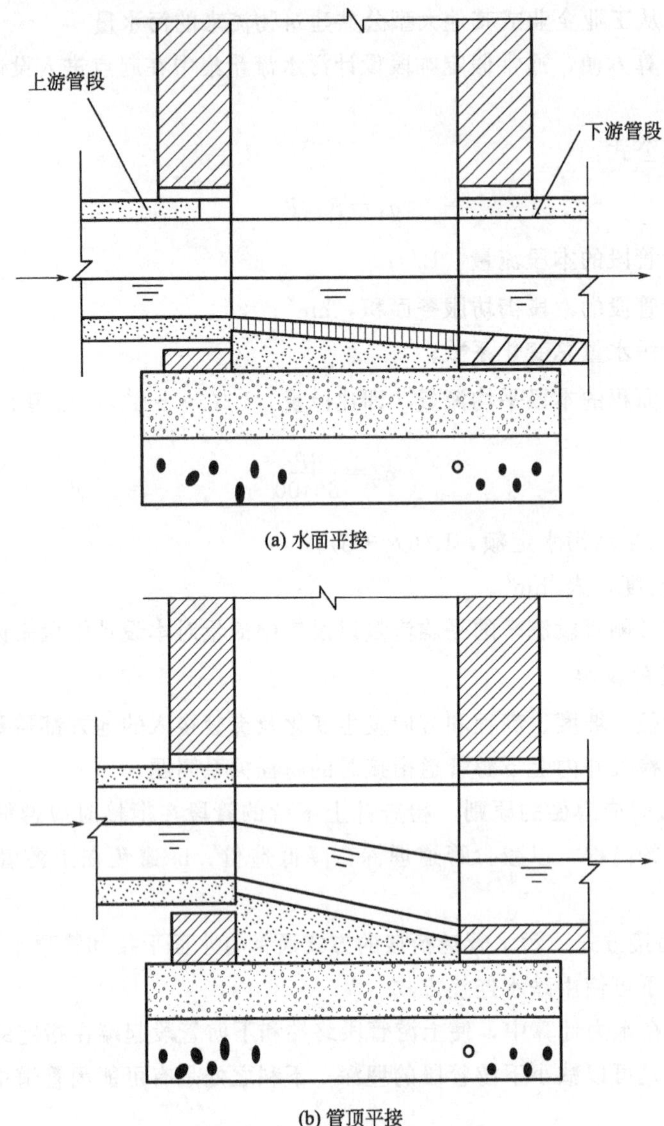

图 9-7　污水管道的衔接

④ 确定设计流量　确定总变化系数，计算各设计管段的设计流量以及计算工业企业或公共建筑的污水量。

⑤ 进行水力计算　根据已经确定的管道路线以及各设计管段的设计流量，进行各设计管段的管径、坡度、流速、充满度和井底高程的计算。在确定设计流量后，由控制点开始，从上游到下游，依次进行干管和主干管各设计管段的水力计算。

污水管道水力计算的原则是：不淤积、不冲刷、不溢流、要通风。

进行管道水力计算时，必须细致地研究管道系统的控制点、地面坡度与管道敷设坡度的关系，应注意下游管段的设计流速应大于或等于上游，并在适当的地点设置跌水井。

⑥ 绘制管道平面图和纵剖面图　初步设计阶段的管道平面图通常采用的比例尺为1∶5000～1∶10000。施工图设计阶段的管道平面图比例尺常用1∶1000～1∶5000。管道纵剖面图的比例尺，一般横向1∶500～1∶2000，纵向1∶50～1∶200。

9.1.3　污水泵站及污泥泵站工程设计

9.1.3.1　污水泵站的工程设计

（1）污水泵站的特点

污水泵站的特点是连续进水，水量变化幅度较大，且水中污杂物含量多，对周围环境的污染影响大。所以污水泵站应使用适合污水的水泵及清污量大的格栅除污机。集水池要有足够的调蓄容积，并考虑备用水泵的设置。泵站的设计应尽量减少对环境的污染，站内要提供较好的管理、检修条件。

（2）泵房的设计内容及一般规定

① 泵房形式　污水泵房的形式取决于进水管渠的埋设深度、来水流量、水泵机组的型号与台数、水文地质条件以及施工方法等因素，选择污水泵房的形式应从造价、布置、施工、运行条件等方面综合考虑。常见的泵房形式如表 9-8 所示。

表 9-8　常见的泵房形式

常见泵房种类	优缺点
合建式	①紧凑，占地少，结构较省； ②多用于自灌式
分建式	①结构简单，无渗漏问题，水泵检修方便； ②吸水管较长，水头损失大； ③仅限于非自灌式
地下式	①地面以上占地少； ②地下泵房潮湿，对一般电机的正常运行会产生影响，应采用潜水泵
半地下式	同自灌式和非自灌式的优缺点
自灌式（或半自灌式）	①启动及时可靠，操作方便，不需引水的辅助设备； ②泵房较深，增加地下部分的工程造价
非自灌式	①泵房深度较浅，结构简单； ②有利于自然采光和通风，室内干燥； ③不能直接启动
矩形泵房	①工艺布置适用于 $Q=1.0\sim30m^3/s$ 的大中型泵房； ②可利用的空间较大
圆形泵房及下圆上方形	①圆形仅限于≤4 台泵时选用； ②便于沉井法施工； ③直径 $D=7\sim15m$ 时，工程造价比矩形低

② 非自灌式泵房　通常采用真空泵或真空罐等引水设备来辅助水泵工作。引水设备如表 9-9 所示。

表 9-9　引水设备

名称	优缺点
真空泵	①启动可靠，效率较高； ②可适用于各种水泵； ③水泵充水时间 3～5min，设置 2 台（其中 1 台备用）

续表

名称	优缺点
真空罐	①可使用水泵启动，控制电路的设计简化； ②保证水泵随时启动； ③适用于大、中型水泵的启动

③ 格栅　格栅是污水泵站中最主要的辅助设备，用以截留大块的悬浮或漂浮的污物，以保护水泵叶轮和管配件，避免堵塞或磨损，保证水泵正常运行。小型泵站多采用人工清除格栅，大中型泵站采用机械清除格栅。

④ 集水池

a. 污水泵房集水池的最小容积不应小于最大一台水泵 5min 的出水量；

b. 污水泵房集水池应设冲洗和清泥设施；

c. 集水池的布置应考虑改善水泵吸水管的水力条件，减少滞流或涡流。

⑤ 机器间　机器间的各部分尺寸应满足有关设计规定，另外还应设置起重、排水及通风等设施。

⑥ 泵站仪表及计量设备

a. 泵站仪表。泵站内应装置的配电设备仪表有电流表、电压表、计量表；自灌式水泵吸水管上安装真空表；出水压力管上设置压力表。

b. 计量设备。由于污水中含有机械杂质，其计量设备应考虑被堵塞的问题，设在污水处理厂内的泵站，可不考虑计量问题，因为污水处理厂常在污水处理后的总出口明渠上设置计量槽，单独设立的污水泵站可采用电磁流量计，也可以采用文氏管水表计量，但应注意防止传压细管被污物堵塞。

⑦ 泵站的自动控制　一般采用的控制方式有就地控制、集中控制和远距离控制。一般设备控制的项目及程度如表 9-10 所示。

表 9-10　一般设备控制的项目及程度

设备控制项目	选用控制程度
水泵开停	自灌式，一般采用自动控制； 非自灌式，多采用半自动控制
总进、出水闸	一般采用电动加手动控制
水泵吸水管及出水压力罐阀	$D \leqslant 400$mm 时，采用手动控制； $D > 400$mm 时，采用电动加手动控制
格栅除渣	采用机械格栅时用电动加手动控制

(3) 泵的选型

污水泵站的设计流量一般均按最高日最高时污水流量确定。小型排水泵站设 1～2 套机组，而大型泵站则设置 3～4 套机组。

泵站的扬程为吸水地形高度、压水地形高度、通过吸水管路和压水管路中水头损失以及 1～2m 安全扬程之和。因为水泵在运行过程中，集水池中水位是变化的，因此所选水泵在这个变化范围内应处于高效段运行。

① 常用水泵的种类及适用条件　常用水泵的种类及适用条件如表 9-11 所示。

表 9-11　常用水泵的种类及适用条件

泵的种类	适用条件
立式轴流泵	①中流量和大流量，低扬程； ②适用于雨水、合流、排灌泵站 $Q=2.0\sim15.0m^3/s$，$H=3\sim8m$
潜水轴流泵	①大流量、低扬程； ②适用于雨水、污水、合流泵站 $Q=0.125\sim3.40m^3/s$，$H=1.5\sim9m$
立式和卧式混流泵	①中流量、扬程较低； ②适用于雨水、合流泵站 $Q=0.25\sim1.0m^3/s$，$H=5\sim9m$ $Q=2.0\sim3.0m^3/s$，$H=7\sim15m$
立式排污泵	①大、中、小流量，低扬程； ②适用于雨水、污水、合流泵站 $Q=80\sim9000m^3/h$，$H=5\sim30m$
卧式污水泵	①中、小流量，较低扬程； ②适用于雨水、污水、合流泵站 $Q=0.03\sim0.18m^3/s$，$H=9\sim25m$ $Q=0.20\sim1.50m^3/s$，$H=7\sim15m$
潜水排污泵	①中、小流量，中低扬程； ②适用于雨水、污水、合流泵站 $Q=15\sim3750m^3/h$，$H=7\sim40m$
耐腐蚀立式离心泵	①小流量、较高扬程； ②用于低浓度带腐蚀性污水 $Q=0.001\sim1.0m^3/s$，$H=16\sim33m$
螺旋泵	①中、小流量，低扬程； ②适用于污水、污泥 $Q=0.1\sim1.0m^3/s$，$H=3\sim7m$

② 轴功率计算

a. 水泵轴功率公式：

$$N=\frac{\gamma QH}{102\eta} \tag{9-13}$$

式中　γ——水的容重，kg/L；

Q——水泵的输水量，L/s；

H——水泵的总扬程，m；

η——水泵的总效率。

b. 水泵电机所需之功率公式：

$$N=\frac{K\gamma QH}{102\eta} \tag{9-14}$$

式中　K——电机的超负荷系数。

③ 水泵工作的特性曲线　水泵的工作点是由水泵的 Q-H 特性曲线与管路的特性曲线相交得出的，一般选用效率较高的范围。

④ 管路的特性曲线　水泵总扬程公式：

$$H=H_1+\sum h \tag{9-15}$$

式中　H_1——吸水高度和扬水高度之和，m；

$\sum h$——吸水管路和扬水管路的总水头损失，m。

a. 水泵并联。当压力一定，一台泵不能满足设计流量时，可采用相同（或不同）的几台泵联合工作。水泵并联曲线参见图 9-8 和图 9-9。

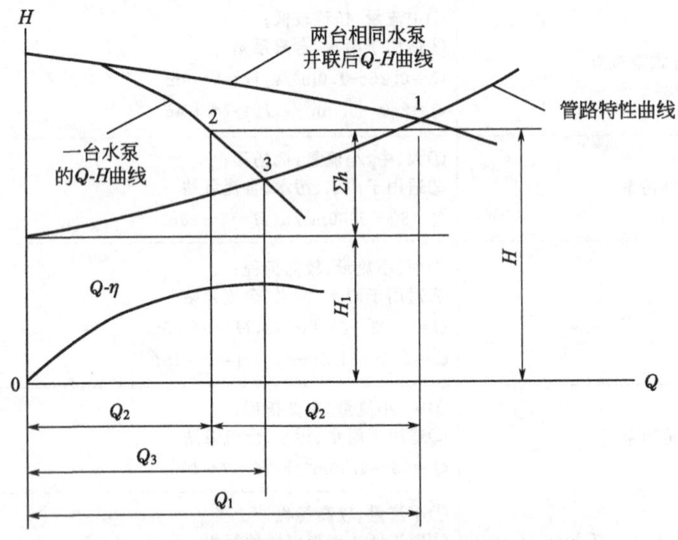

图 9-8　特性曲线相同型号的两台水泵并联曲线

H—水泵总扬程，m；H_1—总几何高差，m；$\sum h$—总水头损失，m

点 1—两台水泵并联时的工作点；点 2—并联时，每台水泵的工作点；点 3—1 台水泵单独工作时的工作点

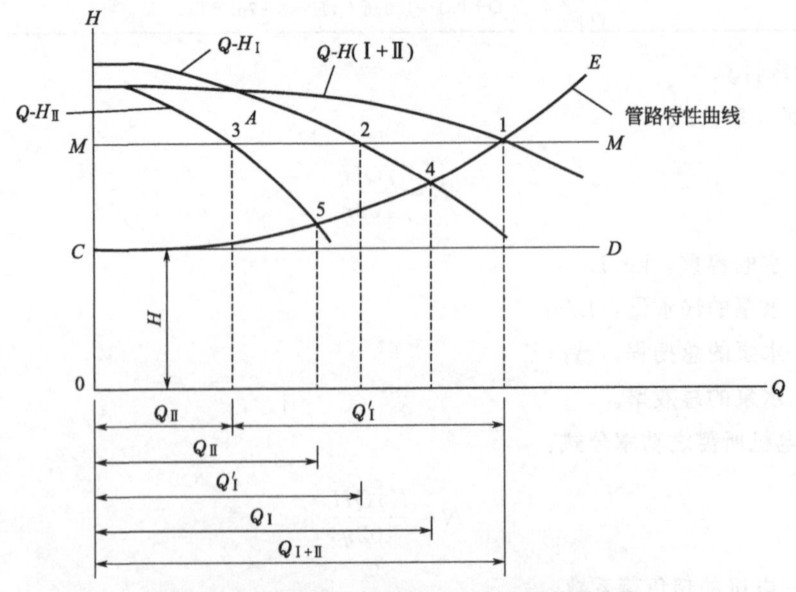

图 9-9　特性曲线不同型号的两台水泵并联曲线

点 1—并联水泵的极限工作点，给出水泵的合成输水点；点 2 与点 3—并联时，各台水泵的工作点；

点 4—第 1 台水泵单独工作时的工作点；点 5—第 2 台水泵单独工作时的工作点

b. 水泵串联。一台水泵扬程不能达到设计要求高度时，可采用同流量的两台泵串联，工作曲线参见图 9-10。

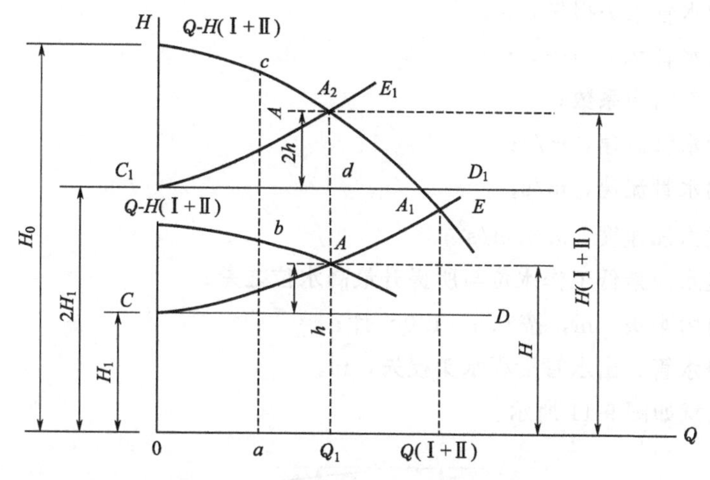

图 9-10　水泵串联时的合成特性曲线

在绘制两台相同水泵串联工作时的合成特性曲线时，要把两条 Q-H（Ⅰ，Ⅱ）特性曲线在同一输水量（横坐标）时的扬程（纵坐标）加倍，水头 H_0 相当于压水管路闸门关闭时两台水泵的串联工作。点 A 是在给定的管路特性曲线 C-E 和扬水高度 H_1 时，一台水泵的工作状况。点 A_1 是在同一管路特性曲线时，两台水泵串联的工作状况，串联工作的水泵输水量为 Q(Ⅰ＋Ⅱ)，它比 Q_1 大些。

如果扬水高度 H_1 加倍，假定为 $2H_1$ 直线（C_1D_1），管路中水头损失如线段 $A_2d=2hA$ 所示也增加了一倍，则水泵将在极限点 A_2 的情况下工作，其流量为 Q_1，总水头等于 H(Ⅰ＋Ⅱ)＝2H。

c. 水泵进出水管。水泵进出水管的一般规定如表 9-12 所示。

表 9-12　水泵进出水管的一般规定

项目	一般规定
吸水管	①断面比水泵吸水口大一级，并不应小于 100mm； ②每台泵设单独的吸水管； ③吸水管流速 0.8～1.5m/s，不得小于 0.7m/s； ④采用偏心渐缩管时管顶应成水平，管底应成斜坡
出水管 （压水管）	①断面比水泵吐出口大一级，并不应小于 100mm； ②流速 1.2～1.8m/s，不得小于 1.0m/s 及不大于 2.5m/s； ③压力干管的高点应设排气装置，最低点设泄水装置

（4）水泵全扬程计算

计算公式：

$$H \geqslant h_1+h_2+h_3+h_4 \tag{9-16}$$

$$h_1=\zeta_1 \times \frac{v_1^2}{2g}+h_1' \tag{9-17}$$

$$h_2=\zeta_2\times\frac{v_2^2}{2g}+h_2' \tag{9-18}$$

式中　h_1——吸水管水头损失，m；

h_2——出水管水头损失，m；

ζ_1,ζ_2——局部阻力系数；

v_1——吸水管流速，m/s；

v_2——出水管流速，m/s；

g——重力加速度，9.81m/s^2；

h_3——集水池最低工作水位与所提升最高水位之差；

h_4——自由水头，m，按0.5～1.0m计；

h_1',h_2'——吸水管、出水管沿程水头损失，m。

水泵扬程示意如图9-11所示。

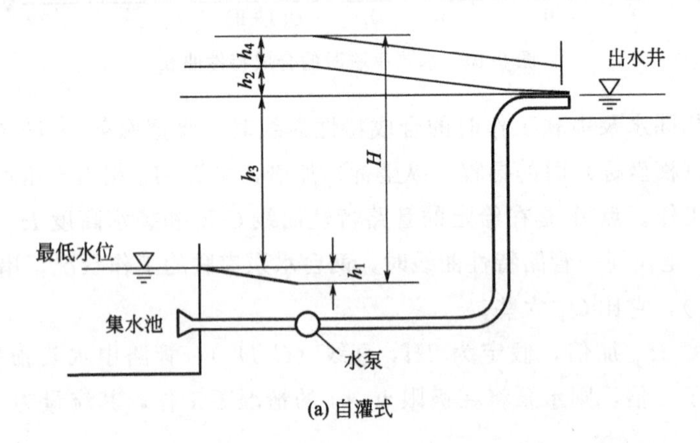

(a) 自灌式

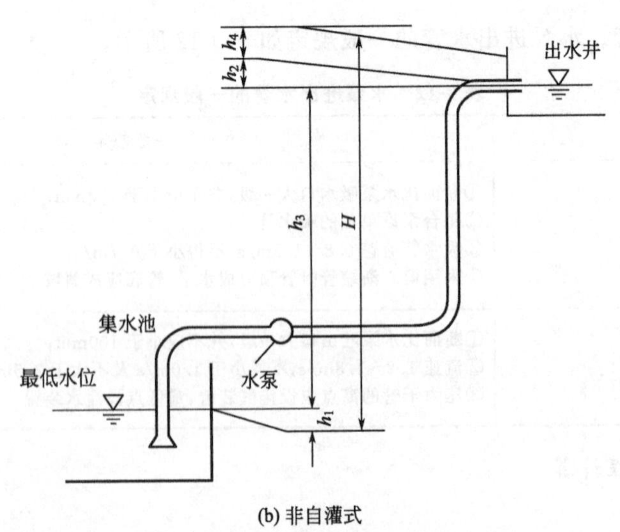

(b) 非自灌式

图9-11　水泵扬程示意

(5) 设计计算例题

自灌式污水泵站见图9-12。

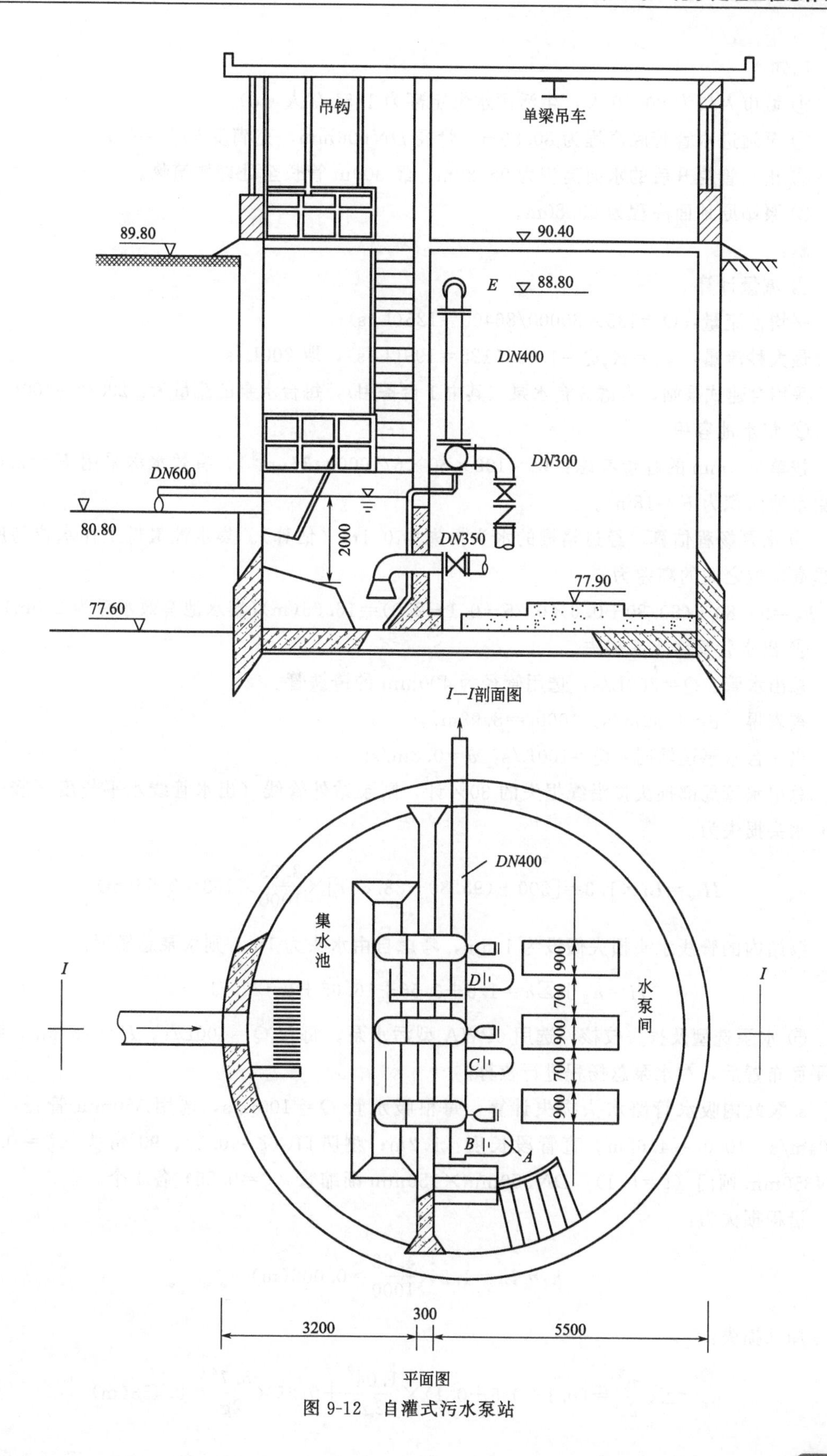

图 9-12　自灌式污水泵站

已知：

① 城市人口为 80000 人，生活污水量定额为 135L/(人·d)。

② 泵站进水管管底高程为 80.80m，管径 DN600mm，充满度 $h/D=0.75$。

③ 出水管提升后的水面高程为 95.80m，经 300m 管长至处理构筑物。

④ 泵站原地面高程为 89.80m。

解：

① 流量计算

平均秒流量：$Q=135\times80000/86400=125(L/s)$；

最大秒流量：$Q_1=K_zQ=1.59\times125=199(L/s)$，取 200L/s。

采用合建式泵站，考虑 3 台水泵（其中 1 台备用），每台水泵的流量为：200/2=100L/s。

② 集水池容积

按单机 6min 的容量考虑：$W=100\times60\times6/1000=36(m^3)$，有效水深采用 $H=2.0m$，则集水池面积为 $F=18m^2$。

③ 水泵扬程估算　经过格栅的水头损失为 0.1m（估算）。集水池最低工作水位与所提升最高水位之间的高差为：

$h_3=95.80-(80.80+0.6\times0.75-0.1-2.0)=16.65(m)$(集水池有效水深为 2.0m)

④ 出水管管线水头损失

总出水管：$Q=200L/s$，选用管径为 400mm 的铸铁管。

查表得：$v=1.59m/s$，$1000i=8.93m$。

当一台水泵运转时：$Q=100L/s$，$v=0.8m/s$。

总出水管局部损失按沿线损失的 30%计，则泵站外管线（出水管线水平长度+竖向长度）水头损失为：

$$H_w=Li\times1.3=[300+(95.80-88.80)]\times\frac{8.93}{1000}\times1.3=3.56(m)$$

泵站内的管线水头损失假设为 1.5m，考虑自由水头为 1m，则水泵总扬程：

$$H=h_3+\sum h=1.5+3.56+16.65+1=22.71(m)$$

⑤ 水泵选型及损失校核　选用 6PWA 型污水泵，每台 $Q=100L/s$，$H=23.5m$，泵站经平面布置后，对水泵总扬程进行核算。

a. 泵站内吸水管路水头损失计算：每根吸水管 $Q=100L/s$，选用 350mm 管径，$v=1.04m/s$，$1000i=4.62m$。直管段长度：1.2m；喇叭口（$\zeta=0.1$）、90°弯头（$\zeta=0.5$）、DN350mm 闸门（$\zeta=0.1$）、DN350mm×150mm 渐缩管（$\zeta=0.25$）各 1 个。

沿程损失为：

$$h_f=Li=1.2\times\frac{4.62}{1000}=0.006(m)$$

局部损失：

$$h_i=\sum\zeta\frac{v^2}{2g}=(0.1+0.5+0.1)\times\frac{1.04^2}{2g}+0.25\times\frac{5.7^2}{2g}=0.453(m)$$

吸水管路总水头损失为：

$$\sum h=0.453+0.006=0.459(\mathrm{m})=0.46(\mathrm{m})$$

b. 泵站内出水管路水头损失计算：每根出水管 $Q=100\mathrm{L/s}$，选用 300mm 管径，$v=1.41\mathrm{m/s}$，$1000i=9.2\mathrm{m}$，以最不利点 A 为起点，沿 A、B、C、D、E 线顺序计算水头损失。

A—B 段：DN150mm×300mm 渐扩管 1 个（$\zeta=0.375$），DN300mm 单向阀 1 个（$\zeta=1.7$），90°弯头 1 个（$\zeta=0.5$），阀门 1 个（$\zeta=0.1$）。

局部损失：

$$\sum h=0.375\times\frac{5.7^2}{19.62}+(1.7+0.5+0.1)\times\frac{1.41^2}{19.62}=0.85(\mathrm{m})$$

B—C 段：选 DN400mm 管径，$v=0.8\mathrm{m/s}$，$1000i=2.37\mathrm{m}$，直管部分长度 0.78m，丁字管 1 个（$\zeta=1.5$）。

沿程损失：

$$h_f=0.78\times2.37/1000=0.002(\mathrm{m})$$

局部损失：

$$h_i=1.5\times\frac{0.8^2}{19.62}=0.049(\mathrm{m})$$

C—D 段：DN400mm 管径，$Q=200\mathrm{L/s}$，$v=1.59\mathrm{m/s}$，$1000i=8.93\mathrm{m}$，直管段长度 0.78m，丁字管 1 个（$\zeta=0.1$）。

沿程损失：

$$h_f=0.78\times8.93/1000=0.007(\mathrm{m})$$

局部损失：

$$h_i=0.1\times\frac{1.59^2}{19.62}=0.013(\mathrm{m})$$

D—E 段：直管部分长 5.5m，丁字管 1 个（$\zeta=0.1$），DN400mm，90°弯头 2 个（$\zeta=0.6$）。

沿程损失：

$$h_f=5.5\times8.93/1000=0.049(\mathrm{m})$$

局部损失：

$$h_i=(0.1+0.6\times2)\times\frac{1.59^2}{19.62}=0.168(\mathrm{m})$$

总出水管路水头总损失：

$$\sum h=3.56+0.85+0.002+0.049+0.007+0.013+0.049+0.168=4.698(\mathrm{m})$$

则水泵所需总扬程：

$$H=0.46+4.698+16.65+1=22.808(\mathrm{m})$$

故选用 6PWA 型水泵是合适的。

9.1.3.2 污泥泵站的工程设计

(1) 污泥泵站的特点及一般规定

① 污泥泵站的特点　污泥泵站的特点是提升的介质为黏稠度比污水大的污泥。设计中应根据抽升污泥的性质、输送的水力特性和密度的大小，选择和确定污泥泵及配用功率。

② 污泥泵站的一般规定

a. 布置要求。设置污泥泵站时，应使污泥输送的管道尽量缩短。集泥池可与污泥泵房分开。有条件时，集泥池可与污泥泵房同建于一个建筑内。

b. 集泥池。集泥池一般不设格栅。在抽升初沉池污泥或消化污泥的泵房中，集泥池容积应根据初次沉淀池或消化池的一次排泥量计算，在抽升活性污泥时，集泥池的容积可按不小于一台回流泵 5min 的抽送能力计算。回流泵抽送能力，除考虑最大回流量外，还应考虑剩余污泥的排送量。

(2) 污泥泵站的设计

① 集泥池容积计算　抽升活性污泥时：

$$V=\frac{Q_0 t\times 60}{1000} \tag{9-19}$$

式中　Q_0——一台污泥泵的最大抽升能力，L/s；

t——抽升时间，min，一般不小于 5min。

当抽升初沉池污泥或消化污泥时，集泥池容积按一次排泥量计算。

② 污泥的水力特征与管道输送　污泥在管道内流动的情况和水流大不相同，污泥的流动阻力随其流速大小而变化。在层流状态下时，污泥黏滞性大，悬浮物又容易在管道中沉降，因此污泥流动的阻力比水流大。当流速提高，达到紊流时，由于污泥的黏滞性能够消除边界层产生的漩涡，使管壁的粗糙度减小，污泥流动的阻力反而较水流小。污泥的含水率越低，黏滞性越大，上述状态就越明显；含水率越高，污泥黏滞性越小，其流动状态越接近水流。根据污泥的流动特性，在设计输泥管道时，应采用较大的流速，使污泥处于紊流状态。

污泥在厂内输送时，重力输泥管一般采用 0.01～0.02 的坡度；压力输泥管一般采用表 9-13 所示的最小设计流速。

表 9-13　压力输泥管最小设计流速

污泥含水率/%	最小流速/(m/s)		污泥含水率/%	最小流速/(m/s)	
	管径 150～250mm	管径 300～400mm		管径 150～250mm	管径 300～400mm
90	1.5	1.6	95	1.0	1.1
91	1.4	1.5	96	0.9	1.0
92	1.3	1.4	97	0.8	0.9
93	1.2	1.3	98	0.7	0.8
94	1.1	1.2			

当采用压力管道输送污泥时，一般需要污泥泵抽升污泥。污泥泵在构造上必须满足不易被堵塞与磨损，耐腐蚀等基本条件。常用的污泥抽升设备有隔膜泵、旋转螺栓泵、螺旋泵、混流泵、柱塞泵、PW 型和 PWL 型离心泵等。

③ 选泵　由于抽送的污泥种类很多，在任何情况下，都应保证抽送的泥液能顺畅地流入泵内，并且运行经济可靠。应考虑的主要影响因素是污泥黏度。按黏度不同，污泥一般可分为以下四类，可分别选用不同类型的泵。

a. 低黏度污泥。在任何浓度已知的情况下，悬浮固体的密度越低，泥浆就越黏。低黏度污泥中悬浮固体的密度都与水相似。不同处理过程的污泥密度如表 9-14 所示。

对于低黏度的污泥，通常采用离心污水泵（如 PW 型和 PWL 型）和潜污泵。

表 9-14　不同处理过程的污泥密度

处理过程	污泥密度/(kg/L)	处理过程	污泥密度/(kg/L)
初次沉淀池污泥	1.02	向初沉池加药除磷	
活性污泥(剩余污泥)	1.005	低石灰 350～500mg/L	1.04
生物过滤	1.025	高石灰 800～1600mg/L	1.05
延时曝气	1.015	活性污泥脱硝	1.005
除藻	1.005	过滤	1.005

b. 高黏度污泥。初沉和初沉加二沉污泥，经重力、浮选或离心浓缩的污泥、消化污泥及经过调制的污泥都属高黏度污泥。表 9-15 为某些高黏度污泥的总固体质量分数。因高黏度污泥不易流入泵内，所以用泵的特点是要求提吸能力高。

表 9-15　高黏度污泥的总固体质量分数

污泥来源	总固体质量分数/%	污泥来源	总固体质量分数/%
浓缩的初沉原污泥	4～12	三级处理的化学污泥	
浓缩的二沉原污泥	2～6	石灰污泥	9～30
浓缩的初沉和二沉原污泥	3～8	明矾和三价铁污泥	2～6
消化污泥	4～9		

c. 浮渣和栅渣。初沉污泥泵往往兼作浮渣泵。一般将全部浮渣都抽送到浓缩池进行浓缩所用的泵与初沉污泥泵以及兼抽浮渣的泵相同。

d. 泥饼。含 25%以上二沉生物污泥的泥饼，具有流变性，在搅动时流动性提高，可用连续式螺旋泵抽送。表 9-16 为可抽送的污泥总固体质量分数，其抽送距离须小于 30m。

表 9-16　可抽送的污泥总固体质量分数

污泥来源	总固体质量分数/%	污泥来源	总固体质量分数/%
初沉＋二沉污泥	15～25	初沉＋二沉＋Al^{3+}	15～25
二沉污泥	8～25	初沉＋二沉＋Fe^{3+}	15～25
厌氧消化污泥(初沉＋二沉)	15～30	初沉＋二沉＋石灰	20～35

决定污泥泵的数量的因素主要有：所用泵的作用，处理厂的规模，检修所需时间等。一般不应少于2台，1用1备。

9.2 污水处理厂除臭单元设计

污水处理厂产生的臭气主要来源于污水的预处理区域、生物处理区域和污泥处理区域。预处理区域包括格栅井、调节池、沉砂池、初沉池及进水泵房、配水井等；生物处理区域包括水解酸化池、厌氧或缺氧池等，除臭要求高时，曝气池也可考虑除臭；污泥处理区域包括污泥泵房、污泥浓缩池、储泥池、污泥消化池、污泥堆棚及污泥处理处置车间等。另外，格栅、螺旋输送机、脱水机、皮带输送机等与污水、污泥敞开接触的设备也产生臭气。

9.2.1 污水处理厂的臭气值与排放要求

污水处理厂的臭气的主要成分有 H_2S、NH_3、有机硫化物、有机胺和其他含氮化合物等。根据《城镇污水处理厂臭气处理技术规程》（CJJ/T 243—2016），臭气可采用硫化氢、氨等污染因子和臭气浓度表示，其浓度应根据实测数据确定。当无实测数据时可采用经验数据，可按表9-17的规定取值。臭气处理装置对硫化氢、臭气浓度等指标的处理效率不宜小于95%。

表9-17 污水处理厂臭气污染物浓度

处理区域	硫化氢/(mg/m³)	氨/(mg/m³)	臭气浓度(无量纲)
污水预处理和污水处理区域	1～9	0.5～5.0	900～5000
污泥处理区域	5～30	1～9	5000～90000

《城镇污水处理厂污染物排放标准》（GB 18918—2002）中，根据城镇污水处理厂所在地区的环境要求，明确提出了污水处理厂厂界（防护边缘带）废气排放标准，如表9-18所示。

表9-18 污水处理厂厂界废气排放标准

控制项目	一级标准	二级标准	三级标准
氨/(mg/m³)	1.0	1.5	4.0
硫化氢/(mg/m³)	0.03	0.06	0.32
臭气浓度(无量纲)	9	20	60
甲烷(厂区最高体积分数)/%	0.5	1	1

9.2.2 臭气收集系统设计

臭气收集系统可将气态污染物导入净化系统，同时防止污染物向大气扩散造成污染。臭气收集一般采用吸气式负压收集方式，收集系统由集气盖、管道系统及动力系统等组成。

(1) 臭气风量计算

除臭设施收集的风量按经常散发臭气的构筑物和设备的风量计算，计算公式如下：

$$Q=Q_1+Q_2+Q_3 \tag{9-20}$$

$$Q_3=K(Q_1+Q_2) \tag{9-21}$$

式中 Q——臭气处理设施收集的总风量，m^3/h；

Q_1——构筑物臭气收集量，m^3/h；

Q_2——设备臭气收集量，m^3/h；

Q_3——收集系统渗入风量，m^3/h；

K——渗入风量系数，可按5%～9%取值。

污水、污泥处理构筑物的臭气风量宜根据构筑物种类、散发臭气的水面面积、臭气空间体积等因素确定。设备臭气风量宜根据设备的种类、封闭程度、封闭空间体积等因素确定。构筑物、设备臭气风量的计算规定如表9-19所示。

表9-19 污水处理厂构筑物及设备臭气风量

构筑物及设备名称	臭气风量
进水泵吸水井、沉砂池	臭气风量按单位水面积 $9m^3/(m^2 \cdot h)$ 计算，增加1～2次/h的空间换气量
初沉池及浓缩池等构筑物	臭气风量按单位水面积 $3m^3/(m^2 \cdot h)$ 计算，增加1～2次/h的空间换气量
曝气处理构筑物	臭气风量按曝气量的19%计算
半封口机盖	按机盖开口处抽气流速为0.6m/h计
封闭设备	按封闭空间体积换气次数6～8次/h计

(2) 集气盖设计

① 臭气源加盖结构及方式　根据构筑物及设备尺寸、运行管理要求确定。臭气散发点加盖宜采用局部密封集气盖；有振动且气流较大的设备宜采用整体密闭集气盖；臭气散发点无法密封时，可采用半密闭集气盖；有人员进出的构筑物和设备宜设置开启式集气盖。

② 集气盖和支撑材料　盖和支撑应采用耐腐蚀材料。目前常用的耐腐蚀材料包括玻璃钢、不锈钢、碳氟纤维、卡普隆板（俗称阳光板）等，具体选用时可综合比较其使用寿命、经济性及美观等因素确定。设置在室外的集气盖还应满足抗紫外线要求。

③ 集气盖上宜设置透明观察窗、观察孔、取样孔和人孔，窗、孔应开启方便，密封良好，且满足构筑物内部的观察、通风和操作运行要求。

(3) 管道设计

① 管道布置　除臭单元构筑物的集气管道分布于集气盖上，当集气盖尺寸较长时，可适当多设置臭气吸风口以保证整个构筑物除臭均匀。各构筑物和设备散发的臭气通过集气盖上集气支管连接到集气干管进行收集。臭气吸风口的设置点应防止设备和构筑物内部的气体短流，以及污水处理过程中的水和泡沫进入。

管道应设置不小于0.005的坡度，管道最低点设凝结水排水管，就近接至污水管道以排除凝结水。气体输送时会产生压力损失，因此应对各并联支管进行阻力平衡计算，必要时可设置孔板等设施调节风管风量，便于风量平衡和操作管理，各吸风口宜设置带开闭指示的阀门。

管道宜沿墙或柱子敷设，管道外壁距墙的距离不小于150～200mm，距梁、柱、设备的距离可比距墙的距离减少50mm。平行布置的管道，外表面间距不小于150～200mm。管道不应妨碍吊车工作。

② 风管管径　风管管径和截面尺寸应根据风量和风速确定。一般干管风速宜为6～14m/s，支管风速为2～8m/s。

③ 管材与管道连接　风管宜采用玻璃钢、UPVC、不锈钢等耐腐蚀材料。风管的支管连接干管时应尽量减小弯头阻力损失，并将支管按同一方向接入干管，条件不允许时也应选择阻力小的连接方式。

④ 管件及管道支架　风机的进出风管宜采用法兰连接，并设置柔性接头。根据需要设置取样孔和风量测定孔。风量测定孔设置在风管直段上，直管段长度不小于15倍风管外径。风管应设置支架、吊架和紧固件等附件，支架间距应符合《通风管道技术规程》(JGJ 141—2017) 有关规定。

（4）*动力设备*

吸风机的壳体和叶轮材质应选用玻璃钢等耐腐蚀材料，还应考虑系统管网的漏风、风机运行工况和标准工况不一致等情况，需要对计算确定的风量和风压进行修正。

① 风量计算　在确定管网臭气风量基础上，考虑风管、设备的漏风，选用风机的风量一般应大于管网计算确定的风量。计算公式如下：

$$Q_0=K_Q Q \tag{9-22}$$

式中　Q_0——选用风机时的计算风量，m^3/h；

Q——计算确定的管网臭气收集风量，m^3/h；

K_Q——风量附加安全系数，一般管道系统取$K_Q=1\sim1.1$。

② 风压计算　由于风机性能波动、管网阻力计算误差，选用风机的风压应大于管网计算确定的风压。计算公式如下：

$$\Delta p_0=K_p \Delta p \tag{9-23}$$

式中　Δp_0——选用风机时的计算风压，Pa；

Δp——管网计算确定的风压，Pa；

K_p——风压附加安全系数，一般管道系统取$K_p=1.1\sim1.15$。

③ 电机的选择　所需电机的功率计算公式如下：

$$N_e=\frac{Q_0 \Delta p_0 K_d}{3600\times1000\eta_1\eta_2} \tag{9-24}$$

式中　N_e——电机功率，kW；

Q_0——风机的总风量，m^3/h；

Δp_0——风机的风压，Pa；

K_d——电机备用系数，电机功率为 2～5kW 时取 1.2，大于 5kW 时取 1.3；

η_1——风机全压效率，可从风机样本中查得，一般为 0.5～0.7；

η_2——机械传动效率，对于直联传动 $\eta_2=1$，联轴器传动 $\eta_2=0.98$，三角皮带传动 $\eta_2=0.95$。

9.2.3　臭气生物处理单元设计

臭气生物处理是利用微生物的生命活动将臭气污染物降解、转化为 CO_2、H_2O 和细胞物质的过程。这一过程难以在气相中进行，因此需要先将气态物质由气相转移到液相或固体表面的液膜中，然后才能被液相或固相表面的微生物吸收并降解。

臭气生物处理通常经历以下 3 个过程：

① 首先臭气污染物与水接触，并溶解于水中，完成由气膜扩散进入液膜的过程；

② 臭气污染物组分溶解于液膜中后，在浓度差的推动下进一步扩散到生物膜，被微生物所吸附；

③ 在此情况下，微生物利用有机物进行分解代谢和合成代谢，生成的代谢产物一部分进入液相，一部分合成为细胞物质或细胞代谢能源，另外，生成的气体如二氧化碳等，则逸出到空气中。

臭气污染物在上述过程中不断减少，进而得到净化。

常用的生物除臭反应器有生物过滤池、生物滴滤池和生物洗涤池三种类型。生物过滤池的填料可采用树叶、树皮、木屑、土壤、泥炭等，臭气需预湿化，占地面积大。生物滴滤池的填料为各种多孔且比表面积大的惰性物质，富集的微生物量多，占地面积小。生物洗涤池是将臭气物质吸收到液相后再由微生物降解转化。下面主要介绍生物过滤池和生物滴滤池的单元设计。

(1) 生物过滤池

生物过滤池是利用填充在滤池内有生物活性的天然滤料来吸附和吸收臭气污染物，然后由生长在滤料上的各种微生物来氧化降解。通常情况下，这些天然滤料本身固有的细菌和其他微生物就足以用来除去臭气中的污染物。

可作为滤料的材料一般为天然材料，如树叶、树皮、木屑、土壤、泥炭等，近年来，有机或无机的人工合成材料也逐渐被开发和用作生物过滤材料。由于滤料含有一定的水分，表面生长着各种微生物，当臭气进入滤床时，污染物从气相主体扩散到滤料外层的水膜而被吸收，同时氧气也由气相进入水膜，滤料表面所附着的微生物进行有氧代谢，将污染物分解为二氧化碳、水和无机盐等。微生物所需要的营养物质则由滤料自身供给或另外补充。

生物过滤池一般由滤料床层、砂砾层和多孔布气管等组成。滤料床层在设计空塔流速下的初始压力不宜大于 900Pa；多孔布气管安装在砂砾层中，在滤池底部设有排水管以排除多余的积水。生物过滤池适宜于处理低浓度的臭气。

(2) 生物滴滤池

生物滴滤池的工艺流程如图 9-13 所示。池内布多层喷淋装置与填料床，臭气从塔底部进入，在上升的过程中与喷淋的循环水充分接触而被吸收，在反应塔下部设置空气扩散装置进行曝气，形成废水处理系统。利用填料上的生物膜的代谢作用将废水中吸收的有机物氧化降解，从而去除。也可以在循环水中添加 K_2HPO_4 和 NH_4NO_3 等物质，为微生物提供 N、P 等营养元素。喷淋的循环水的 pH 值宜为 6～9，喷淋水量可按液气比计，一般为 0.05～0.3L/m^3。

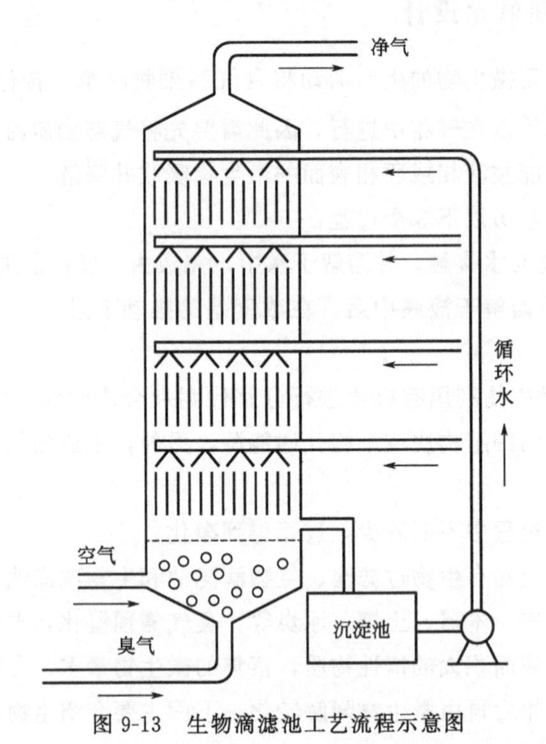

图 9-13　生物滴滤池工艺流程示意图

填料对生物滴滤池的运行起决定性作用。生物滴滤池对填料的一般要求是：孔隙率大和粒径均匀、颗粒比表面积大、耐酸碱腐蚀、机械强度好、亲水性好等。

生物滴滤池的特点是集臭气吸收和废水处理装置于一体，工艺简单，易于操作，运行成本低，处理效率高，可以使处理装置小型化，从而降低设备投资。浓度较高的臭气宜采用生物滴滤池。

(3) 生物过滤池和生物滴滤池的设计与计算

① 设计参数　生物过滤和生物滴滤工艺应符合下列规定：

a. 空塔停留时间不宜小于 15s，寒冷地区宜根据进气温度情况延长空塔停留时间；

b. 空塔气速不宜大于 300m/h；

c. 单层填料层高度不宜大于 3m；

d. 单位填料负荷宜根据臭气浓度和去除率要求确定，硫化氢负荷不宜高于 5g/(m^3·h)。

② 设计要求　生物过滤池和生物滴滤池的设计应符合下列规定：

a. 应设置检修口、排料口和排水口，排水口应设置水封；

b. 应设置配气空间或导流设施；

c. 采用耐腐蚀材料制作，滤池填料支撑层应具有足够的强度；

d.进气中含有灰尘等颗粒物质时，生物过滤池和生物滴滤池前宜设置水洗涤等预处理工艺。

③ 设计计算 生物过滤池和生物滴滤池的填料层有效体积和高度，可按下列公式计算：

$$V=\frac{Q_d t}{3600} \tag{9-25}$$

或：

$$V=\frac{CQ_d}{1000F} \tag{9-26}$$

$$H=\frac{vt}{3600} \tag{9-27}$$

式中 V——填料层有效体积，m^3；

Q_d——臭气流量，m^3/h；

C——臭气物质浓度，mg/m^3；

F——填料处理负荷，$g/(m^3 \cdot h)$；

t——空塔停留时间，s；

H——填料层高度，m；

v——空塔流速，m/h。

9.2.4 臭气活性炭吸附单元设计

活性炭吸附除臭主要是利用活性炭的吸附作用，使臭气污染物通过吸附剂填充层而被吸附去除。活性炭对多种致臭物质都可达到较好的吸附效果，但运行费用高，需定期维护。当采用生物除臭处理无法满足环境要求时，可采用活性炭吸附作为单独或组合处理措施。为防止活性炭快速饱和，致臭物质浓度不宜过高，且宜先去除臭气中的颗粒物，因此活性炭吸附单元常设置在其他除臭设施后面，作为深度处理措施。

活性炭吸附单元的设计要点与规定如下：

① 空塔停留时间，应根据臭气浓度、处理要求、吸附容量确定，且宜为2～5s。

② 活性炭承托层强度应满足活性炭吸附饱和后的承重要求。

③ 活性炭料宜采用颗粒活性炭，颗粒粒径宜为3～4mm，孔隙率宜为50%～65%，比表面积不宜小于$900m^2/g$，活性炭层的填充密度宜为$350～550kg/m^3$。

④ 活性炭可采用分层并联布置方式，填料层厚度宜为0.3～0.5m，填料应便于更换。

⑤ 活性炭的再生次数和更换周期，应根据臭气排放要求和活性炭吸附容量等因素确定。

9.2.5 臭气等离子体处理单元设计

等离子体法是近年来发展起来的臭气处理技术，在等离子体反应器中，采用分子共振原理，高压电场在常温下将臭气中致臭的有机化合物分子及无机化合物如 H_2S、NH_3 等电离，变成 H^+、C^{4+}、S^{4+}、N^{3+} 等离子体，臭气污染物分子在极短的时间内发生分解，并引发一系列复杂的物理、化学反应，最终生成二氧化碳和水等稳定无害的小分子物质，以达到除臭目的。

污水处理厂臭气中常含有 H_2S 等腐蚀性物质，与臭气直接接触的设备须采用耐腐蚀材料制作。另外，在等离子体反应过程中会产生臭氧、羟基自由基等氧化性物质，因此等离子体放电区须采用陶瓷、石英等耐氧化材料制作。经等离子体反应器处理的臭气尾气含有臭氧，不经消除直接外排，会产生二次污染，应设置臭氧消除装置。

等离子体法处理臭气应符合以下规定：

① 臭气中的可燃成分总浓度应低于混合爆炸下限；

② 含液态水的臭气，在进入等离子体反应器之前，应设除水器除水；

③ 等离子体反应区气体流速宜为 3～5m/s；

④ 等离子体易损的离子管运行时间应大于 30000h；

⑤ 等离子体出口尾气含臭氧量应小于 $150\mu g/m^3$。

9.3 污水处理厂设计原则

污水处理厂的设计原则是：首先必须确保处理后污水符合水质要求；采用的各项设计参数必须可靠；应力求做到经济合理、技术先进、安全运行；注意近远期结合；考虑环境保护、绿化和美观。

9.3.1 污水处理厂厂址的确定

污水厂位置的选择，应符合城镇总体规划和排水工程专业规划的要求，并应根据下列因素综合确定：

① 在城镇水体的下游；

② 便于处理后出水回用和安全排放；

③ 便于污泥集中处理和处置；

④ 在城镇夏季主导风向的下风侧；

⑤ 有良好的工程地质条件；

⑥ 少拆迁，少占地，根据环境评价要求，有一定的卫生防护距离；

⑦ 有扩建的可能；

⑧ 厂区地形不应受洪涝灾害影响，防洪标准不应低于城镇防洪标准，有良好的排水条件；

⑨ 有方便的交通、运输和水电条件。

污水厂的厂区面积应按远期规模确定，并作出分期建设的安排。污水厂占地面积与处理水量和所采用的处理工艺有关。根据《城市污水处理工程项目建设标准》，污水厂处理单位水量的建设用地不应超过表 9-20 所列指标。

表 9-20 污水处理厂建设用地指标 单位：$m^2/(m^3 \cdot d)$

建设规模/($10^4m^3/d$)	一级污水厂	二级污水厂	三级污水厂
Ⅰ类:50～90	—	0.50～0.40	—
Ⅱ类:20～50	0.3～0.2	0.60～0.50	0.20～0.15
Ⅲ类:9～20	0.40～0.30	0.70～0.60	0.25～0.20
Ⅳ类:5～9	0.45～0.40	0.80～0.70	0.35～0.25
Ⅴ类:1～5	0.55～0.45	1.20～0.85	0.40～0.35

注：1. 建设规模大的取下限，规模小的取上限。

2. 表中深度处理的用地指标是在二级污水厂的基础上增加的用地，深度处理工艺按提升泵房、絮凝、沉淀（澄清）、过滤、消毒、送水泵房等常规流程考虑；当二级污水厂出水满足特定回用要求或仅需几个净化单元时，深度处理用地应根据实际情况降低。

9.3.2 污水处理厂处理工艺的确定

(1) 污水处理程度

① 按受纳水体的水质标准确定，即根据地方政府或国家环保部门对受纳水体规定的水质标准进行确定。

② 按城市污水处理厂处理工艺所能达到的处理程度确定，一般以二级处理技术能达到的处理程度作为依据。

③ 考虑受纳水体的稀释自净能力，在取得当地环保部门的同意后，在一定程度上降低对水处理程度的要求，但对此应采取审慎态度。

当处理水回用时，无论回用的用途如何，在进行深度处理之前，城市污水必须经过完整的二级处理。

(2) 工程造价与运行费用

以处理水应达到的水质标准为前提，以处理系统最低造价和运行费为目标，选择技术可靠、经济合理的处理工艺流程。

(3) 污水量和水质变化情况

污水量的大小也是选定工艺需要考虑的因素，水质、水量变化较大的污水，应考虑设置调节池或事故贮水池，或选用承受冲击负荷能力较强的处理工艺，或间歇式处理工艺。

(4) 当地的其他条件

当地的地形、气候、地质等自然条件，也对污水处理工艺流程的选定具有一定的影响。寒冷地区应当采用适合于低温季节运行的或在采取适当的技术措施后也能在低温季节运行的处理工艺；地下水位高、地质条件差的地方不宜选用深度大、施工难度高的处理构筑物。

总而言之，污水处理工艺流程的选定是一项比较复杂的系统工程，必须对上述各因素进行综合考虑和经济技术比较，才可能选定技术先进、经济合理、安全可靠的污水处理工艺流程。

9.3.3 污水处理厂设计水量的确定

进入城市污水处理厂的污水，由居民区的生活污水、公用污水、医院污水和位于城区内的工业企业排放的工业废水以及部分地区的降水组成。

(1) 生活污水量的确定

生活污水量的设计标准可依据居民生活污水定额或综合生活污水定额确定。

① 居民生活污水定额　生活污水量的大小取决于生活用水量，人们在日常生活中，绝大多数用过的水都成为污水流入污水管道。因此，居民生活污水定额和综合生活污水定额应该根据当地采用的用水量定额，并结合建筑物内部给水排水设施水平和排水系统普及程度等因素确定，可按用水的80%～90%采用。

② 综合生活污水定额　综合生活污水水量，为居民生活污水和公共建筑设施（如娱乐场所、宾馆、浴室、商业网点、医院、学校、科研院所和机关等地方）生活污水两部分排水之和。

③ 生活污水量的计算　生活污水量通常采用定额计算法来进行计算，即按生活排水量定额和人口计算。对于未来的污水量预测，采用的方法是先预测出未来的人口，再根据已知的人均用水量，按预测的污水排除率得出污水排除定额，然后再计算生活污水量。

(2) 工业废水量的确定

应按单位产品耗水量或万元产值耗水量计算，也可按工艺流程和设备排水量计算，或者按实测水量计算。

(3) 污水厂设计水量的确定

① 平均日流量（m^3/d）　这种流量一般用于表示污水处理厂的设计规模。用以计算污水厂年电耗、耗药量、处理总水量、产生并处理的总泥量。

② 最大日最大时流量（m^3/h）或（L/s）　污水厂进水管设计用此流量。污水处理厂的各处理构筑物（除另有规定外）及厂内连接各处理构筑物的管渠，都应满足此流量。当污水为提升进入时，按每期工作水泵的最大组合流量计算。但这种组合流量应尽量与设计流量相吻合。

③ 降雨时的设计流量（m^3/d）或（L/s）　这种流量包括旱天流量和截流 n 倍的初期雨水流量。用这一流量校核初沉池前的处理构筑物和设备。

④ 最大日平均时流量（m^3/h）　考虑到最大流量的持续时间较短，当曝气池的设计反应时间在6h以上时，可采用最大日平均时流量作为曝气池的设计流量。

当污水处理厂为分期建设时，设计流量用相应的各期流量。

9.4 污水处理厂总体设计

9.4.1 污水处理厂平面布置及竖向设计

(1) 污水处理厂平面布置原则

① 总图布置　总图布置应考虑远近期结合，有条件时，可按远期规划水量布置，分期建设。污水厂应安排充分的绿化地带。

② 处理单元构筑物的平面布置　处理构筑物是污水厂的主体构筑物，其布置应紧凑。

构筑物之间的连接管、渠要便捷、直通，避免迂回曲折，尽量减少水头损失；处理构筑物之间应保持一定距离，以便敷设连接管渠；土方量做到基本平衡，并尽量避开劣质土壤地段。

③ 管、渠的平面布置　污水厂内管线种类很多，应考虑综合布置、避免发生矛盾。主要生产管线（污水、污泥管线）要便捷直通，尽可能考虑重力自流；辅助管线应便于施工和维护管理，有条件时设置综合管廊或管沟；污水厂应设置超越管道，以便在发生事故时，使污水能超越部分或全部构筑物，进入下一级构筑物或事故溢流。

④ 污水和污泥等散发臭气构筑物的布置　应尽可能集中布置成单独的区域，宜位于污水处理厂最大频率风向的下风向，与环境敏感区域之间应设置防护距离，并应采取绿化带等隔离措施，防护距离应根据环境影响评价确定，以保安全，方便管理。

⑤ 辅助建筑物的布置　污水厂内的辅助建筑物有：泵房、鼓风机房、脱水机房、办公室、控制室、化验室、仓库、机修车间、变电所等。

辅助建筑物的布置原则是：方便生产、方便生活、确保安全、有利环保。如鼓风机房位于曝气池附近，变电所接近耗电量大的构筑物，办公楼处于夏季主风向的上风一方并距处理构筑物有一定距离等。

⑥ 厂区道路的布置　污水厂内应合理地修筑道路。厂内道路既要考虑方便运输，又有分隔不同生产区域的功能。

总之，污水厂的总平面布置应以节约用地为原则，根据污水各建筑物、构筑物的功能和工艺要求，结合厂址地形、气象和地质条件等因素，使总平面布置合理、紧凑、经济、节约能源，并应便于施工、维护和管理。

（2）污水处理厂竖向设计

污水处理厂的竖向设计也称高程设计，其主要任务是：确定各处理构筑物和泵房的标高，确定处理构筑物之间连接管渠的尺寸及其标高，通过高程计算确定各处理单元的各部位的水面标高，从而能够使污水沿处理流程在处理构筑物之间通畅地流动，最终保证污水处理厂的正常运行。

污水处理厂的竖向设计一般应遵守如下原则：

① 处理水在常年绝大多数时间里能自流排入水体。

② 各处理构筑物和连接管渠的水头损失要仔细计算。考虑最大时流量、雨天流量和事故时流量的增加，并留有一定余地。

③ 考虑规模发展水量增加的预留水头。

④ 处理构筑物间避免跌水等浪费水头的现象。

⑤ 在仔细计算并留有余地的前提下，全程水头损失及原污水提升泵站的全扬程都应力求缩小。

9.4.2　污水处理厂水力流程设计原则和方法

9.4.2.1　水力流程设计原则及规定

污水厂各处理构筑物之间，水流一般是依靠重力流动的。在处理流程中，相邻构筑物的相对高差取决于两个构筑物之间的水面高差，这个水面高差的数值就是流程中的水头损失。在进行污水厂的水力流程设计时，所依据的主要技术参数是构筑物高度和水头损失。水头损失主要由三部分组成，即构筑物本身的、连接管（渠）的及计量设备的水头损失等。

初步设计时，可按表 9-21 所列数据估算。污水流经处理构筑物的水头损失，主要产生在进口、出口和需要的跌水处，而流经处理构筑物本身的水头损失则较小。

表 9-21　处理构筑物水头损失估算值

构筑物名称	水头损失/m	构筑物名称	水头损失/m
格栅	0.1～0.25	沉淀池	
沉砂池	0.1～0.25	平流	0.2～0.4
混合池或接触池	0.1～0.3	竖流	0.4～0.5
曝气池		辐流	0.5～0.6
污水潜流入池	0.25～0.5		
污水跌流入池	0.05～0.15		

进行水力流程设计时，除应首先计算这些水头损失外，还应考虑以下安全因素，以便留有余地：

① 考虑远期发展水量增加的预留水头；

② 避免处理构筑物之间跌水等浪费水头的现象，充分利用地形高差，实现自流；

③ 在计算并留有余量的前提下，力求缩小全程水头损失及提升泵站的流程，以降低运行费用；

④ 需要排放的处理水，常年大多数时间里能够自流入排放水体，注意排放水位一定不选取每年最高水位，因为其出现时间较短，易造成常年水头浪费，而应选取经常出现的高水位作为排放水位；

⑤ 应尽可能使污水处理工程的出水管渠高程不受洪水顶托，并能自流。

构筑物连接管（渠）的水头损失包括沿程与局部水头损失，可按下列公式计算确定：

$$h=h_1+h_2=\sum iL+\sum \xi \frac{v^2}{2g} \tag{9-28}$$

式中 h_1——沿程水头损失，m；

h_2——局部水头损失，m；

i——单位管长的水头损失（水力坡度）；

L——连接管段长度，m；

ξ——局部阻力系数；

g——重力加速度，m/s²；

v——连接管中流速，m/s。

连接管中流速一般取 0.7～1.5m/s，进入沉淀池时流速可以低些，进入曝气池或反应池时流速可以高些。流速太低时，会使管径过大，相应管件及附属构筑物规格亦增大；流速太高时，则要求管（渠）坡度较大，水头损失增大，会增加填、挖土方量等。在确定连接管（渠）时，可考虑留有水量发展的余地。

污水处理厂中计量槽、薄壁计量堰、流量计的水头损失应通过计量设施有关计算公式、图表或者设备说明书来确定。一般污水厂进、出水管上计量仪表中水头损失可按 0.2m 计算。

9.4.2.2　水力流程设计计算

进行水力计算时，应选择一条距离最长、损失最大的流程，并按最大设计流量计算。水力计算常以收纳处理后污水水体的最高水位作为起点，逆污水处理流程向上倒推计算，以使处理后的污水在洪水季节也能自流排出。污水厂污水的水头损失主要包括：水流经过各处理构筑物的水头损失；水流经过连接前后两构筑物的管渠的水头损失，包括沿程损失与局部损失和经过计量设备的损失。

（1）处理构筑物的水头损失计算

① 格栅水头损失计算

$$h_f = kh_0 \tag{9-29}$$

$$h_0 = \xi \frac{v^2}{2g}\sin\alpha \tag{9-30}$$

式中　h_f——过栅水头损失，m；

h_0——计算水头损失，m；

g——重力加速度，9.81m/s^2；

k——系数，格栅受污物堵塞后，水头损失增大的倍数，一般 $k=3$；

ξ——阻力系数，与栅条断面形状有关；

v——过栅流速，m/s，最大设计流量时为 0.8～1.0m/s，平均设计流量时为 0.3m/s。

② 集水槽水头损失计算　集水槽系平底，且为均匀集水，自由跌落水流，按下列公式计算：

$$B = 0.9Q^{0.4} \tag{9-31}$$

$$h_0 = 1.25B \tag{9-32}$$

式中　Q——集水槽设计流量，为确保安全常乘以 1.2～1.5 的安全系数，m^3/s；

B——集水槽宽，m；

h_0——集水槽起端水深，m。

则集水槽水头损失为：

$$h_f = h_1 + h_2 + h_0 \tag{9-33}$$

式中　h_f——集水槽水头损失，m；

h_1——堰上水头，m；

h_2——自由跌落水头，m；

h_0——集水槽起端水深，m。

集水槽水头损失计算图如图 9-14 所示。

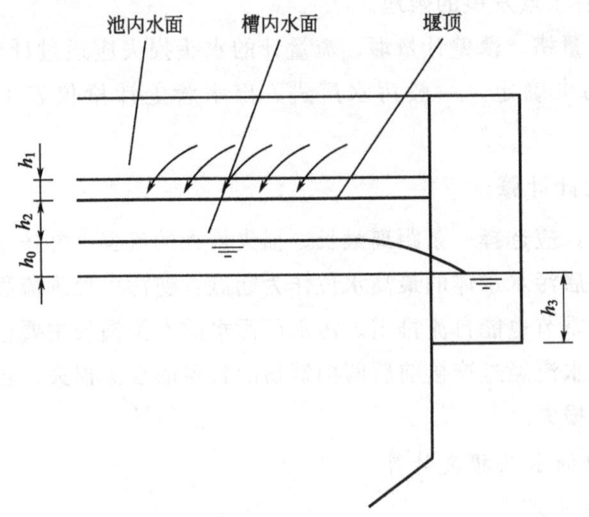

图 9-14　集水槽水头损失计算图

h_0—集水槽起端水深；h_1—堰上水头；h_2—自由跌落水头；h_3—总渠起端水深

③ 处理构筑物集、配水渠道的水头损失计算　集水、配水渠道以及集配水设备，它们的水头损失主要为局部水头损失，主要包括堰流损失、进口损失及出口损失。

a. 堰流损失：

$$h_f = H + h \tag{9-34}$$

式中　h_f——堰流局部水头损失，m；

H——堰前水头，m；

h——跌落水头，m。

b. 进口损失：

$$h_f = \xi \frac{v^2}{2g} \tag{9-35}$$

式中　h_f——堰流局部水头损失，m；

ξ——局部阻力系数；

g——重力加速度，9.81m/s^2；

v——水流速度，m/s。

c. 出口损失：

$$h_f = \frac{v^2}{2g} \tag{9-36}$$

式中符号意义同前。

(2) 连接管渠的水头损失计算

为简化计算，一般认为水流为均匀流。连接管渠水头损失主要有沿程水头损失和局部水头损失。

① 沿程水头损失计算：

$$h_f=\frac{v^2}{C^2R}L \tag{9-37}$$

式中　h_f——沿程水头损失，m；

L——管段长，m；

R——水力半径，m；

v——管内流速，m/s；

C——谢才系数。

C 值一般按曼宁公式来计算：

$$C=\left(\frac{1}{n}\right)R^{1/6} \tag{9-38}$$

式中　n——管壁粗糙系数，该值根据管渠材料而定。

② 局部水头损失计算　局部水头损失主要包括不同管径的连接处的水头损失、闸门水头损失以及弯管的水头损失，其计算公式为：

$$h_f=\xi\frac{v^2}{2g} \tag{9-39}$$

式中　h_f——局部水头损失，m；

ξ——局部阻力系数；

g——重力加速度，9.81m/s^2；

v——水流速度，m/s。

③ 连接管渠的设计规定　为防止污水中悬浮物及活性污泥在渠道内沉淀，污水在明渠内必须保持一定的流速。在最大流量时，流速为 1.0～1.5m/s；在最小流量时，流速为 0.4～0.6m/s。连接管道尽可能短，初沉池、生物反应池、二沉池等主要处理单元之间的连接管道尽可能设置成双路，以保证安全运行。连接管道采用设计流量的标准如表 9-22 所示。

表 9-22　连接管道的设计流量选用

连接管道	设计污水流量
提升泵出口—初沉池	分流到下水道：最大时水量 合流到下水道：雨天设计水量
初沉池—反应池	最大时水量
反应池—二沉池	最大时水量＋回流污泥量
二沉池—排放口	最大时水量

(3) 计量设备的水头损失计算

计量设备一般安装在沉砂池与初次沉淀池之间的渠道上或者处理厂总出水管渠上。常见的计量设备有电磁流量计、巴式计量槽和淹没式薄壁堰装置。

巴式计量槽在自由流的条件下，计量槽的流量按下列公式计算：

$$Q=0.372b(3.28H_1)^{1.569b^{0.026}} \tag{9-40}$$

式中 Q——过堰流量，m^3/s；

b——喉宽，m；

H_1——上游水深，m。

对于巴式计量槽只考虑跌落水头。

9.5 处理工艺与构（建）筑物设计

城市污水的主要组成部分是生活污水，其主要污染物是耗氧性有机污染物、颗粒和胶体性悬浮物以及营养性污染物。主要的污染指标是：BOD_5，COD_{Cr}，SS，氨氮和总磷等。

其他排入城市下水道的污水应满足《污水排入城镇下水道水质标准》（GB/T 31962—2015）的规定，生物处理构筑物的进水中有害物质不得超过规定的允许浓度。

典型的城市污水水质主要参数为：

$BOD_5=90\sim400mg/L$；$COD_{Cr}=250\sim800mg/L$；$SS=150\sim350mg/L$；氨氮$=15\sim40mg/L$；总磷（以P计）$=4\sim9mg/L$；$pH=6\sim9$。

选择污水处理工艺以及设计污水处理构筑物时应根据污水的性质进行。

9.5.1 污水处理工艺流程及污水处理程度的确定

（1）污水处理工艺流程

① 污水设计水质　城市污水的设计水质，在有实际监测数据的情况下，应采用实际监测数据；在无资料的情况下，可根据《室外排水设计规范》（GB 50014—2006）2016 版的规定计算。

生活污水的 BOD_5、SS、TN 和 TP 的设计人口当量值可取为：

$$BOD_5=25\sim50g/(人 \cdot d)$$

$$SS=40\sim65g/(人 \cdot d)$$

$$TN=5\sim11g/(人 \cdot d)$$

$$TP=0.7\sim1.4g/(人 \cdot d)$$

a. 设计人口数：

$$N=N_1+N_2+N_3 \tag{9-41}$$

式中 N——设计人口数，人；

N_1——居住区人口数，人；

N_2——工业废水折合人口当量数，人；

N_3——公共建筑集中流量折合人口当量数，人。

b. N_2 的计算：

$$N_2=\frac{\sum C_i Q_i}{a_{sb}} \tag{9-42}$$

式中　C_i——某工厂工业废水中的 BOD_5（SS、TN 或 TP）的质量浓度，g/m^3；

Q_i——某工厂工业废水平均日流量，m^3/d；

a_{sb}——BOD_5 或 SS、TN、TP 等污染物每人每日排放量，g/(人・d)。

c. N_3 的计算：

$$N_3=\frac{Q}{P} \tag{9-43}$$

式中　Q——集中流量，m^3/d；

P——每人每日污水量排放标准，m^3/(人・d)。

d. 设计质量浓度的确定：

$$C_s=a_{sb}\frac{N}{Q_{平均}} \tag{9-44}$$

式中　C_s——污染物设计质量浓度，mg/L 或 g/m^3；

$Q_{平均}$——平均日污水流量，m^3/d。

《室外排水设计规范》中尚未规定污染物定量的应参照同类污水厂确定水质。城市污水混合水质应按各种污水的水质、水量加权平均计算。

由于工业废水中污染物的成分复杂多样，若直接排入城市污水系统，会给城市下水及污水处理厂运行维护管理带来困难和造成损失。为了合理地发挥城市污水处理厂设施的功效，有效控制工业废水的污染，工业废水排入城市下水道时应遵循《污水排入城镇下水道水质标准》。

② 城市污水处理工艺流程　污水处理工艺流程是对各单元处理技术（构筑物）的优化组合。典型流程由一级处理和二级处理系统组成。一级处理由格栅、沉砂池和初次沉淀池组成。其主要作用是去除污水中的固体污染物（以 SS 表示），污水的 BOD_5 值通过一级处理一般可去除 20%～30%。二级处理系统是城市污水处理工艺的核心部分，一般采用生物处理法，主要作用是去除污水中呈胶体和溶解状态的有机污染物（以 BOD_5 或 COD_{Cr} 表示）。通过二级处理，污水的 BOD_5 值可降至 20～30mg/L，一般可达到排放到水体中和灌溉农田的要求。

污水二级处理系统的处理工艺种类很多，一般情况下各类生物处理技术，只要运行正常，都能取得良好的处理效果。

污泥是污水处理过程的必然产物，必须加以妥善处置，否则会造成二次污染。城市污水系统的污泥多采用厌氧消化、脱水、干化等技术处理。

③ 城市污水深度处理　城市污水深度处理的目的是污水再生回用。城市污水深度处理典型流程如下：

a. 格栅→沉砂池→初沉池→生物处理工艺→二沉池→混凝沉淀→滤池→杀菌→储水池；

b. 格栅→沉砂池→初沉池→生物处理工艺→二沉池→生物膜法处理设备→沉淀池→滤池→杀菌→储水池。

(2) 污水处理程度确定

① 污水处理程度的确定方法　确定污水处理程度主要有三种方法：a. 根据受纳水体的稀释自净能力确定；b. 根据城市污水厂能达到的处理程度来确定；c. 根据国家规定和地方的要求确定。

② 城市污水处理程度计算　城市污水处理程度可按下式计算：

$$\eta=\frac{(C_0-C_e)}{C_0}\times 100\% \tag{9-45}$$

式中　η——污水需要处理程度，%；

C_0——污水中某种物质的原始平均质量浓度，mg/L；

C_e——允许排入水体的处理水中该物质的平均质量浓度，mg/L。

9.5.2　污水一级处理工艺流程及构筑物设计

(1) 格栅

① 格栅的作用及设置　格栅的主要作用是将污水中的大块污物拦截，以免其对后续处理单元的水泵或工艺管线造成损害。

格栅按形状可分为平面格栅、曲面格栅和阶梯式格栅。以栅条的净间距又分为：粗格栅，栅距＞40mm；中格栅，栅距 15～25mm；细格栅，栅距 4～9mm。

清渣方式有人工清渣和机械清渣。

格栅常规的设置方法是按一粗一中设两道格栅，也有按一粗一中一细设三道格栅的。

② 设计运行工艺参数与设计计算　参见本书第 2 章相关内容。

(2) 沉砂池

① 沉砂池的作用及设置　沉砂池的作用是从污水中分离密度较大的无机颗粒。它一般设置于污水处理厂前端，保护水泵和管道免受磨损，缩小污泥处理构筑物容积，提高污泥有机组分的含量，提高污泥作为肥料的价值。

沉砂池按流态分为平流沉砂池、曝气沉砂池和旋流沉砂池等。

② 沉砂池的设计参数与设计计算　设计内容包括：总有效容积、水流断面积、池总宽度、池长和每小时所需空气量等。

(3) 沉淀池

① 沉淀池的作用及设置　沉淀池主要去除污水中可沉降的悬浮固体，一般设于污水生物处理构筑物前后。前者为初次沉淀池，其作用是对污水中以无机物为主的密度大的固体悬浮物进行沉淀分离；后者为二次沉淀池，其作用是对污水中以微生物为主体的生物固体悬浮物进行沉淀分离。

② 沉淀池的设计内容

a. 平流式沉淀池。设计内容包括：池子总表面积，沉淀部分的有效水深与有效容积，确定池长、池的总宽度及池子个数，计算污泥部分所需的容积，计算池子的总高度、污泥斗容积以及污泥斗以上梯形污泥斗容积。

b. 竖流式沉淀池。设计计算内容包括：确定中心管的面积及直径，确定中心管喇叭口与反射板之间的缝隙高度，计算沉淀部分的有效断面积，确定沉淀池的直径，计算沉淀池部分有效水深、所需总容积及圆锥部分的容积，计算沉淀池的总高度。

c. 辐流式沉淀池。设计计算内容包括：沉淀池表面积确定，计算有效水深和有效容积，计算污泥斗容积，确定沉淀池总高度等。

d. 斜板沉淀池。设计计算内容包括：确定池子水面面积及平面尺寸，计算池内停留时间，确定污泥部分所需的容积，计算沉淀池的总高度等。

③ 设计参数与设计计算　沉淀池的设计参数与设计计算参见本书第2章相关内容。

9.5.3　污水二级处理工艺及构筑物设计

(1) 生物处理构筑物的设计

污水经过一级处理后，进行二级处理，其主要目的是去除污水中呈胶体和溶解状态的有机污染物，使污水得到进一步净化，从而达到排放要求。

污水生物处理属于二级处理，其工艺构成多种多样。通常可作为污水二级处理的主体工艺的单元技术有：普通活性污泥法处理单元、氧化沟工艺处理单元、间歇式活性污泥法（SBR）工艺处理单元、AB法工艺处理单元、生物脱氮除磷工艺处理单元和生物滤池处理单元等。

有关污水二级处理工艺及构筑物的设计要点、设计参数和基本设计计算参见本书第2章、第4章相关内容。

(2) 二沉池的设计

二沉池设计的主要内容：池型选择，沉淀池面积计算，有效水深和污泥区容积计算。本书第2章中有关沉淀池的叙述，一般也都适用于二沉池。

① 二沉池表面积设计　设计要点：a. 表面负荷和固体表面负荷，前者考虑出水水质，后者能保证污泥的浓缩。b. 实际中，沉淀池的设计计算一般都采用经验值。c. 城市污水处理工艺中多采用辐流式二沉池。在计算其面积时，设计流量不包括回流污泥量，但校核固体负荷和计算污泥区高度时应包含回流污泥量。

② 二沉池的高度、排泥管和出水堰最大负荷的计算或取值见《室外排水设计规范》（GB 50014—2006）中第6.5.1～6.5.16条的有关内容。

9.5.4　城市污水深度处理技术及设计

污水深度处理是对传统的二级处理出水，根据受纳水体使用功能的需要和再生回用水水质要求所进行的进一步处理。根据不同对象和要求，深度处理的主要内容是：

① 去除处理水中的悬浮物、脱色、除臭，使水进一步澄清；

② 降低 BOD_5、COD等指标，使处理水水质进一步稳定；

③ 脱氮、除磷，消除导致水体富营养化的因素；

④ 去除水中有毒有害物质等。

经过深度处理的污水能够达到以下用水水质要求：

① 排入具有较高经济价值水体及缓流水体在内的任何水体，补充地面水源；

② 回用于农田灌溉；

③ 城市杂用水，如冲厕、道路清扫、消防、城市绿化、车辆冲洗、建筑施工和补充景观用水；

④ 作为冷却水和工艺用水的补充水，回用于工业企业。

9.5.5 污泥处理工艺及主要设计内容

在城市二级污水处理厂中，污水处理工艺的作用仅仅是通过生物降解转化作用和固液分离，在使污水得到净化的同时将污染物富集到污泥中，包括一级处理产生的初沉污泥、二级处理产生的剩余活性污泥。初沉污泥中固体成分有两部分，即有机固体和无机固体，其含水率一般在95%～96%之间。剩余活性污泥中的固体主要为有机生物体，其含水率一般在99.2%～99.6%之间。

由于这些污泥含水率高，体积大，不便运输，同时，污泥中还含有大量极易腐败发臭的有机物，以及有毒有害物质，如病原微生物、寄生虫卵、重金属离子等，因此，污泥必须经过一定的减容、减量和稳定化无害化处理，并妥善处置。

(1) *污泥处理工艺的类型*

根据污泥的不同处理目的有以下3种处理方法。

① 污泥浓缩　污泥减量，通常采用的方法为重力浓缩法，当污泥含水率从97.5%降低至95%时，其体积可减少1/2。

② 污泥消化　污泥稳定采用的工艺为消化工艺，其又分为好氧消化和厌氧消化。从节能和资源再利用两方面考虑，通常采用厌氧消化。在厌氧条件下，污泥中的有机物被兼性菌和专性厌氧菌降解，生成CH_4、CO_2和H_2O等，使污泥得到稳定。

污泥厌氧消化工艺有：中温消化、高温消化、一级消化、二级消化、二相消化等。

③ 污泥机械脱水　污泥经浓缩后含水率仍在92%以上，应进行机械脱水，使含水率降低至60%～80%，以便于运输和进一步处置。

常见的污泥脱水机械有：自动板框压滤机、滚压带式压滤机、离心脱水机等。

(2) *污泥处理的工艺流程*

根据对污泥处理的要求不同，其处理工艺通常有以下几种选择。

① 生污泥→浓缩→自然干化→堆肥→农田；

② 生污泥→浓缩→机械脱水→最终处置；

③ 生污泥→浓缩→消化→机械脱水→最终处置；

④ 生污泥→浓缩→消化→机械脱水→干燥焚烧→最终处置。

9.5.6 污泥处理工艺与构筑物设计

(1) *污泥量的确定*

一般城市污水处理厂的污泥总量应是初沉池污泥量与二沉池剩余活性污泥量之和。

① 初沉池污泥量与二沉池污泥量的计算　初沉池污泥量V_1（m^3/d）与二沉池污泥量

V_2(m^3/d) 的计算，参见相关章节。

② 总污泥量的确定 初沉池污泥（V_1）与二沉池污泥（V_2）混合进入浓缩池时，泥量为：

$$V=V_1+V_2 \tag{9-46}$$

当二沉池污泥浓缩后的泥（V_3）再与初沉池污泥混合进入污泥消化系统时，泥量为：

$$V=V_1+V_3 \tag{9-47}$$

（2） 污泥处理构筑物设计

污泥处理构筑物有污泥浓缩池、污泥消化池等，其设计要点、设计参数和计算参见本书第 7 章相关内容。

附录1 污水处理工程常用标准、技术规范

污水综合排放标准	GB 8978—1996
城镇污水处理厂污染物排放标准	GB 18918—2002
污水排入城镇下水道水质标准	GB/T 31962—2015
城市污水再生利用 城市杂用水水质	GB/T 18920—2002
城市污水再生利用 景观环境用水水质	GB/T 18921—2002
城市污水再生利用 工业用水水质	GB/T 19923—2005
室外排水设计规范(2016年版)	GB 50014—2006
建筑给水排水设计标准	GB 50015—2019
建筑中水设计规范	GB 50336—2018
给水排水工程构筑物结构设计规范	GB 50069—2002
给水排水工程构筑物工程施工及验收规范	GB 50141—2008
构筑物工程工程量计算规范	GB 50860—2013
城市污水处理厂工程质量验收规范	GB 50334—2017
城镇污水再生利用工程设计规范	GB 50335—2016
城镇给水排水技术规范	GB 50788—2012
给排水管道工程施工及验收规范	GB 50268—2008
农村生活污水处理工程技术标准	GB/T 51347—2019
泵站设计规范	GB 50265—2010
风机、压缩机、泵安装工程施工及验收规范	GB 50275—2010
隔振设计规范	GB 50463—2008
建筑与小区雨水控制及利用工程技术规范	GB 50400—2016
雨水集蓄利用工程技术规范	GB/T 50596—2010
石油化工污水处理设计规范	GB 50747—2012
石油化工循环水场设计规范	GB/T 50746—2012
化学工业污水处理与回用设计规范	GB 50684—2011
油田采出水处理设计规范	GB 50428—2015
工业循环冷却水处理设计规范	GB/T 50050—2017

续表

工业用水软化除盐设计规范	GB/T 50109—2014
工业废水处理与回用技术评价导则	GB/T 32327—2015
平板玻璃工厂环境保护设计规范	GB 50435—2016
机械工业环境保护设计规范	GB 50894—2013
化工建设项目环境保护设计规范	GB 50483—2009
城市居民生活用水量标准	GB/T 50331—2002
给水排水工程基本术语标准	GB/T 50125—2010
建筑给水排水制图标准	GB/T 50106—2010
城镇污水处理厂运行、维护及安全技术规程	CJJ 60—2011
城镇污水处理厂污泥处理技术规程	CJJ 131—2009
城镇污水处理厂污泥处理 稳定标准	CJ/T 510—2017
城镇排水管渠与泵站运行、维护及安全技术规程	CJJ 68—2016
城镇污水处理厂臭气处理技术规程	CJJ/T 243—2016
镇(乡)村排水工程技术规程	CJJ 124—2008
旋转式滗水器	CJ/T 176—2007
水处理用臭氧发生器	CJ/T 322—2010
建筑与小区管道直饮水系统技术规程	CJJ/T 110—2017
厌氧-缺氧-好氧活性污泥法污水处理工程技术规范	HJ 576—2010
序批式活性污泥法污水处理工程技术规范	HJ 577—2010
氧化沟活性污泥法污水处理工程技术规范	HJ 578—2010
生物滤池法污水处理工程技术规范	HJ 2014—2012
生物接触氧化法污水处理工程技术规范	HJ 2009—2011
内循环好氧生物流化床污水处理工程技术规范	HJ 2021—2012
膜生物法污水处理工程技术规范	HJ 2010—2011
人工湿地污水处理工程技术规范	HJ 2005—2010
水解酸化反应器污水处理工程技术规范	HJ 2047—2015
完全混合式厌氧反应池废水处理工程技术规范	HJ 2024—2012
升流式厌氧污泥床反应器污水处理工程技术规范	HJ 2013—2012
厌氧颗粒污泥膨胀床反应器废水处理工程技术规范	HJ 2023—2012
膜分离法污水处理工程技术规范	HJ 579—2010
污水气浮处理工程技术规范	HJ 2007—2012
污水混凝与絮凝处理工程技术规范	HJ 2006—2010
污水过滤处理工程技术规范	HJ 2008—2010
纺织染整工业废水治理工程技术规范	HJ 471—2009

续表

生活垃圾填埋场渗滤液处理工程技术规范(试行)	HJ 564—2010
畜禽养殖业污染治理工程技术规范	HJ 497—2009
酿造工业废水治理工程技术规范	HJ 575—2010
电镀废水治理工程技术规范	HJ 2002—2010
制革及毛皮加工废水治理工程技术规范	HJ 2003—2010
屠宰与肉类加工废水治理工程技术规范	HJ 2004—2010
焦化废水治理工程技术规范	HJ 2022—2012
钢铁工业废水治理及回用工程技术规范	HJ 2019—2012
制糖废水治理工程技术规范	HJ 2018—2012
制浆造纸废水治理工程技术规范	HJ 2011—2012
味精工业废水治理工程技术规范	HJ 2030—2013
医院污水处理工程技术规范	HJ 2029—2013
发酵类制药工业废水治理工程技术规范	HJ 2044—2014
淀粉废水治理工程技术规范	HJ 2043—2014
采油废水治理工程技术规范	HJ 2041—2014
石油炼制工业废水治理工程技术规范	HJ 2045—2014
饮料制造废水治理工程技术规范	HJ 2048—2015
烧碱、聚氯乙烯工业废水处理工程技术规范	HJ 2051—2016
磷肥工业废水治理工程技术规范	HJ 2054—2018
铅冶炼废水治理工程技术规范	HJ 2057—2018
印制电路板废水治理工程技术规范	HJ 2058—2018
铜冶炼废水治理工程技术规范	HJ 2059—2018
生物除臭滴滤池	JB/T 12580—2015
生物除臭滤池	JB/T 12581—2015
无动力厌氧生物滤池餐饮业污水处理器	JB/T 12914—2016
电磁流量计	JB/T 9248—2015
通风管道技术规程	JGJ 141—2017
公路环境保护设计规范	JTGB 04—2010
水运工程环境保护设计规范	JTS 149—2018
建筑与市政降水工程技术规范	JGJ/T 111—2016
石油化工给水排水系统设计规范	SH/T 3015—2019
石油化工给水排水管道设计规范	SH 3034—2012
石油化工环境保护设计规范	SH/T 3024—2017
合成纤维厂环境保护设计规范	SHJ 25—1990

续表

陆上石油天然气生产环境保护推荐做法	SY/T 6628—2005
化工建设项目环境保护监测站设计规定	HG/T 20501—2013
橡胶建设项目环境保护设计规定	GB 50469—2016
化工建设项目环境保护设计规定	GB/T 50483—2019
冶金工业环境保护设计规定	YB 9066—1995
有色金属工业环境保护设计技术规范	YS 5017—2004
钢铁工业环境保护设计规范	GB 50406—2017
报废机动车拆解环境保护技术规范	HJ 348—2007

附录2 污水处理工程工艺设计常用图集资料

常用小型仪表及特种阀门选用安装	01SS105
排水检查井(含2003年局部修改版)	02(03)S515
钢制管件	02S403
防水套管	02S404
室内管道支架和吊架	03S402
钢筋混凝土化粪池	03S702
建筑中水处理工程(一)	03SS703-1
建筑中水处理工程(二)	08SS703-2
建筑排水设备附件选用安装	04S301
混凝土排水管道基础及接口	04S516
小型排水构筑物	04S519
埋地排水管道施工	04S520
室外给水管道附属构筑物	05S502
矩形混凝土蓄水池	05S804
民用建筑工程互提资料深度及图样(给排水专业)	05SS903
给水排水实践教学及见习工程师图册	05SS905
市政排水管道工程及附属设施	06MS201
给水排水构筑物设计选用图(水池、水塔、化粪池、小型排水构筑物)	07S906
市政给水管道工程及附属设施	07MS101
建筑管道直饮水工程	07SS604
小型潜水排污泵安装	08S305
建筑小区塑料排水检查井	08SS523
混凝土模块式化粪池	08SS704
雨水斗选用及安装	09S302
卫生设备安装	09S304
建筑排水塑料管道安装	10S406
柔性接口给水管道支墩	10S505

续表

建筑小区地埋塑料给水管道施工	10S507
游泳池设计及附件安装	10S605
城镇住宅常用给水排水设备选用及安装	10SS907
建筑给水塑料管道安装	11S405-1～4
矩形给水箱	12S101
倒流防止器选用及安装	12S108-1
真空破坏器选用与安装	12S108-2
叠压(无负压)供水设备选用与安装	12S109
混凝土模块式排水检查井	12S522
建筑生活排水柔性接口铸铁管道与钢塑复合管道安装	13S409
二次供水消毒设备选用与安装	14S104
住宅厨、卫集排水管道安装	14S307
球墨铸铁单层井盖及踏步安装	14S501-1
双层井盖	14S501-2
围墙大门	15J001
球墨铸铁复合树脂井盖、井箅及踏步	15S501-3
雨水口	16S518
排水管道出口(2003 年局部修改版)	95(03)S517
给水排水标准图集,给水设备安装(一),2014 年合订本	S1(一)
给水排水标准图集,室内给水排水管道及附件安装(一),2004 年合订本	S4(一)
给水排水标准图集,室内给水排水管道及附件安装(二),2012 年合订本	S4(二)
给水排水标准图集,室内给水排水管道及附件安装(三),2011 年合订本	S4(三)
给水排水标准图集,室外给水排水管道工程及附件设施(一),2011 年合订本	S5(一)
给水排水标准图集,室外给水排水管道工程及附件设施(二),2005 年合订本	S5(二)
单层、双层井盖及踏步(2015 年合订本)	S501-1～2
湿陷性黄土地区室外给水排水管道工程构筑物(2004 年合订本)	S531-1～5

参考文献

[1] 张自杰. 排水工程（下册）. 4版. 北京：中国建筑工程出版社，2000.

[2] 张自杰. 排水工程（下册）. 5版. 北京：中国建筑工程出版社，2015.

[3] 张自杰，王有志，郭春明. 实用注册环保工程师手册. 北京：化学工业出版社，2017.

[4] 刘振江，崔玉川，等. 城市污水厂处理设施设计计算. 3版. 北京：化学工业出版社，2018.

[5] 王社平，高俊发. 污水处理厂工艺设计手册. 2版. 北京：化学工业出版社，2011.

[6] 北京市市政工程设计研究总院. 给水排水设计手册（第5册）：城镇排水. 3版. 北京：中国建筑工业出版社，2017.

[7] 北京市市政工程设计研究总院. 给水排水设计手册（第6册）：工业排水. 2版. 北京：中国建筑工业出版社，2002.

[8] 上海市市政工程设计研究总院. 给水排水设计手册（第3册）：城镇给水. 3版. 北京：中国建筑工业出版社，2017.

[9] 上海市政设计研究总院. 室外排水设计规范（GB 50014—2006）2016版. 北京：中国计划出版社，2016.

[10] 高延耀，顾国维，周琪，等. 水污染控制工程（下册）. 3版. 北京：高等教育出版社，2007.

[11] 唐受印，戴友芝，等. 水处理工程师手册. 北京：化学工业出版社，2000.

[12] 潘寿，李安峰，杜兵. 废水污染控制技术手册. 北京：化学工业出版社，2013.

[13] 孙慧修. 排水工程（上册）. 4版. 北京：中国建筑工程出版社，2000.

[14] 贺延龄. 废水的厌氧生物处理. 北京：中国轻工业出版社，1998.

[15] 谭万春. UASB工艺及工程实例. 北京：化学工业出版社，2009.

[16] 张忠祥，钱易. 废水生物处理新技术. 北京：清华大学出版社，2004.

[17] 张自杰. 废水处理理论与设计. 北京：中国建筑工业出版社，2003.

[18] 郑俊. 曝气生物滤池污水处理新技术及工程实例. 北京：化学工业出版社，2002.

[19] 周正立. 污水生物处理应用技术及工程实例. 北京：化学工业出版社，2006.

[20] 王有志. 水污染控制技术. 2版. 北京：中国劳动社会保障出版社，2019.

[21] 许振良. 膜法水处理技术. 北京：化学工业出版社，2001.

[22] 肖锦. 城市污水处理及回用技术. 北京：化学工业出版社，2002.

[23] 张可方，荣宏伟，等. 小城镇污水厂设计与运行管理. 北京：中国建筑工业出版社，2008.